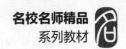

Task Driven Course of MySQL Database Application, Design and Management

MySQL

数据库应用、设计与管理
任务驱动教程

微课版

陈承欢 汤梦姣 ◉ 编著

人民邮电出版社

北京

图书在版编目（ＣＩＰ）数据

MySQL数据库应用、设计与管理任务驱动教程 ： 微课版 / 陈承欢，汤梦姣编著. -- 北京 ： 人民邮电出版社，2021.9

名校名师精品系列教材

ISBN 978-7-115-56353-8

Ⅰ．①M… Ⅱ．①陈… ②汤… Ⅲ．①SQL语言－程序设计－教材 Ⅳ．①TP311.132.3

中国版本图书馆CIP数据核字(2021)第065648号

内 容 提 要

本书主要介绍了 MySQL 数据库的应用、设计与管理。本书分为 11 个模块，分别是启动与登录 MySQL、创建与操作 MySQL 数据库、创建与优化 MySQL 数据表结构、设置与维护数据库中数据完整性、添加与更新 MySQL 数据表数据、用 SQL 语句查询 MySQL 数据表、用视图方式操作 MySQL 数据表、用程序方式获取与处理 MySQL 表数据、安全管理与备份 MySQL 数据库、设计与优化 MySQL 数据库、Python 程序连接与访问 MySQL 数据库。全书以真实的工作任务为载体组织教学内容，实施教学过程，强化技能训练，提升动手能力，全方位提升读者数据库设计、应用与管理的能力。

本书可以作为普通高等院校、职业院校 MySQL 相关课程的教材，也可以作为 MySQL 的培训教材及 MySQL 爱好者的自学参考书。

◆ 编　著　陈承欢　汤梦姣

　　责任编辑　桑　珊

　　责任印制　王　郁　彭志环

◆ 人民邮电出版社出版发行　　北京市丰台区成寿寺路 11 号

　　邮编　100164　电子邮件　315@ptpress.com.cn

　　网址　https://www.ptpress.com.cn

　　三河市祥达印刷包装有限公司印刷

◆ 开本：787×1092　1/16

　　印张：18.75　　　　　　　　　　2021 年 9 月第 1 版

　　字数：565 千字　　　　　　　　 2025 年 1 月河北第 5 次印刷

定价：59.80 元

读者服务热线：(010)81055256　印装质量热线：(010)81055316
反盗版热线：(010)81055315
广告经营许可证：京东市监广登字 20170147 号

前言 FOREWORD

本书全面贯彻党的二十大精神，以社会主义核心价值观为引领，传承中华优秀传统文化，坚定文化自信，使内容更好体现时代性、把握规律性、富于创造性。

数据库技术是信息处理的核心技术之一，广泛应用于各类信息系统，在社会的各个领域发挥着重要作用。数据库技术也是计算机领域发展速度快、应用范围广的技术之一。数据库技术的应用遍及各行各业，数据库的安全性、可靠性、使用效率和使用成本越来越受到重视。MySQL 是目前非常流行的开放源代码的数据库管理系统，由于其体积小、运行速度快、总体成本低，被广泛地应用在各类中小型网站中。MySQL 随着版本不断升级，功能越来越完善。

本书具有以下特色和创新。

（1）构建模块化的课程结构

本书认真分析软件开发与数据库应用职业岗位需求和学生能力现状，全面规划和重构教材内容，构建模块化、层次化的课程结构，站在软件开发人员和数据库管理员的角度理解数据库的应用、设计和管理需求，而不是根据数据库理论和 SQL 本身来取舍教材内容。按照"启动与登录 MySQL→创建与使用数据库→管理与备份数据库→设计与访问数据库"的流程对教材内容进行重构和优化。本书分为 11 个教学模块：启动与登录 MySQL、创建与操作 MySQL 数据库、创建与优化 MySQL 数据表结构、设置与维护数据库中数据完整性、添加与更新 MySQL 数据表数据、用 SQL 语句查询 MySQL 数据表、用视图方式操作 MySQL 数据表、用程序方式获取与处理 MySQL 表数据、安全管理与备份 MySQL 数据库、设计与优化 MySQL 数据库、Python 程序连接与访问 MySQL 数据库。

（2）实施任务驱动的教学方法

以真实工作任务为载体组织教学内容，实施教学过程，强化技能训练，提升动手能力。全书围绕"网上商城"数据库和 113 项操作任务展开，采用任务驱动的教学方法，全方位促进学生数据库应用、设计与管理能力的提升，引导学生在实践应用过程中认识数据库知识本身存在的规律，让感性认识升华为理性思维，能够举一反三，满足就业岗位的要求。

（3）遵循能力递进的教学规律

遵循学生的认知规律和技能的掌握规律，充分考虑教学实施需求，将真实工作任务转化、优化为课堂实施的教学任务，有利于提高教学效率和教学效果。合理设置各项学习任务的难度和完成时间，形成能力递进提升的任务训练体系。围绕任务讲解理论知识，并通过讲解的理论知识来解决实际问题，本书力求让学生在完成各项操作任务的过程中，在实际需求的驱动下学习、领悟知识和构建知识结构，最终熟练掌握知识，并将其固化为能力。

（4）使用双界面的教学环境

在数据库操作与管理过程中，Windows 命令行界面和 Navicat 图形界面并用，充分发挥各自的优势。在 Windows 命令行界面中输入命令、语句或程序，学习语法格式和语句规则，理解命令与语句的功能和要求，查看提示信息，观察运行结果。Navicat 图形界面是一套专为 MySQL 设计的高性能数据库管理及开发工具。其直观化的图形用户界面，让用户能快捷、高效、安全地使用 MySQL 数据库及其对象。在图形界面中可以使用菜单命令、工具栏按钮、窗口、对话框等可视化方式快捷创建、操作与管理数据库、数据表、视图、存储过程、函数、触发器、用户、权限等对象，操作过程直观、简便、安全。

（5）实现学会与会学的教学效果

围绕引导学生主动学习、高效学习、快乐学习的目标选择教学内容、教学案例、教学方法，并设置相应的教学任务、教学环境。课程教学的主要任务固然是掌握知识、训练技能，但更重要的是要教会学生怎样学习，掌握科学的学习方法有利于提高学习效率。本书合理取舍教学内容、精心设计教学案例、科学优化教学方法，让学生体会学习的乐趣和成功的喜悦，在完成各项操作任务的过程中增长知识、提升技能，还能做到学以致用，同时学会学习，养成良好的学习习惯，让每一位学生终身受益。

本书由湖南铁道职业技术学院陈承欢教授、汤梦姣老师编著，湖南铁道职业技术学院的颜谦和、张军、肖素华、林保康、张丽芳等老师参与了本书教学案例的设计和部分章节的编写工作。

由于编者水平有限，书中难免存在疏漏之处，敬请各位专家和读者批评指正，编者的QQ为1574819688。

编　者

2023 年 5 月

目录 CONTENTS

模块 4

设置与维护数据库中数据完整性 ·············· 69

模块 5

添加与更新 MySQL 数据表数据 ·············· 97

模块 6

用 SQL 语句查询 MySQL
数据表 ┈┈┈┈┈ 120

模块 7

用视图方式操作 MySQL
数据表 ┈┈┈┈┈ 147

模块 10

设计与优化 MySQL 数据库 ·················· 245

模块 11

Python 程序连接与访问 MySQL 数据库 ………… 275

模块 1
启动与登录MySQL

MySQL 是一种小型关系数据库管理系统,由瑞典 MySQL AB 公司开发。2008 年 1 月 MySQL AB 公司被 Sun 公司收购, 2009 年, Sun 公司又被 Oracle 公司收购。就这样, MySQL 成了 Oracle 公司的另一个数据库管理系统。经过多个公司的兼并, MySQL 版本不断升级, 功能越来越完善。

 重要说明

本书的 MySQL 采用解压缩方式安装在 D 盘的 "MySQL" 文件夹中, 以后各模块创建的数据库位于 "D:\MySQL\data" 中。

 操作准备

（1）参考附录 A 介绍的方法, 下载并安装好 MySQL 的系统文件, 本书安装在 D 盘的 "MySQL" 文件夹中。

（2）参考附录 B 介绍的方法, 下载并安装好图形管理工具 Navicat for MySQL, 本书安装路径为 C:\Program Files\PremiumSoft\Navicat 15 for MySQL。

1.1 认知 MySQL 与 Navicat

1. MySQL 概述

MySQL 是目前非常流行的开放源代码的小型数据库管理系统,被广泛地应用在各类中小型网站中。由于其体积小、运行速度快、总体成本低、开放源码,许多中小型网站选择 MySQL 作为网站数据库管理系统。与其他的大型数据库管理系统相比, MySQL 有一些不足之处, 但这丝毫没有影响它受欢迎的程度。对于一般的个人用户和中小企业来说, MySQL 提供的功能已绰绰有余。

MySQL 的主要特点如下。

（1）可移植性强: MySQL 使用 C 语言和 C++开发, 并使用多种编辑器进行测试, 可以在 Windows、Linux、Mac 等多种操作系统上运行, 保证了 MySQL 源代码的可移植性。

（2）运行速度快: 在 MySQL 中, 使用了极快的 "B 树" 磁盘表（MyISAM）和索引压缩; 通过使用优化的 "单扫描多连接", 能够实现极快连接; SQL 函数使用高度优化的类库实现, 运行速度快。一直以来, 高速都是 MySQL 吸引众多用户的特性之一, 这一点可能只有亲自使用才能体会到。

（3）支持多平台: MySQL 支持超过 20 种开发平台, 包括 Windows、Linux、UNIX、Mac OS、FreeBSD、IBM AIX、HP-UX、OpenBSD、Solaris 等, 这使得用户可以选择多种平台实现自己的应用系统, 并且在不同平台上开发的应用系统可以很容易地在各种平台之间进行移植。

（4）支持多种开发语言：MySQL 为各种流行的程序设计语言提供了支持，包括 Python、C 语言、C++、Java、Perl、PHP、Ruby 等，并为它们提供了很多 API 函数。

（5）提供多种存储引擎：MySQL 中提供了多种数据库存储引擎，引擎各有所长，适用于不同的应用场合，用户可以选择最合适的引擎以得到最佳性能。

（6）功能强大：强大的存储引擎使 MySQL 能够有效应用于任意数据库应用系统，并高效完成各种任务，例如大量数据的高速传输系统、每天访问量超过数亿的高强度的搜索 Web 站点。MySQL 5 是 MySQL 发展历程中的一个"里程碑"，MySQL 5 具备企业级数据库管理系统的特性，提供强大的功能，如子查询、事务、外键、视图、存储过程、触发器、查询缓存等功能。

（7）安全性高：灵活安全的权限和密码系统，允许基于主机的验证。MySQL 连接到服务器时，所有的密码传输均采用加密形式，从而保证了密码安全。由于 MySQL 是网络化的，因此可以在 Internet 上的任何地方访问，提高了数据共享的效率。

（8）价格低廉：MySQL 采用通用公共许可证（General Public License，GPL），很多情况下，用户可以免费使用 MySQL；对于一些商业用途，用户需要购买 MySQL 商业许可，但价格相对低廉。

MySQL 为用户提供了两个版本，分别是免费的 MySQL Community Server（社区版）和需要付费使用的 MySQL Enterprise Server（企业版）。编写本书时，MySQL 的最新版本为 MySQL-8.0.21。其中第 1 个数字 8 是主版本号，描述了文件格式。第 2 个数字 0 是发行级别。主版本号和发行级别在一起便构成了发行序列号。第 3 个数字 21 是在此发行系列中的版本号，随着每个新发布的版本递增。

2. MySQL 8.0 中值得关注的新特性

MySQL 8.0 中值得关注的新特性如下。

（1）性能：MySQL 8.0 的速度要比 MySQL 5.7 快近 2 倍。MySQL 8.0 在读/写工作负载、I/O 密集型工作负载以及高竞争工作负载方面具有非常好的性能。

（2）NoSQL：MySQL 从 5.7 版本开始提供 NoSQL 存储功能，目前在 8.0 版本中这部分功能得到了更大的改进。该项功能解决了对独立的 NoSQL 文档数据库的需求，而 MySQL 文档存储也为 schema-less 模式的 JSON 文档提供了多文档事务支持和完整的 ACID 合规性。

（3）窗口函数（Window Functions）：从 MySQL 8.0 开始，新增了一个叫窗口函数的概念，它可以用来实现若干新的查询方式。窗口函数与 SUM()、COUNT()这种聚集函数类似，但它不会将多行查询结果合并为一行，而是会将结果放回多行当中，即窗口函数不需要 GROUP BY。

（4）隐藏索引：在 MySQL 8.0 中，索引可以被"隐藏"或"显示"。当对索引进行隐藏时，它不会被查询优化器所使用。可以使用这个特性进行性能调试，例如我们先隐藏一个索引，然后观察其对数据库的影响。如果数据库性能有所下降，说明这个索引是有用的，然后将其恢复显示即可；如果看不出数据库性能有变化，说明这个索引是多余的，可以考虑删掉。

（5）降序索引：MySQL 8.0 为索引提供按降序方式进行排列的支持，在这种索引中的值也会按降序的方式进行排列。

（6）通用表表达式（Common Table Expressions，CTE）：在复杂的查询中使用嵌入式表时，使用 CTE 可以使查询语句更清晰。

（7）UTF-8 编码：从 MySQL 8.0 开始，使用 utf8mb4 作为默认字符集。

（8）JSON：MySQL 8.0 大幅改进了对 JSON 的支持，添加了基于路径查询参数从 JSON 字段中抽取数据的 JSON_EXTRACT()函数，以及用于将数据分别组合到 JSON 数组和对象中的 JSON_ARRAYAGG()和 JSON_OBJECTAGG()聚合函数。

（9）可靠性：InnoDB 现在支持表 DDL 的原子性，也就是说 InnoDB 数据表上的 DDL 也可以实现事务完整性，要么失败回滚，要么成功提交，不至于出现 DDL 部分成功的问题；此外还支持 crash-safe 性，元数据存储在单个事务数据字典中。

（10）高可用性（High Availability，HA）：InnoDB 集群为数据库提供集成的原生 HA 解决方案。

（11）安全性：提供了 OpenSSL 的改进、新的默认身份验证、SQL 角色、密码强度、授权等功能。

3. Navicat 概述

MySQL 的管理维护工具非常多，除自带的命令行管理工具之外，还有许多图形化管理工具。其中 Navicat 是一套快速、可靠且价格便宜的图形化管理工具，专为简化数据库的管理和降低系统管理成本而开发。它能够满足数据库管理员、开发人员及中小企业的需要。Navicat 拥有直观化的图形用户界面，它让用户可以以安全并且简单的方式创建、组织、访问和共享 MySQL 数据库中的数据。Navicat 可以用来对本机或远程的 MySQL、SQL Server、SQLite、Oracle 及 PostgreSQL 数据库进行管理和开发。Navicat 的功能足以满足专业开发人员的所有需求，而且数据库服务器的新手学习起来非常容易。

Navicat 适用于 Microsoft Windows、Mac OS 及 Linux 这 3 种平台，它可以让用户连接到任何本机或远程服务器，提供一些实用的数据库工具，如数据模型、数据传输、数据同步、结构同步、导入、导出、备份、还原、报表创建工具及计划以协助管理数据。

Navicat 包括多个产品，其中的 Navicat for MySQL 是一套专为 MySQL 设计的高性能数据库管理及开发工具。它可以用于版本 3.21 或以上的 MySQL 数据库服务器中，并支持大部分 MySQL 最新版本的功能，包括触发器、存储过程、函数、事件、视图、管理用户等。另一种产品 Navicat Premium 是一种可多重连接的数据库管理工具，它可让用户以单一程序同时连接到 MySQL、Oracle、PostgreSQL、SQLite 及 SQL Server 数据库中，让管理不同类型的数据库变得更加方便。Navicat Premium 使用户能简单并快速地在各种数据库系统间传输数据，或传输一份指定 SQL 格式及编码的纯文本文件。这可以简化从一台服务器迁移数据到另一台服务器的进程，不同数据库的批处理作业也可以按计划并在指定的时间运行。

1.2 启动与终止 MySQL 服务

要想连接 MySQL 数据库，要先保证 MySQL 服务已经启动，那么如何启动 MySQL 服务呢？一般来说，安装 MySQL 的时候会有自动启动服务和手动启动服务的选择，在安装与配置 MySQL 服务时，如果已经将 MySQL 安装为 Windows 服务，当 Windows 操作系统启动或停止工作时，MySQL 服务也会自动启动或停止工作。除此之外，还可以使用命令方式和图形服务工具来启动或停止 MySQL 服务。

1. 启动 MySQL 服务的命令

以管理员身份打开 Windows 操作系统的【管理员：命令提示符】窗口，在命令提示符后输入以下命令即可启动 MySQL 服务：

Net Stop [服务名称]

也可以在命令提示符后直接输入以下命令：

Net Start

按【Enter】键执行该命令，启动默认服务名称为 MySQL 的服务。该命令成功执行后会显示多行提示信息，如图 1-1 所示，这些提示信息的最后一行内容为"命令成功完成。"

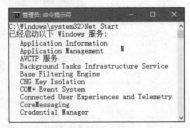

图 1-1　在【管理员：命令提示符】窗口中执行"Net Start"命令后显示多行提示信息

2. 停止 MySQL 服务的命令

以管理员身份打开 Windows 操作系统的【管理员：命令提示符】窗口，在命令提示符后输入以下命令即可停止 MySQL 服务：

```
Net Stop [服务名称]
```

3. 启动或停止 MySQL 服务的图形服务工具

启动或停止 MySQL 服务的图形服务工具主要有：

（1）Windows 操作系统的【服务】窗口。

（2）Windows 操作系统的【任务管理器】窗口。

【任务 1-1】启动与停止 MySQL 服务

【任务描述】

MySQL 安装完成后，只有成功启动 MySQL 服务器端的服务，用户才可以通过 MySQL 客户端登录到 MySQL 服务器。

分别使用 Windows 操作系统的【服务】窗口、【任务管理器】窗口以及命令方式启动与停止 MySQL 服务，具体要求如下。

（1）在【服务】窗口中启动 MySQL 服务。

（2）在【任务管理器】窗口中查看 MySQL 服务进程的运行状态。

（3）使用"Net Stop"命令停止 MySQL 服务。

（4）在【任务管理器】窗口中查看 MySQL 服务进程的停止状态。

（5）使用"Net Start"命令启动 MySQL 服务。

（6）在【服务】窗口中查看 MySQL 服务的状态。

（7）在【服务】窗口中停止 MySQL 服务。

（8）在【任务管理器】窗口中启动 MySQL 服务。

（9）在【服务】窗口中设置 MySQL 服务开机自启动。

【任务实施】

1. 在【服务】窗口中启动 MySQL 服务

按组合键【Win+R】打开【运行】对话框，在该对话框的文本框中输入命令"Services.msc"，然后单击【确定】按钮，打开【服务】窗口。

在【服务】窗口中选择名为"MySQL"的服务，单击鼠标右键，在弹出的快捷菜单中选择【启动】命令，如图 1-2 所示，即可启动"MySQL"服务。

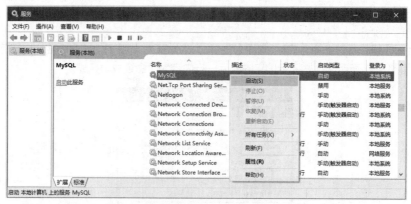

图 1-2　在【服务】窗口中启动 MySQL 服务

2. 在【任务管理器】窗口中查看 MySQL 服务进程的运行状态

按【Ctrl+Alt+Delete】组合键打开【任务管理器】窗口，切换到【详细信息】选项卡，可以看到 MySQL 服务进程"mysqld.exe"正在运行，如图 1-3 所示（这里为 Windows 10 操作系统的【任务管理器】窗口）。

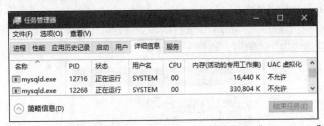

图 1-3　在【任务管理器】窗口中查看 MySQL 服务进程"mysqld.exe"

在【任务管理器】窗口中切换到【服务】选项卡，可以看到"MySQL"服务正在运行，如图 1-4 所示（这里为 Windows 10 操作系统的【任务管理器】窗口）。

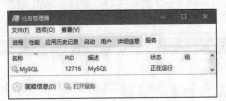

图 1-4　在【任务管理器】窗口中查看"MySQL"服务的运行状态

3. 使用"Net Stop"命令停止 MySQL 服务

以管理员身份打开 Windows 操作系统的【管理员：命令提示符】窗口，在命令提示符后输入以下命令：

```
Net Stop MySQL
```

这里的"MySQL"为服务的名称。

按【Enter】键执行该命令，执行成功后，【管理员：命令提示符】窗口出现"MySQL 服务已成功停止"的信息，如图 1-5 所示。

图 1-5　使用"Net Stop"命令停止 MySQL 服务

4. 在【任务管理器】窗口中查看 MySQL 服务进程的停止状态

打开【任务管理器】窗口，在该窗口中选择【服务】选项卡，可以看到"MySQL"服务处于"已停止"状态，如图 1-6 所示。

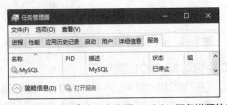

图 1-6　在【任务管理器】窗口中查看 MySQL 服务进程的停止状态

（微课版）

5. 使用"Net Start"命令启动 MySQL 服务

以管理员身份打开 Windows 操作系统的【管理员：命令提示符】窗口，如果创建服务时自定义了服务名称，则使用以下命令启动服务：

Net Start MySQL

这里的"MySQL"为服务的名称。

按【Enter】键，执行该命令，启动指定的 MySQL 服务，【管理员：命令提示符】窗口中会出现"MySQL 服务已经启动成功"的信息，如图 1-7 所示。

图 1-7　使用"Net Start"命令启动 MySQL 服务

6. 在【服务】窗口中查看 MySQL 服务的状态

打开【任务管理器】窗口，在该窗口中单击【打开服务】按钮，打开【服务】窗口。在【服务】窗口中找到名为"MySQL"的服务，如图 1-8 所示，可以看出该服务的状态为"正在运行"。

图 1-8　在【服务】窗口中查看 MySQL 服务的状态

7. 在【服务】窗口中停止 MySQL 服务

在【服务】窗口中选择名为"MySQL"的服务，单击鼠标右键，在弹出的快捷菜单中选择【停止】命令，如图 1-9 所示，即可停止"MySQL"服务。

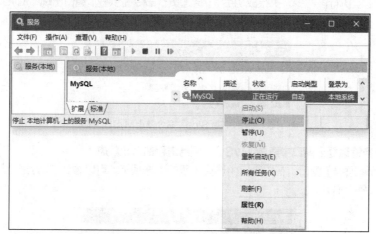

图 1-9　在【服务】窗口中停止 MySQL 服务

8. 在【任务管理器】窗口中启动 MySQL 服务

打开【任务管理器】窗口，在该窗口中选择名为"MySQL"的服务，单击鼠标右键，在弹出的快捷菜单中选择【开始】命令，如图 1-10 所示，即可启动"MySQL"服务。

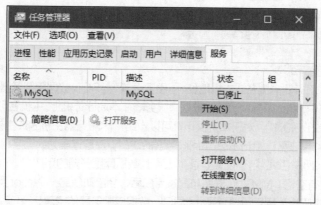

图 1-10　在【任务管理器】窗口中启动 MySQL 服务

9. 在【服务】窗口中设置 MySQL 服务开机自启动

打开【服务】窗口，在该窗口中找到名为"MySQL"的服务，在该服务上单击鼠标右键，在弹出的快捷菜单中选择【属性】命令，打开【MySQL 的属性(本地计算机)】对话框。在"启动类型"下拉列表中选择"自动"，如图 1-11 所示，即可将"MySQL"服务设置为自启动状态，然后单击【确定】按钮即可。

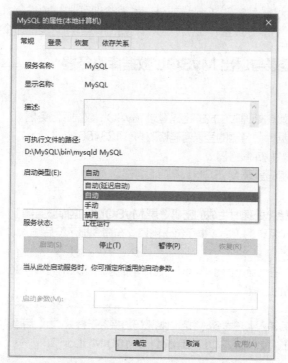

图 1-11　在【MySQL 的属性(本地计算机)】对话框中设置"启动类型"为"自动"

1.3　登录与退出 MySQL 数据库服务器

登录 MySQL 数据库服务器的命令的完整形式如下：

```
MySQL  -h <服务器主机名或主机地址>  -P <端口号>  -u <用户名>  -p<密码>
```

登录 MySQL 数据库服务器的命令可以写成以下形式：

```
MySQL-h localhost-u root-p123456
MySQL-h 127.0.0.1-u root-p123456
```

【参数说明】

（1）MySQL 为登录命令。

（2）参数"-h <服务器主机名或主机地址>"用于设置 MySQL 数据库服务器，其后面接 MySQL 数据库服务器名称或 IP 地址。如果 MySQL 数据库服务器在本地计算机上，主机名可以写成"localhost"，也可以写 IP 地址"127.0.0.1"。对于本机操作，可以省略-h <服务器主机名或主机地址>。

（3）参数"-P <端口号>"用于设置访问服务器的端口，注意这里为大写字母"P"。

（4）参数"-u <用户名>"用于设置登录 MySQL 数据库服务器的用户名，-u 与<用户名>之间可以有空格，也可以没有空格。MySQL 安装与配置完成后，会自动创建一个 root 用户。

（5）参数"-p<密码>"用于设置登录 MySQL 数据库服务器的密码，-p 后面可以不接密码，按【Enter】键后系统会提示输入密码。如果要接密码，-p 与密码之间没有空格。注意这里为小写字母"p"。

成功登录 MySQL 数据库服务器以后，会出现"Welcome to the MySQL monitor"的欢迎语，并出现"mysql>"命令提示符。在"mysql>"命令提示符后面可以输入 SQL 语句操作 MySQL 数据库。

在 MySQL 中，每条 SQL 语句以半角分号";"、"\g"或"\G"结束，3 种结束符的作用相同，可以按【Enter】键来执行 MySQL 的命令或 SQL 语句。

在命令提示符"mysql>"后输入"Quit;"或"Exit;"命令即可退出 MySQL 的登录状态，显示"Bye"的提示信息，并且出现"C:\>"或者"C:\Windows\system32>"之类的命令提示符。

【任务 1-2】登录与退出 MySQL 数据库服务器

【任务描述】

（1）以 MySQL 初始化处理时生成的密码登录 MySQL 数据库服务器。

（2）将 MySQL 数据库服务器的登录密码修改为"123456"。

（3）退出 MySQL 数据库服务器。

（4）以修改后的新密码登录 MySQL 数据库服务器。

微课 1-1

登录与退出 MySQL
数据库服务器

【任务实施】

1. 以 MySQL 初始化处理时生成的密码登录 MySQL 数据库服务器

打开 Windows 操作系统的【命令提示符】窗口，在命令提示符后输入以下命令：

```
MySQL -u root -p
```

这时出现提示信息"Enter password:"，在提示信息后输入前面 MySQL 初始化处理时自动生成的密码，例如"o16QlMULprt"。

> **提示** 在命令提示符后输入上述命令时也可以将密码直接置于参数"p"后面，且"p"与密码之间不能加空格，形式如"MySQL -u root -po16QlMULprt"。

按【Enter】键，执行该命令，该命令成功执行后会显示如下所示的多行提示信息。

Welcome to the MySQL monitor.   Commands end with ; or \g.

Your MySQL connection id is 17

Server version: 8.0.21 MySQL Community Server - GPL

Copyright (c) 2000, 2020, Oracle and/or its affiliates. All rights reserved.

Oracle is a registered trademark of Oracle Corporation and/or its

affiliates. Other names may be trademarks of their respective
owners.
Type 'help;' or '\h' for help. Type '\c' to clear the current input statement.

MySQL 登录成功后，提示符会变成"mysql>"。

注意

只有成功启动了 MySQL 服务，才能成功登录 MySQL 数据库服务器。

2. 将 MySQL 数据库服务器的登录密码修改为"123456"

在命令提示符"mysql>"后输入以下命令：

```
Set password For root@localhost='123456';
```

按【Enter】键，执行该命令，将登录密码修改为"123456"。

3. 退出 MySQL 数据库服务器

在命令提示符"mysql>"后输入"Quit;"或"Exit;"命令即可退出 MySQL 的登录状态，显示"Bye"的提示信息。

4. 以修改后的新密码登录 MySQL 数据库服务器

打开 Windows 操作系统的【命令提示符】窗口，在命令提示符后输入命令"MySQL -u root -p"，按【Enter】键后，输入正确的密码，这里输入修改后的新密码"123456"，即可显示图 1-12 所示的相关信息。

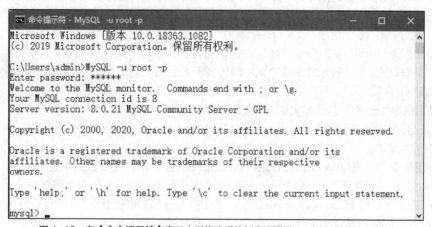

图 1-12　在【命令提示符】窗口中以修改后的新密码登录 MySQL 数据库服务器

命令中的"MySQL"表示登录 MySQL 数据库服务器的命令；"-u"表示用户名，其后面接数据库服务器的用户名，本次使用"root"用户名进行登录，也可以使用其他用户名登录；"-p"表示密码，如果"-p"后面没有密码，则在【命令提示符】窗口中执行该命令后，系统会提示输入密码，输入正确密码后，即可登录到 MySQL 服务器。

1.4　试用 MySQL 的管理工具

MySQL 的管理工具有命令行工具和图形管理工具两种类型。MySQL 图形管理工具方便了数据库的操作与管理，常用的图形管理工具有 Navicat for MySQL、MySQL Workbench、phpMyAdmin等。Navicat for MySQL 是一款强大的 MySQL 数据库管理和开发工具，并且易学易用，本书使用Navicat for MySQL 作为图形管理工具。MySQL Workbench 是新一代可视化的数据库设计和管理工具，是一款专为 MySQL 设计的数据库建模工具，支持 Windows 和 Linux 操作系统。phpMyAdmin 是一款使用 PHP 开发的 B/S（Browser/Server，浏览器/服务器）模式的 MySQL 数据库管理工具，是基于 Web 跨平台的管理工具。

【任务1-3】试用 MySQL 的管理工具

【任务描述】

微课 1-2

试用 MySQL 的
管理工具

（1）使用命令"MySQL -u root -p"登录 MySQL 数据库服务器。

（2）使用命令"Exit;"退出 MySQL 数据库服务器。

（3）使用命令"MySQL -h localhost -u root -p"登录 MySQL 数据库服务器。

（4）查看安装 MySQL 时系统自动创建的数据库。

（5）查看 MySQL 默认的字符集。

（6）查看 MySQL 的状态信息。

（7）查看 MySQL 的版本信息和连接用户名。

（8）使用命令"Quit;"退出 MySQL 数据库服务器。

【任务实施】

1. 使用命令"MySQL -u root -p"登录 MySQL 数据库服务器

打开 Windows 操作系统的【命令提示符】窗口，在该窗口的命令提示符后输入以下命令：

```
MySQL -u root -p
```

按【Enter】键出现提示信息"Enter password:"，在提示信息后输入前面已设置的密码"123456"，再按【Enter】键，执行该命令，该命令成功执行后会显示多行提示信息，成功进入 MySQL。

MySQL 登录成功后，提示符变成"mysql>"，表示已经成功登录 MySQL 数据库服务器，可以开始对数据库进行操作了。

2. 使用命令"Exit;"退出 MySQL 数据库服务器

在 MySQL 的命令提示符"mysql>"后输入命令"Exit;"，按【Enter】键即可退出 MySQL 数据库服务器的登录状态。

3. 使用命令"MySQL -h localhost -u root -p"登录 MySQL 数据库服务器

在 Windows 操作系统的【命令提示符】窗口的命令提示符后输入命令"MySQL -h localhost -u root -p"，按【Enter】键后，输入正确的密码，这里输入前面设置的密码"123456"。当窗口中命令提示符变为"mysql>"时，表示已经成功登录 MySQL 数据库服务器，如图 1-13 所示。

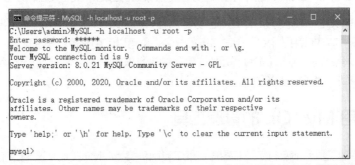

图 1-13 使用命令"MySQL -h localhost -u root -p"成功登录 MySQL 数据库服务器

4. 查看安装 MySQL 时系统自动创建的数据库

在"mysql>"命令提示符后输入"Show Databases；"命令，按【Enter】键，执行该命令，会显示 MySQL 安装时系统自动创建的 4 个数据库，如图 1-14 所示。

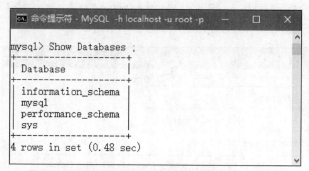

图 1-14　显示安装 MySQL 时系统自动创建的 4 个数据库

MySQL 将有关数据库管理系统自身的管理信息都保存在这几个数据库中。如果删除这些数据库，MySQL 将不能正常工作。

5. 查看 MySQL 默认的字符集

在 "mysql>" 命令提示符后输入 "Show Variables Like 'character%';" 命令，按【Enter】键，执行该命令，会显示 MySQL 默认的字符集，如图 1-15 所示。

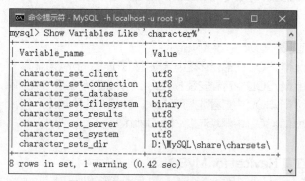

图 1-15　显示 MySQL 默认的字符集

6. 查看 MySQL 的状态信息

在 "mysql>" 命令提示符后输入 "Status;" 命令，按【Enter】键，执行该命令，会显示 MySQL 的状态信息，如图 1-16 所示。

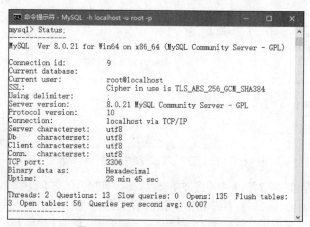

图 1-16　显示 MySQL 的状态信息

7. 查看 MySQL 的版本信息和连接用户名

在"mysql>"命令提示符后输入"Select Version(),User()；"命令，按【Enter】键，执行该命令，会显示 MySQL 的版本信息和连接用户名，如图 1-17 所示。

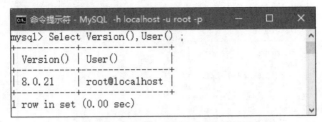

图 1-17　显示 MySQL 的版本信息和连接用户名

8. 使用命令"Quit;"退出 MySQL 数据库服务器

在命令提示符"mysql>"后输入以下命令：

```
Quit;
```

按【Enter】键，执行该命令，该命令成功执行后会显示"Bye"提示信息。

【任务 1-4】试用 MySQL 的图形管理工具 Navicat for MySQL

【任务描述】

（1）启动图形管理工具 Navicat for MySQL。

（2）在 Navicat for MySQL 图形化环境中建立并打开连接"MyConn"。

（3）在 Navicat for MySQL 中查看安装 MySQL 时系统自动创建的数据库。

（4）在 Navicat for MySQL 中查看数据库"sys"中已有的数据表。

（5）在 Navicat for MySQL 中删除连接"MyConn"。

微课 1-3

试用 MySQL 的图形
管理工具 Navicat for
MySQL

【任务实施】

1. 启动图形管理工具 Navicat for MySQL

双击桌面快捷方式【Navicat 15 for MySQL】，启动图形管理工具 Navicat for MySQL。

2. 在 Navicat for MySQL 图形化环境中建立并打开连接"MyConn"

在【Navicat for MySQL】窗口的工具栏的【连接】下拉列表中选择"MySQL"，如图 1-18 所示。

图 1-18　在【连接】下拉列表中选择"MySQL"

在【MySQL-新建连接】对话框中设置连接参数，在"连接名"文本框中输入"MyConn"，然后分别输入主机名或 IP 地址、端口号、用户名和登录密码，如图 1-19 所示。输入完成后单击【测试连接】按钮，弹出"连接成功"的提示信息对话框，表示连接创建成功，单击【确定】按钮保存所创建的连接。

图 1-19 【MySQL-新建连接】对话框

在【Navicat for MySQL】窗口中的【文件】菜单中选择【打开连接】命令，如图 1-20 所示，即可打开"MyConn"连接。

图 1-20 在【文件】菜单中选择【打开连接】命令

3. 在 Navicat for MySQL 中查看安装 MySQL 时系统自动创建的数据库

"MyConn"连接打开后，会显示安装 MySQL 时系统自动创建的数据库，如图 1-21 所示，一共有 4 个数据库，与使用命令行工具查看的结果一致。

图 1-21 显示安装 MySQL 时系统自动创建的数据库

4. 在 Navicat for MySQL 中查看数据库"sys"中已有的数据表

在【Navicat for MySQL】窗口左侧数据库列表中双击"sys"节点，即可打开该数据库的对象，双击"表"节点可查看该数据库中已有的一张数据表，其名称为"sys_config"，如图 1-22 所示。

图1-22　在【Navicat for MySQL】窗口中查看数据库"sys"中已有的数据表

5. 在 Navicat for MySQL 中删除连接"MyConn"

在【Navicat for MySQL】窗口左侧单击创建的连接"MyConn"，然后在【Navicat for MySQL】窗口的【文件】菜单中选择【关闭连接】命令，如图1-23所示，即可关闭"MyConn"连接。

图1-23　在【文件】菜单中选择【关闭连接】命令

在【Navicat for MySQL】窗口左侧右击已被关闭的连接"MyConn"，在弹出的快捷菜单中选择【删除连接】命令，如图1-24所示。

图1-24　在快捷菜单中选择【删除连接】命令

接着弹出【确认删除】对话框，如图 1-25 所示，在该对话框中单击【删除】按钮即可删除连接"MyConn"。

图 1-25 【确认删除】对话框

 课后练习

1. 选择题

（1）以下关于 MySQL 的说法中错误的是（　　）。

    A. MySQL 是一种关系数据库管理系统

    B. MySQL 是一种开放源码软件

    C. MySQL 服务器工作在 B/S 模式下

    D. 安装在 Windows 操作系统中的 MySQL，其 MySQL 语句区分大小写

（2）以下关于 MySQL 的说法中错误的是（　　）。

    A. MySQL 不仅是开源软件，而且能够跨平台使用

    B. 可以通过【服务】窗口启动 MySQL 服务，如果服务已经启动，可以在【任务管理器】的【详细信息】选项卡中查找"mysqld.exe"进程，如果该进程存在则表示 MySQL 服务正在运行

    C. 手动修改 MySQL 的配置文件"my.ini"时，只能更改与客户端有关的配置信息，而不能更改与服务器有关的配置信息

    D. 成功登录 MySQL 服务器后，直接输入"Help;"命令，按【Enter】键可以查看帮助信息

（3）在命令提示符"mysql>"后输入以下（　　）命令不能退出 MySQL。

    A. Go   B. Ctrl+Z   C. Exit   D. Quit

（4）关于 MySQL 数据库服务登录，以下描述正确的是（　　）。

    A. 不用启动任何服务就可以直接登录 MySQL 数据库服务器

    B. 只能使用用户名和密码方式登录 MySQL 数据库服务器

    C. 只能使用 Windows 操作系统的用户登录方式登录 MySQL 数据库服务器

    D. 以上描述都不正确

（5）以下软件不属于 MySQL 图形管理工具的是（　　）。

    A. Navicat for MySQL   B. MySQL Workbench

    C. phpMyAdmin   D. PyCharm

2. 填空题

（1）MySQL 是目前非常流行的开放源代码的小型数据库管理系统，被广泛地应用在各类中小型网站中，由于拥有（　　）、（　　）、（　　）、（　　）等突出特点，许多中小型网站为降低其成本而选择 MySQL 作为网站数据库管理系统。

（2）Navicat 可以用来对本机或远程的（　　）、（　　）、（　　）、（　　）及 PostgreSQL 数据库

进行管理和开发。Navicat 适用于（　　　）、（　　　）及（　　　）这3种平台。

（3）登录 MySQL 数据库服务器的典型命令为"MySQL –u root –p"，命令中的"MySQL"表示（　　）的命令，"-u"表示（　　　），"root"表示（　　　），"-p"表示（　　　）。

（4）对于登录 MySQL 数据库服务器的命令，如果 MySQL 服务器在本地计算机上，则主机名可以写成（　　　），也可以写 IP 地址（　　　）。

（5）MySQL 中每条 SQL 语句以（　　　）、（　　　）或（　　　）结束，3种结束符的作用相同。

（6）如果创建 MySQL 服务时定义的服务名称为 MySQL，则使用（　　　　）命令可以启动 MySQL 服务，使用（　　　）命令可以停止 MySQL 服务。

（7）在命令提示符"mysql>"后输入（　　　）或（　　　）命令可退出 MySQL 的登录状态。

模块 2
创建与操作MySQL数据库

数据库技术主要研究如何科学地组织和存储数据，以及如何高效地获取和处理数据。数据库技术已广泛应用于各个领域。数据库是指长期存储在计算机内的、有组织的、可共享的数据集合。数据库可以看作一个存储数据对象的容器，这些对象包括数据表、视图、触发器、存储过程等。数据表是最基本的数据对象，是存放数据的实体。我们首先应创建数据库，然后才能建立数据表及其他的数据对象。

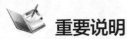 **重要说明**

（1）本模块创建了数据库"MallDB"。

（2）本模块先创建了数据库"StudentDB"，然后删除了该数据库。

（3）本模块没有在数据库中创建任何数据表。

（4）完成本模块所有任务后，参考模块 9 中介绍的备份方法对数据库"MallDB"进行备份，备份文件名为"MallDB02.sql"。

备份语句如下：

```
Mysqldump –u root –p --databases MallDB> D:\MySQLData\MyBackup\MallDB02.sql
```

 操作准备

（1）打开 Windows 操作系统的【命令提示符】窗口，在该窗口中登录 MySQL 数据库服务器，让命令提示符变为"mysql>"。

（2）启动 Navicat for MySQL。

2.1 创建数据库

2.1.1 认知数据库技术中的基本概念

数据、数据库、数据库管理系统、数据库应用程序、数据库用户、数据库系统等，都是数据库技术中的基本概念。理解这些基本概念，有助于更好地学习掌握数据库技术。

1. 数据

数据（Data）是描述客观事物的符号，可以是文字、数字、图形、图像等，经过数字化后存入计算机。数据是数据库中存储的基本对象。

2. 数据库

数据库（Database，DB）就是一个有结构的、集成的、可共享的、统一管理的数据集合。数据库是一个有结构的数据集合，也就是说，数据是按一定的数据模型来组织的，数据模型可用数据结构来描述。数据模型不同，数据的组织结构和操纵数据的方法也不同。现在的数据库大多数是以关系模型来组织数据的，可以简单地把关系模型的数据结构（即关系）理解为一张二维表。以关系模型组织起来的数据库称为关系数据库。在关系数据库中，不仅存放着各种用户数据，如与商品有关的数据、与客户有关的数据、与订单有关的数据等，还存放着与各个表结构定义有关的数据，这些数据通常被称为元数据。

数据库是一个集成的数据集合，也就是说，数据库中集中存放着各种各样的数据。数据库是一个可共享的数据集合，也就是说，数据库中的数据可以被不同的用户使用，每个用户可以按自己的需求访问相同的数据库。数据库是一个统一管理的数据集合，也就是说，数据库由数据库管理系统统一管理，任何数据访问都是通过数据库管理系统来完成的。

3. 数据库管理系统

数据库管理系统（Database Management System，DBMS）是一种用来管理数据库的商品化软件，用于建立、使用和维护数据库。它对数据库进行统一的管理和控制，以保证数据库的安全性和完整性。所有访问数据库的请求都是通过数据库管理系统来完成的。数据库管理系统提供了操作数据库的许多命令，这些命令所组成的语言中常用的就是结构化查询语言（Structured Query Language，SQL）。

数据库管理系统主要提供以下功能。

（1）数据定义。数据库管理系统提供了数据定义语言（Data Definition Language，DDL）。通过DDL可以方便地定义数据库中的各种对象。例如，可以使用DDL定义网上商城数据库中的商品信息数据表、客户数据表、订单数据表的表结构。

（2）数据操纵。数据库管理系统提供了数据操纵语言（Data Manipulation Language，DML）。通过DML可以实现数据表中数据的基本操作，如向数据表中插入一行数据、修改数据表的数据、删除数据表中的行、查询数据表中的数据等。

（3）安全控制和并发控制。数据库管理系统提供了数据控制语言（Data Control Language，DCL）。通过DCL可以控制什么情况下谁可以执行什么样的数据操作。另外，由于数据库是共享的，多个用户可以同时访问数据库（并发操作），这可能会引起访问冲突，从而导致数据不一致。数据库管理系统还提供了并发控制的功能，以避免并发操作时可能带来的数据不一致问题。

（4）数据库备份与恢复。数据库管理系统提供了备份数据库和恢复数据库的功能。

"数据库管理系统"这一术语通常指的是某个特定厂商的特定数据库产品，如MySQL、Microsoft SQL Server、Microsoft Access、Oracle等，但有时人们使用"数据库"这个术语来代替数据库管理系统，这种用法是不恰当的。甚至有人用"数据库"这一术语来代替数据库系统，这种用法就更不恰当了。所以对数据库、数据库管理系统、数据库应用程序、数据库系统等术语要有清晰的理解，合理使用这些术语。

4. 数据库应用程序

数据库应用程序是指利用某种程序设计语言，为实现某些特定功能而编写的程序，如查询程序、报表程序等。这些程序为最终用户提供方便使用的可视化界面。最终用户通过界面输入必要的数据。应用程序接收最终用户输入的数据，并对其进行加工处理，转换成数据库管理系统能够识别的SQL语句，然后将这些SQL语句传给数据库管理系统，由数据库管理系统执行。数据库管理系统负责从数据库若干张数据表中找到符合查询条件的数据，将查询结果返回给应用程序，由应用程序将得到的结果显示出来。由此可见，应用程序为最终用户访问数据库提供了有效途径和简便方法。

5. 数据库用户

数据库用户是使用数据库的人员，数据库用户一般有以下3类。

（1）应用程序员：应用程序员负责编写数据库应用程序，他们使用某种程序设计语言（如C#、Java

等）来编写应用程序。这些应用程序通过向数据库管理系统发送 SQL 语句，请求访问数据库。这些应用程序既可以是批处理程序，又可以是联机应用程序，其作用是允许最终用户通过客户端、屏幕终端或浏览器访问数据库。

（2）数据库管理员：数据库管理员（Database Administrator，DBA）是一类特殊的数据库用户，负责全面管理、控制、使用和维护数据库，以保证数据库处于最佳工作状态。数据是企业最有价值的信息资源，而对数据拥有核心控制权限的人就是数据管理员（Data Administrator，DA）。数据管理员的职责如下：决定什么数据存储在数据库中，并针对存储的数据建立相应的安全控制机制。注意，数据管理员是管理者而不一定是技术人员，负责执行数据管理员的决定的技术人员就是数据库管理员。数据库管理员的任务是创建实际的数据库以及执行数据管理员需要实施的各种安全控制措施，确保数据库的安全，并且提供各种技术支持服务。

（3）最终用户：最终用户也称终端用户或一般用户，他们通过客户端、屏幕终端或浏览器与应用程序交互来访问数据库，或者通过数据库产品提供的接口程序访问数据库。

6. 数据库系统

数据库系统（Database System，DBS）由数据库及其管理软件组成，是存储介质、处理对象和管理系统的集合体，一般由数据、数据库、数据库管理系统、数据库应用系统、数据库用户和硬件构成。数据是构成数据库的主体，是数据库系统的管理对象。数据库是存放数据的仓库，数据库管理系统是数据库系统中的核心软件，数据库应用系统是数据库管理系统支持下由数据库用户根据实际需要开发的应用程序。数据库用户包括应用程序员、数据库管理员和最终用户。硬件是数据系统的物理支撑，包括 CPU、内存、硬盘及 I/O 设备等。

7. 关系数据库

关系数据库是一种建立在关系模型上的数据库，是目前非常受欢迎的数据库管理系统。常用的关系数据库有 MySQL、SQL Server、Access、Oracle、DB2 等。在关系数据库中，关系模型就是一张二维表，因而一个关系数据库就是若干张二维表的集合。

8. 系统数据库

MySQL 主要包含 information_schema、mysql、performance_schema、sys 系统数据库。在创建任何数据库之前，用户都可以使用命令查看系统数据库，即在【命令提示符】窗口中登录 MySQL 数据库服务器，然后在 "mysql>" 命令提示符后输入如下命令：

```
Show Databases ;
```

按【Enter】键，执行该命令，会显示安装 MySQL 时系统自动创建的 4 个数据库。

系统数据库的说明如下。

（1）information_schema 数据库。

在 MySQL 中，information_schema 数据库中保存着 MySQL 数据库服务器所维护的所有数据库的信息，如数据库名、数据库的表、字段的数据类型、访问权限与数据库索引信息等。

information_schema 数据库是一个虚拟数据库，查询数据时，从其他数据库获取相应的信息。在 information_schema 数据库中，有数张只读表，它们实际上是视图，而不是基本表，因此，用户将无法看到与之相关的任何文件。

information_schema 数据库提供了访问数据库元数据的方式。元数据是关于数据的数据，如数据库名称（或数据表名称）、字段的数据类型、访问权限等。

（2）mysql 数据库。

mysql 数据库是 MySQL 的核心数据库，主要负责存储数据库的用户、权限设置、关键字，以及 mysql 自己需要使用的控制和管理信息等。例如，可以使用 mysql 数据库中的 mysql.user 数据表来修改 root 用户的密码。

（3）performance_schema 数据库。

performance_schema 数据库主要用于收集数据库服务器性能参数，并且数据库里数据表的存储引擎均为 Performance_Schema，而用户是不能创建存储引擎为 Performance_Schema 的数据表的。

（4）sys 数据库。

sys 数据库所有的数据源自 performance_schema 数据库，其目的是把 performance_schema 数据库的复杂度降低，让数据库管理员能更好地阅读这个数据库里的内容，从而让数据库管理员更快地了解数据库的运行情况。

2.1.2　认知创建 MySQL 数据库的命令

MySQL 安装与配置完成后，需要创建数据库，这是使用 MySQL 各项功能的前提。创建数据库是指在系统磁盘上划分一块区域用于数据的存储和管理。

默认情况下，只有系统管理员和具有创建数据库角色的登录账户的拥有者，才可以创建数据库。在 MySQL 中，root 用户拥有最高权限，因此使用 root 用户登录 MySQL 数据库服务器后，就可以创建数据库了。

MySQL 提供了创建数据库的命令 Create Database。创建 MySQL 数据库的命令的语法格式如下：

```
Create { Database | Schema } [ If Not Exists ] <数据库名称>
[ create_specification , ... ]
```

其中，create_specification 的可选项如下：

```
[ Default ] Character Set <字符集名称>
| [ Default ] Collate <排序规则名称>
```

（1）命令中括号"[ ]"中的内容为可选项，其余为必须书写的项；二者选其一的选项使用"|"分隔；多个选项或参数列出前面一个或多个选项，使用"…"表示可有多个选项或参数。

（2）Create Database 为创建数据库的必需项，不能省略。

（3）由于 MySQL 的数据存储区将以文件夹方式表示 MySQL 数据库，所以，命令中的数据库名称必须符合操作系统文件夹命名规则。MySQL 中不区分字母大小写。

（4）If Not Exists 为可选项，用于在创建数据库之前，判断即将创建的数据库名是否存在。如果不存在，则创建该数据库。如果已经存在同名的数据库，则不创建任何数据库。如果存在同名数据库，并且没有指定 If Not Exists，则会出现错误提示。

（5）create_specification 用于指定数据库的特性。数据库特性存储在数据库文件夹中的"db.opt"文件中。Default 用于指定默认值，Character Set 子句用于指定默认的数据库字符集，Collate 子句用于指定默认的数据库排序规则。

（6）在 MySQL 中，每一条 SQL 语句都以半角分号";"或"\g"或"\G"作为结束标志。

创建 MySQL 数据库的示例语句如下：

```
Create Database If Not Exists BookDB Default Charset utf8 Collate utf8_general_ci ;
```

【任务 2-1】使用 Navicat for MySQL 工具创建数据库 MallDB

【任务描述】

在 Navicat for MySQL 图形化环境中完成以下任务。

（1）创建连接"MallConn"。

（2）创建数据库"MallDB"。

微课 2-1

使用 Navicat for MySQL 工具创建数据库 MallDB

（3）查看连接"MallConn"里的数据库。

（4）打开新创建的数据库"MallDB"。

【任务实施】

1．创建连接"MallConn"

（1）启动图形管理工具 Navicat for MySQL。

双击桌面快捷方式【Navicat for MySQL】，启动图形管理工具 Navicat for MySQL。

（2）建立连接"MallConn"。

在【Navicat for MySQL】窗口中打开【文件】菜单，在弹出的下拉菜单中依次选择【新建连接】→【MySQL】命令，如图 2-1 所示。

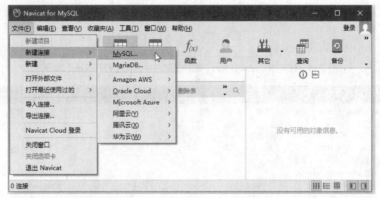

图 2-1　在【文件】菜单的下拉菜单中依次选择【新建连接】→【MySQL】命令

在【MySQL-新建连接】对话框中设置连接参数，在"连接名"文本框中输入"MallConn"，然后分别输入主机名或 IP 地址、端口号、用户名和登录密码，如图 2-2 所示。输入完成后单击【测试连接】按钮，弹出"连接成功"提示信息对话框，如图 2-3 所示，表示连接创建成功，单击【确定】按钮保存所创建的连接，【Navicat for MySQL】窗口左侧窗格就会出现连接"MallConn"。

图 2-2　【MySQL-新建连接】对话框

图 2-3　"连接成功"提示信息对话框

（3）打开连接"MallConn"。

在【Navicat for MySQL】窗口左侧窗格中右击刚创建的连接"MallConn"，在弹出的快捷菜单中选择【打开连接】命令，如图 2-4 所示，即可打开"MallConn"连接，显示"MallConn"连接中的数据库，如图 2-5 所示。

图2-4 在连接"MallConn"的快捷菜单中选择【打开连接】命令

图2-5 "MallConn"连接中的数据库

2. 创建数据库"MallDB"

在【Navicat for MySQL】窗口左侧窗格中右击打开的连接名"MallConn"，在弹出的快捷菜单中选择【新建数据库】命令，如图2-6所示，弹出【新建数据库】对话框。

在【新建数据库】对话框的"数据库名"文本框中输入"MallDB"，在"字符集"下拉列表中选择"utf8"，在"排序规则"下拉列表中选择"utf8_general_ci"，如图2-7所示。

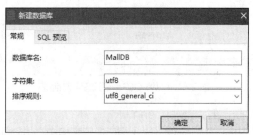

图2-6 在快捷菜单中选择【新建数据库】命令　　　　图2-7 【新建数据库】对话框

在【新建数据库】对话框中切换到【SQL 预览】选项卡，如图2-8所示。

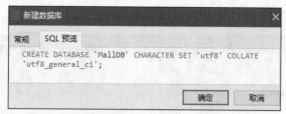

图 2-8 【新建数据库】对话框的【SQL 预览】选项卡

从【SQL 预览】选项卡可以看出，创建 MySQL 数据库"MallDB"的语句如下：

CREATE DATABASE 'MallDB' CHARACTER SET 'utf8' COLLATE 'utf8_general_ci';

在【新建数据库】对话框中单击【确定】按钮，完成数据库"MallDB"的创建。

3. 查看连接"MallConn"里的数据库

在【Navicat for MySQL】窗口中展开"MallConn"连接中的数据库列表，可以看到刚才创建的数据库"MallDB"，如图 2-9 所示。

图 2-9 展开"MallConn"连接中的数据库列表

4. 打开新创建的数据库 MallDB

在【Navicat for MySQL】窗口左侧窗格中右击新创建的数据库"MallDB"，在弹出的快捷菜单中选择【打开数据库】命令，如图 2-10 所示。

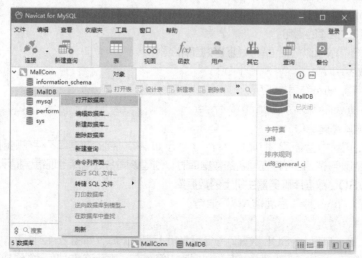

图 2-10 在快捷菜单中选择【打开数据库】命令

数据库 "MallDB" 的打开状态如图 2-11 所示。

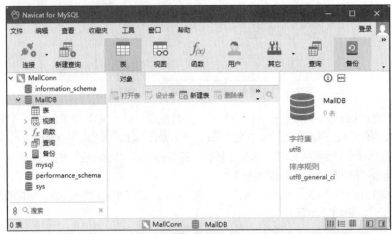

图 2-11　数据库 "MallDB" 的打开状态

【任务 2-2】在【命令提示符】窗口中使用 Create Database 语句创建数据库

【任务描述】

（1）创建一个名为 "StudentDB" 的数据库，并指定其默认字符集为 utf8。

（2）查看 MySQL 数据库服务器主机上的数据库。

微课 2-2

在【命令提示符】窗口中使用 Create Database 语句创建数据库

【任务实施】

1. 创建数据库 "StudentDB"

（1）登录 MySQL 数据库服务器。

打开 Windows 操作系统的【命令提示符】窗口，在【命令提示符】窗口的命令提示符后输入命令 "mysql -u root -p123456"，按【Enter】键后，当窗口中命令提示符变为 "mysql>" 时，表示已经成功登录到 MySQL 服务器。

（2）输入创建数据库的语句。

在命令提示符 "mysql>" 后面输入创建数据库的语句：

```
Create Database If Not Exists StudentDB ;
```

按【Enter】键，执行结果如下所示：

```
Query OK, 1 row affected, 1 warning (0.47 sec)
```

结果表示数据库创建成功。

创建数据库的语句中包含了 "If Not Exists"，表示如果待创建的数据库不存在则创建，存在则不创建，其作用是避免服务器上已经存在同名的数据库时，创建该同名数据库出现错误提示信息的情况。

2. 查看 MySQL 数据库服务器主机上的数据库

在命令提示符 "mysql>" 后面输入以下语句：

```
Show Databases ;
```

按【Enter】键，查看 MySQL 数据库服务器主机上的数据库，如图 2-12 所示。

从显示的结果可以看出，"StudentDB" 数据库已经存在，表示该数据库已创建成功。

【重要说明】本单元各个任务的实施过程首先需要打开 Windows 操作系统的【命令提示符】窗口，

然后要登录 MySQL 数据库服务器，后面的任务不再重复说明这两个步骤。

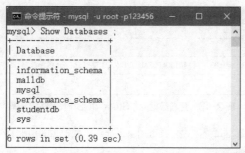

图 2-12　查看 MySQL 数据库服务器主机上的数据库

2.2　选择与查看数据库

当登录 MySQL 数据库服务器后，可能有多个可以操作的数据库，这时就需要选择要操作的数据库了。

使用 Create Database 语句创建数据库之后，该数据库不会自动成为当前数据库，需要使用 Use 语句来指定。

在 MySQL 中，对数据表进行操作之前，需要选择该数据表所在的数据库。选择 MySQL 数据库的命令的语法格式如下：

Use 数据库名称 ;

【语法说明】该语句通过 MySQL 将指定的数据库作为默认（当前）数据库使用，用于后续各语句。该数据库保持默认状态，直到语句段的结束，或者另一个不同的 Use 语句被执行。这个语句也可以用来从一个数据库"切换"到另一个数据库。

【任务 2-3】在【命令提示符】窗口中使用语句方式选择与查看数据库相关信息

【任务描述】

（1）选择数据库"StudentDB"作为当前数据库。

（2）查看数据库"StudentDB"使用的字符集。

（3）查看当前使用的数据库。

（4）查看数据库"StudentDB"使用的端口。

（5）查看数据库文件的存放路径。

【任务实施】

1. 选择数据库"StudentDB"作为当前数据库

输入选择当前数据库的语句。

在命令提示符"mysql>"后输入语句：

Use StudentDB ;

按【Enter】键后出现提示信息"Database changed"，表示选择数据库成功。

2. 查看数据库"StudentDB"使用的字符集

在命令提示符"mysql>"后输入语句：

Show Create Database StudentDB ;

微课 2-3

在【命名提示符】窗口中使用语句方式选择与查看数据库相关信息

按【Enter】键，查看数据库“StudentDB”使用的字符集，如图 2-13 所示。

```
mysql> Show Create Database StudentDB ;
+-----------+-----------------------------------------------------------------------------------------------+
| Database  | Create Database                                                                               |
+-----------+-----------------------------------------------------------------------------------------------+
| StudentDB | CREATE DATABASE `StudentDB` /*!40100 DEFAULT CHARACTER SET utf8 */ /*!80016 DEFAULT ENCRYPTION='N' */ |
+-----------+-----------------------------------------------------------------------------------------------+
1 row in set (0.00 sec)
```

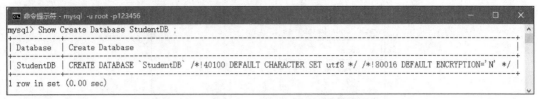

图 2-13　查看数据库“StudentDB”使用的字符集

图 2-13 中显示了当前数据库名称为“StudentDB”、数据库使用的字符集为 utf8。

3. 查看当前使用的数据库

在命令提示符“mysql>”后输入语句“Select Database()；”，然后按【Enter】键执行该语句，查看当前使用的数据库，如图 2-14 所示。

```
mysql> Select Database() ;
+------------+
| database() |
+------------+
| studentdb  |
+------------+
1 row in set (0.00 sec)
```

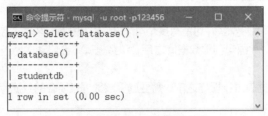

图 2-14　查看当前使用的数据库

4. 查看数据库“StudentDB”使用的端口

在命令提示符“mysql>”后输入语句“Show Variables Like 'port'；”，然后按【Enter】键执行该语句，查看当前数据库“StudentDB”使用的端口，如图 2-15 所示。

```
mysql> Show Variables Like 'port' ;
+---------------+-------+
| Variable_name | Value |
+---------------+-------+
| port          | 3306  |
+---------------+-------+
1 row in set, 1 warning (0.52 sec)
```

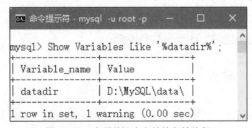

图 2-15　查看数据库“StudentDB”使用的端口

5. 查看数据库文件的存放路径

在命令提示符“mysql>”后输入语句“Show Variables Like '%datadir%'; ”，然后按【Enter】键执行该语句，查看数据库文件的存放路径，如图 2-16 所示。

```
mysql> Show Variables Like '%datadir%';
+---------------+----------------+
| Variable_name | Value          |
+---------------+----------------+
| datadir       | D:\MySQL\data\ |
+---------------+----------------+
1 row in set, 1 warning (0.00 sec)
```

图 2-16　查看数据库文件的存放路径

由图 2-16 可知，数据库文件的存放路径为“D:\MySQL\data\”。

2.3 修改数据库

数据库创建后，如果需要修改数据库，可以使用 Alter Database 语句。

其语法格式如下：

Alter { Database | Schema } [数据库名称]

[alter_specification , …]

其中，alter_specification 的可选项如下：

[Default] Character Set 字符集名称

| [Default] Collate 排序规则名称

Alter Database 语句用于更改数据库的全局特性，这些特性存储在数据库文件夹中的 "db.opt" 文件中。用户必须有对数据库进行修改的权限，才可以使用 Alter Database 语句。修改数据库语句的各个选项与创建数据库的语句相同，这里不再赘述。如果语句中数据库名称省略，则表示修改当前（默认）数据库。

【任务 2-4】使用 Alter Database 语句修改数据库

【任务描述】

（1）选择数据库 "StudentDB" 作为当前数据库。

（2）查看数据库 "StudentDB" 默认的字符集。

（3）查看数据库 "StudentDB" 默认的排序规则。

（4）修改数据库 "StudentDB" 的默认字符集和排序规则。

（5）查看数据库 "StudentDB" 修改后的字符集。

（6）查看数据库 "StudentDB" 修改后的排序规则。

【任务实施】

1. 选择数据库 "StudentDB" 作为当前数据库

在命令提示符 "mysql>" 后输入语句 "Use StudentDB；"，然后按【Enter】键执行该语句，若出现提示信息 "Database changed"，则表示选择数据库成功。

2. 查看数据库 "StudentDB" 默认的字符集

在命令提示符 "mysql>" 后输入语句 "Show Variables Like 'character%'；"，然后按【Enter】键执行该语句，查看数据库 "StudentDB" 默认的字符集，如图 2-17 所示。

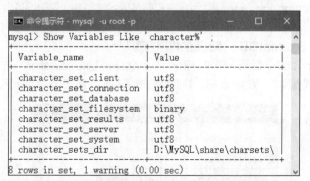

图 2-17　查看数据库 "StudentDB" 默认的字符集

3. 查看数据库 "StudentDB" 默认的排序规则

在命令提示符 "mysql>" 后输入语句 "Show Variables Like 'collation%'；"，然后按【Enter】键执行该语句，查看数据库 "StudentDB" 默认的排序规则，如图 2-18 所示。

命令提示符 - mysql -u root -p123456

```
mysql> Show Variables Like 'collation%' ;
+----------------------+-----------------+
| Variable_name        | Value           |
+----------------------+-----------------+
| collation_connection | utf8_general_ci |
| collation_database   | utf8_general_ci |
| collation_server     | utf8_general_ci |
+----------------------+-----------------+
3 rows in set, 1 warning (0.00 sec)
```

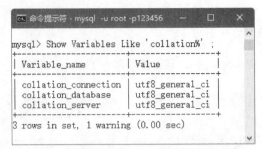

图 2-18　查看数据库“StudentDB”默认的排序规则

4. 修改数据库“StudentDB”的默认字符集和排序规则

在命令提示符“mysql>”后输入以下语句：

```
Alter Database StudentDB Character Set gb2312 Collate gb2312_chinese_ci ;
```

按【Enter】键，若出现“Query OK, 1 row affected (0.48 sec)”提示信息，则表示修改成功。

5. 查看数据库“StudentDB”修改后的字符集

在命令提示符“mysql>”后输入语句“Show Variables Like 'character%' ; ”，然后按【Enter】键执行该语句，查看数据库“StudentDB”修改后的字符集，如图 2-19 所示。

命令提示符 - mysql -u root -p

```
mysql> Show Variables Like 'character%' ;
+--------------------------+--------------------------+
| Variable_name            | Value                    |
+--------------------------+--------------------------+
| character_set_client     | utf8                     |
| character_set_connection | utf8                     |
| character_set_database   | gb2312                   |
| character_set_filesystem | binary                   |
| character_set_results    | utf8                     |
| character_set_server     | utf8                     |
| character_set_system     | utf8                     |
| character_sets_dir       | D:\MySQL\share\charsets\ |
+--------------------------+--------------------------+
8 rows in set, 1 warning (0.00 sec)
```

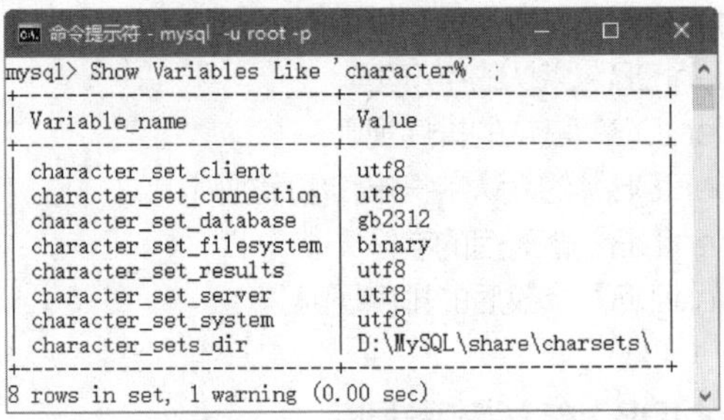

图 2-19　查看数据库“StudentDB”修改后的字符集

由于本任务第 4 步已将数据库“StudentDB”的默认字符集修改为“gb2312”，所以图 2-20 中的“character_set_database”的“Value”为“gb2312”。

图 2-19 中的“character_set_client”为客户端字符集，“character_set_connection”为建立连接使用的字符集，“character_set_database”为数据库的字符集，“character_set_results”为结果集的字符集，“character_set_server”为数据库服务器的字符集。只要保证以上采用的字符集一样，就不会出现乱码问题。

6. 查看数据库“StudentDB”修改后的排序规则

在命令提示符“mysql>”后输入语句“Show Variables Like 'collation%' ; ”，然后按【Enter】键执行该语句，查看数据库“StudentDB”修改后的排序规则，如图 2-20 所示。

命令提示符 - mysql -u root -p123456

```
mysql> Show Variables Like 'collation%' ;
+----------------------+-------------------+
| Variable_name        | Value             |
+----------------------+-------------------+
| collation_connection | utf8_general_ci   |
| collation_database   | gb2312_chinese_ci |
| collation_server     | utf8_general_ci   |
+----------------------+-------------------+
3 rows in set, 1 warning (0.00 sec)
```

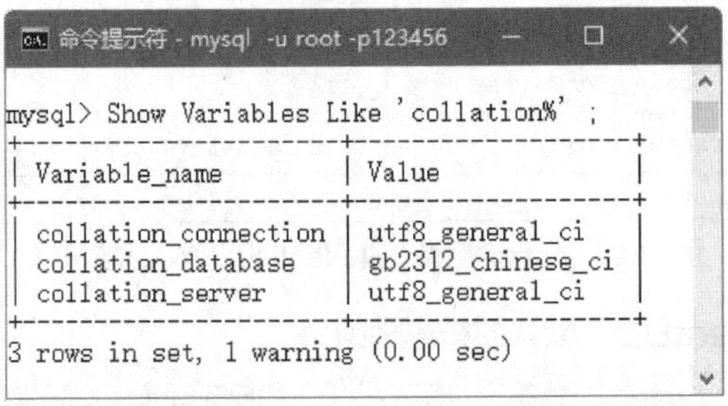

图 2-20　查看数据库“StudentDB”修改后的排序规则

由于本任务第 4 步已将数据库"StudentDB"的排序规则修改为"gb2312_chinese_ci",所以图 2-20 中的"collation_database"的"Value"为"gb2312_chinese_ci"。

2.4 删除数据库

删除数据库是指在数据库系统中删除已经存在的数据库,即将已经存在的数据库从磁盘中清除。删除数据库之后,数据库中的所有数据也将被删除,原来分配的空间将被收回。值得注意的是,删除数据库会永久删除该数据库中所有的数据表及其数据。因此,在删除数据库时,应特别谨慎。

在 MySQL 中,使用 Drop Database 语句可删除数据库,其语法格式如下:

Drop Database [If Exists] <数据库名>;

若使用"If Exists"子句,则可避免在删除不存在的数据库时出现错误提示信息;如果没有使用"If Exists"子句,并且删除的数据库在 MySQL 中不存在,系统就会出现错误提示信息。

【任务 2-5】使用 Drop Database 语句删除数据库

【任务描述】

(1)查看 MySQL 当前连接中的数据库。

(2)删除数据库"StudentDB"。

(3)再一次查看 MySQL 当前连接中的数据库。

【任务实施】

1. 查看 MySQL 当前连接中的数据库

在命令提示符"mysql>"后输入"Show Databases;"语句,按【Enter】键执行语句,从执行结果中可以看出 MySQL 当前连接中包含了"StudentDB"数据库。

2. 删除数据库"StudentDB"

在命令提示符"mysql>"后输入以下语句:

Drop Database StudentDB ;

按【Enter】键,出现"Query OK, 0 rows affected (0.11 sec)"提示信息,表示删除成功。

3. 再一次查看 MySQL 当前连接中的数据库

在命令提示符"mysql>"后输入"Show Databases ;"语句,按【Enter】键查看 MySQL 当前连接中的数据库,结果如图 2-21 所示,可以看出当前连接中数据库"StudentDB"已不存在。

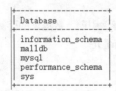

图 2-21 删除数据库"StudentDB"后查看 MySQL 当前连接中的数据库

2.5 MySQL 数据库存储引擎

2.5.1 MySQL 存储引擎的类型

数据库的存储引擎决定了数据表在计算机中的存储方式,不同的存储引擎具有不同的存储机制、索引技巧、锁定水平等功能。使用不同的存储引擎,还可以使用特定的功能。现在许多数据库管理系统支持多种不同的存储引擎。

MySQL 核心就是存储引擎，MySQL 提供了多种不同的存储引擎，包括处理事务安全的引擎和处理非事务安全的引擎。在 MySQL 中，不需要在整个服务器中使用同一种存储引擎。针对具体的要求，可以对每一张数据表使用不同的存储引擎。MySQL 数据库中的表可以使用不同的方式存储，用户可以根据自己的需求，灵活选择不同的存储方式。使用合适的存储引擎，将会提升整个数据库的性能。

目前，MySQL 支持的存储引擎有 Memory、MRG_MYISAM、CSV、FEDERATED、PERFORMANCE_SCHEMA、MyISAM、InnoDB、BLACKHOLE、Archive 等。

（1）InnoDB 存储引擎是事务型数据库的首选引擎。在 MySQL 5.5.5 之后的版本中，InnoDB 是默认存储引擎。InnoDB 支持事务安全、行锁定、数据缓存和外键，同时支持崩溃修复和并发控制，但不支持全文索引和哈希索引。

（2）MyISAM 存储引擎是 Web、数据存储和其他应用环境下常用的存储引擎之一。在 MySQL5.5.5 之前的版本中，MyISAM 是默认存储引擎。MyISAM 具有较高的插入、查询速度，支持全文索引，但不支持事务、数据缓存和外键。

（3）Memory 存储引擎是 MySQL 中的一类特殊的存储引擎。它将数据表中的数据存储到内存中，实现了查询和引用其他数据表数据的快速访问。Memory 默认使用哈希索引，其速度要比使用 B 型树索引快，但不支持事务、全文索引和外键，安全性不高。

2.5.2　MySQL 存储引擎的选择

不同存储引擎有各自的特点，适用于不同的需求。

（1）InnoDB 存储引擎：如果要提供提交、回滚和崩溃恢复能力的事务安全能力，并要求实现并发控制，InnoDB 存储引擎是较好的选择。

（2）MyISAM 存储引擎：如果数据表主要用来插入和查询记录，则 MyISAM 存储引擎具有较高的处理效率，因此 MyISAM 存储引擎是首选。

（3）Memory 存储引擎：如果只是临时存放数据，数据量较小，并且不需要较高的数据安全性，可以选择将数据保存在内存中的 Memory 存储引擎，MySQL 中使用 Memory 存储引擎为临时表存放查询的中间结果。

（4）Archive 存储引擎：如果只有插入和查询操作，可以选择 Archive 存储引擎。这种引擎支持高并发的插入操作，但其本身并不是事务安全的。Archive 存储引擎适合存储归档数据，例如记录日志信息时可以使用 Archive 存储引擎。

说 明
创建数据表时，如果没有指定存储引擎，数据表的存储引擎将为默认的存储引擎，本书中 MySQL 的默认存储引擎为 InnoDB。

【任务 2-6】在【命令提示符】窗口中查看并选择 MySQL 数据库支持的存储引擎

【任务描述】
（1）使用 Show Engines 语句查看 MySQL 数据库支持的存储引擎。
（2）根据实际需要选择合适的存储引擎。

【任务实施】
1. 使用 Show Engines 语句查看 MySQL 数据库支持的存储引擎
在命令提示符 "mysql>" 后输入 "Show Engines;" 语句，按【Enter】键，显示结果如图 2-22 所示。

```
+--------------------+---------+-------------------------------------------------------------+--------------+------+------------+
| Engine             | Support | Comment                                                     | Transactions | XA   | Savepoints |
+--------------------+---------+-------------------------------------------------------------+--------------+------+------------+
| MEMORY             | YES     | Hash based, stored in memory, useful for temporary tables   | NO           | NO   | NO         |
| MRG_MYISAM         | YES     | Collection of identical MyISAM tables                       | NO           | NO   | NO         |
| CSV                | YES     | CSV storage engine                                          | NO           | NO   | NO         |
| FEDERATED          | NO      | Federated MySQL storage engine                              | NULL         | NULL | NULL       |
| PERFORMANCE_SCHEMA | YES     | Performance Schema                                          | NO           | NO   | NO         |
| MyISAM             | YES     | MyISAM storage engine                                       | NO           | NO   | NO         |
| InnoDB             | DEFAULT | Supports transactions, row-level locking, and foreign keys  | YES          | YES  | YES        |
| BLACKHOLE          | YES     | /dev/null storage engine (anything you write to it disappears) | NO        | NO   | NO         |
| ARCHIVE            | YES     | Archive storage engine                                      | NO           | NO   | NO         |
+--------------------+---------+-------------------------------------------------------------+--------------+------+------------+
```

图 2-22　查看 MySQL 数据库支持的存储引擎的显示结果

图 2-23 所示的查询结果中各个数据说明如下。

（1）第 1 行中的"Engine"表示存储引擎名称；"Support"表示 MySQL 是否支持该类存储引擎；"Comment"表示对该存储引擎的简要说明；"Transactions"表示是否支持事务处理；"XA"表示是否支持分布式交易处理；"Savepoints"表示是否支持保存点，以便事务回滚到保存点。

（2）第 1 列表示 MySQL 支持的存储引擎，共包括 9 种。

（3）第 2 列中"YES"表示能使用对应行的引擎，"NO"表示不能使用对应行的引擎，"DEFAULT"表示该引擎为当前默认的存储引擎。

（4）第 4 列中"YES"表示支持事务处理，"NO"表示不支持事务处理。

（5）第 5 列中"YES"表示支持 XA 规范，"NO"表示不支持 XA 规范。

（6）第 6 列中"YES"表示支持保存点，"NO"表示不支持保存点。

2. 根据实际需要选择合适的存储引擎

不同的存储引擎有各自的特点，以适应不同的需求。使用哪一种引擎要根据需要灵活选择，一个数据库中多张数据表可以使用不同引擎以满足不同的性能和实际需求。如果要提供事务安全能力，并要求实现并发控制，则 InnoDB 存储引擎是很好的选择。如果数据表主要用来插入和查询记录，则 MyISAM 存储引擎具有较高的处理效率。如果只是临时存放数据，数据量不大，并且不需要较高的数据安全性，则可以选择将数据保存在内存中的 Memory 存储引擎，MySQL 中使用该存储引擎作为临时表，存放查询的中间结果。如果只有插入和查询操作，则可以选择 Archive 存储引擎，Archive 存储引擎支持高并发的插入操作，但是本身并不是事务安全的。

课后练习

1. 选择题

（1）在 MySQL 中，通常使用（　　）语句来指定一个已有数据库作为当前工作的数据库。

　　A. Do　　　　　　　B. Go　　　　　　　C. At　　　　　　　D. Use

（2）删除一个数据库的语句是（　　）。

　　A. Create Database　　　　　　　B. Drop Database

　　C. Alter Database　　　　　　　　D. Delete Database

（3）在创建数据库时，可以使用（　　）子句确保如果数据库不存在就创建它，如果存在就直接使用它。

　　A. If Not Exists　　B. If Exists　　C. If Exist　　D. If Not Exist

（4）在 MySQL 自带数据库中，（　　）数据库存储了系统的权限信息。

　　A. information_schema　　　　　　B. mysql

　　C. sys　　　　　　　　　　　　　D. performance_schema

（5）以下所列性能中，哪一项是 InnoDB 存储引擎没有的？（　　）

　　A. 支持事务安全　　B. 支持外键　　C. 支持全文索引　　D. 支持行锁定

（6）数据库系统一般包括数据和（　　　）。

    A．数据库和数据库管理系统

    B．硬件、数据库应用系统和用户

    C．数据库、硬件、数据库管理系统、数据库应用系统、用户和硬件

    D．数据库、数据库应用系统和硬件

（7）下列说法中对系统数据库描述正确的是（　　　）。

    A．系统数据库是指安装 MySQL 时系统自动创建的数据库，可以将其删除

    B．系统数据库是指安装 MySQL 时系统自动创建的数据库，不能将其删除

    C．系统数据库可以根据需要选择性进行安装

    D．以上说法都不对

（8）（　　　）数据库不属于 MySQL 自带数据库。

    A．information_schema   B．mysql

    C．sys   D．pubs

（9）在 MySQL 中，使用（　　　）语句可查看系统所支持的引擎类型。

    A．Select Engines；   B．Show Create Engines；

    C．Show Engines；   D．Use Engines；

（10）若已经创建数据库"MallDB"，查看该数据库具体的创建信息的语句是（　　　）。

    A．Show Create Database MallDB；   B．Show Database MallDB；

    C．Show Databases；   D．Show MallDB；

2. 填空题

（1）一个完整的数据库系统由（　　　）、（　　　）、数据库管理系统、数据库应用程序、用户和硬件组成。数据库由（　　　）统一管理，任何数据访问都是通过（　　　）来完成的。

（2）在 MySQL 中，每一条 SQL 语句都以（　　　）作为结束标志。

（3）查看 MySQL 数据库服务器主机上的数据库的语句为（　　　）。

（4）使用 Create Database 语句创建数据库之后，该数据库不会自动成为当前数据库，需要使用（　　　）语句来指定。

（5）在 MySQL 中，创建数据库"test"的语句的正确写法为（　　　）。

（6）在 MySQL 中，删除数据库"test"的语句的正确写法为（　　　）。

（7）在 MySQL 中，（　　　）用户拥有最高权限，因此使用该用户登录 MySQL 数据库服务器后，就可以创建数据库了。

（8）在 MySQL 中，针对具体的要求，可以对每一张数据表使用（　　　）存储引擎。

（9）在 MySQL 5.5.5 之后的版本中，MySQL 默认的存储引擎为（　　　）。在 MySQL 5.5.5 之前的版本中，MySQL 默认的存储引擎为（　　　）。

模块 3
创建与优化 MySQL 数据表结构

03

数据表是数据库中最重要、最基本的操作对象，是数据存储的基本单位。数据表被定义为列的集合，数据在数据表中是按照行和列的格式来存储的，每一行代表一条记录，每一列代表记录中的一个域，称为字段。

在创建完数据库之后，接下来的工作就是创建数据表。所谓创建数据表，指的是在已经创建好的数据库中建立新表。创建数据表的过程是规定数据列的属性的过程。

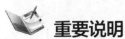

重要说明

（1）本模块在数据库"MallDB"中创建了多张数据表，也删除了多张数据表，最后保留了以下数据表：出版社信息、商品信息、商品类型、图书信息、客户信息、用户信息、订单信息、订购商品。

（2）完成本模块所有任务后，参考模块 9 中介绍的备份方法对数据库"MallDB"进行备份，备份文件名为"MallDB03.sql"

例如：

```
Mysqldump -u root -p --databases MallDB> D:\MySQLData\MyBackup\MallDB03.sql
```

操作准备

（1）打开 Windows 操作系统的【命令提示符】窗口。

（2）如果数据库"MallDB"或者该数据库中的数据表被误删了，参考模块 9 中介绍的还原备份的方法将模块 2 中创建的备份文件"MallDB02.sql"还原。

例如：

```
Mysql -u root -p MallDB < MallDB02.sql
```

（3）登录 MySQL 数据库服务器。

在【命令提示符】窗口的命令提示符后输入命令"Mysql -u root -p"，按【Enter】键后，输入正确的密码，这里输入"123456"。当窗口中命令提示符变为"mysql>"时，表示已经成功登录 MySQL 数据库服务器。

（4）启动 Navicat for MySQL，打开已有连接 MallConn，打开该连接中的数据库"MallDB"。

3.1 体验网上商城数据库应用

【任务 3-1】通过网上商城实例体验数据库的应用

【任务描述】

首先通过京东网上商城实例体验数据库的应用，对数据库应用系统、数据库管理系统、数据库和数据表有一个直观认识。与京东网上商城数据库应用的相关内容如表 3-1 所示，所涉及的数据表事先都已设计完成，可直接通过应用程序对数据表中的数据进行存取操作。

表 3-1 体验京东网上商城数据库应用涉及的相关项

数据库应用系统	数据库	主要数据表	典型用户	典型操作
京东网上商城应用系统	网上商城数据库	商品类型、商品信息、供应商、客户、支付方式、提货方式、购物车、订单信息等	客户、职员	用户注册、用户登录、密码修改、商品查询、商品选购、下单、订单查询等

【任务实施】

1. 查询商品与浏览商品列表

启动浏览器，在地址栏中输入京东网上商城的网址"https：//www.jd.com"，按【Enter】键进入京东网上商城的首页，首页的左上角显示了京东网上商城的"全部商品分类"。这些商品分类数据源自后台数据库的"商品类型"数据表，此任务中"商品类型"数据表的示例数据如表 3-2 所示。

表 3-2 "商品类型"数据表的示例数据

类型编号	类型名称	父类编号	类型编号	类型名称	父类编号	类型编号	类型名称	父类编号
t01	家用电器	t00	t03	电脑产品	t00	t0304	游戏设备	t03
t0101	电视机	t01	t0301	电脑整机	t03	t0305	网络产品	t03
t0102	空调	t01	t030101	笔记本	t0301	t04	办公用品	t00
t0103	洗衣机	t01	t030102	游戏本	t0301	t05	化妆洗护	t00
t0104	冰箱	t01	t030103	平板电脑	t0301	t06	服饰鞋帽	t00
t0105	厨卫电器	t01	t030104	台式机	t0301	t07	皮具箱包	t00
t0106	生活电器	t01	t0302	电脑配件	t03	t08	汽车用品	t00
t02	数码产品	t00	t030201	显示器	t0302	t09	母婴玩具	t00
t0201	通信设备	t02	t030202	CPU	t0302	t10	食品饮料	t00
t020101	手机	t0201	t030203	主板	t0302	t11	医药保健	t00
t020102	手机配件	t0201	t030204	显卡	t0302	t12	礼品鲜花	t00
t020103	对讲机	t0201	t030205	硬盘	t0302	t13	图书音像	t00
t020104	固定电话	t0201	t030206	内存	t0302	t1301	图书	t13
t0202	摄影机	t02	t0303	外设产品	t03	t1302	音像	t13
t0203	摄像机	t02	t030301	鼠标	t0303	t1303	电子书刊	t13
t0204	数码配件	t02	t030302	键盘	t0303	t14	家装厨具	t00
t0205	影音娱乐	t02	t030303	U 盘	t0303	t15	珠宝首饰	t00
t0206	智能设备	t02	t030304	移动硬盘	t0303	t16	体育用品	t00

在京东网上商城首页的"搜索"文本框中输入"手机 华为"，按【Enter】键，显示出来的部分手机信息如图 3-1 所示。这些商品信息源自后台数据库的"商品信息"数据表，此任务中"商品信息"数据表的示例数据如表 3-3 所示。

图 3-1　搜索"手机 华为"显示出来的部分手机信息

表 3-3　"商品信息"数据表的示例数据

序号	商品编号	商品名称	商品类型	价格（元）	品牌
1	100009177424	华为 Mate 30 5G	手机	4499.00	华为（HUAWEI）
2	100004559325	华为荣耀 20S	手机	1899.00	华为（HUAWEI）
3	100006232551	OPPO Reno3 双模 5G	手机	2999.00	OPPO
4	100011351676	小米 10 Pro 双模 5G	手机	4999.00	小米（MI）
5	100005724680	戴尔 G3	笔记本电脑	6099.00	戴尔（DELL）
6	100003688077	联想拯救者 Y7000P	笔记本电脑	8499.00	联想（Lenovo）
7	100005603836	惠普暗影精灵 GTX	笔记本电脑	6299.00	惠普（HP）
8	100005638619	华为荣耀 MagicMallDB	笔记本电脑	3599.00	华为（HUAWEI）
9	100004541926	TCL65T680	电视机	4199.00	TCL
10	100000615806	长虹 55D7P	电视机	2699.00	长虹（CHANGHONG）
11	100004372958	创维 50V20	电视机	1599.00	创维（Skyworth）
12	100013232838	海尔 LU58J51	电视机	3999.00	海尔（Haier）
13	100005624340	海信 HZ55E5D	电视机	3299.00	海信（Hisense）
14	100014512520	格力 KFR-72LW/NhAb3BG	空调	7998.00	格力（GREE）
15	100013973228	美的 KFR-35GW/N8MJA3	空调	1999.00	美的（Midea）

在京东网上商城首页的"全部商品分类"列表中单击【图书】超链接，打开"图书"页面，然后在"搜索"文本框中输入图书名称关键字"MySQL"，按【Enter】键，显示出来的部分图书信息如图 3-2 所示，这些图书信息源自后台数据库的图书信息数据表，此任务中"图书信息"数据表的示例数据如表 3-4 所示。

图 3-2　搜索"MySQL"显示出来的部分图书信息

表 3-4　"图书信息"数据表的示例数据

序号	商品编号	图书名称	商品类型	价格（元）	出版社
1	12631631	HTML5+CSS3 网页设计与制作实战	图书	47.10	人民邮电出版社
2	12303883	MySQL 数据库技术与项目应用教程	图书	35.50	人民邮电出版社
3	12634931	Python 数据分析基础教程	图书	39.30	人民邮电出版社
4	12528944	PPT 设计从入门到精通	图书	79.00	人民邮电出版社
5	12563157	给 Python 点颜色 青少年学编程	图书	59.80	人民邮电出版社
6	12520987	乐学 Python 编程-做个游戏很简单	图书	69.80	清华大学出版社
7	12366901	教学设计、实施的诊断与优化	图书	48.80	电子工业出版社
8	12325352	Python 程序设计	图书	39.60	高等教育出版社
9	11537993	实用工具软件任务驱动式教程	图书	29.80	高等教育出版社
10	12482554	Python 数据分析基础教程	图书	35.50	电子工业出版社
11	12728744	财经应用文写作	图书	41.70	人民邮电出版社

序号	ISBN	作者	版次	开本	出版日期
1	9787115518002	颜珍平，陈承欢	4	16	2019/11/1
2	9787115474100	李锡辉，王樱	1	16	2018/2/1
3	9787115511577	郑丹青	1	16	2020/3/1
4	9787115454614	张晓景	1	16	2019/1/1
5	9787115512321	佘友军	1	16	2019/9/1
6	9787302519867	王振世	1	16	2019/4/1
7	9787121341427	陈承欢	1	16	2018/5/1
8	9787040493726	黄锐军	1	16	2018/3/1
9	9787040393293	陈承欢	2	16	2014/8/1
10	9787121339387	王斌会	1	16	2017/2/1
11	9787115473523	陈承欢	2	16	2019/10/1

【思考】这里查询的商品数据、图书数据是如何从后台数据库中获取的？

2. 通过"高级搜索"方式搜索所需图书

启动浏览器，在地址栏中输入京东网上商城高级搜索的网址"https：//search.jd.com/bookadv.html"，按【Enter】键，显示"高级搜索"网页，在中部的"书名"文本框中输入"网页设计与制作实战"，在"作者"文本框中输入"陈承欢"，在"出版社"文本框中输入"人民邮电出版社"，搜索条件的设置如图 3-3 所示。

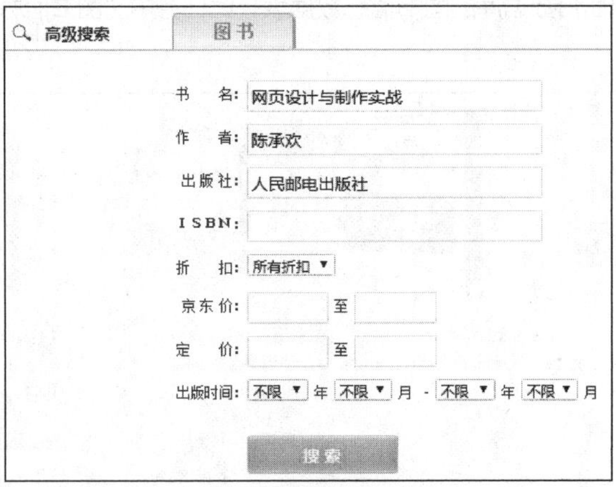

图 3-3　搜索条件的设置

单击【搜索】按钮，高级搜索的结果如图 3-4 所示。

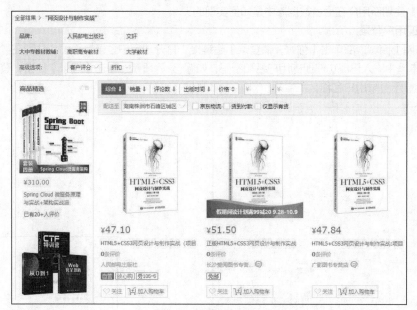

图 3-4　高级搜索的结果

3. 查看商品详情

在图 3-4 所示的高级搜索结果中选择京东自营的图书《HTML5+CSS3 网页设计与制作实战》，并单击图书图片或图书名称，打开该图书的详情页面，该图书的"商品介绍"如图 3-5 所示。

图 3-5　图书《HTML5+CSS3 网页设计与制作实战》详情页面中的"商品介绍"

商品详情页面所显示的图书信息源自相同的数据源，即后台数据库的"图书信息"数据表。

【思考】这里查询的图书详细数据是如何从后台数据库中获取的？

这里所看到的搜索条件输入页面（见图 3-3）和查询结果页面（见图 3-4）等都属于 B/S 模式的数据库应用程序的一部分。购物网站为用户提供了友好界面，为用户搜索所需商品提供了方便。从图 3-4 可知，搜索结果中包含了书名、价格、经销商等信息，该网页显示出来的这些数据源自哪里呢？又是如何得到的呢？应用程序实际上只是一个数据处理者，它所处理的数据必然是从某个数据源中取得的，这个数据源就是数据库。数据库就像是一个数据仓库，保存着数据库应用程序需要获取的相关数据，如每本图书的图书名称、出版社、价格、国际标准书号（International Standard Book Number，ISBN）等，这些数据以数据表的形式存储。这里查询结果的数据源也源自后台数据库的"商品信息"数据表。

【思考】高级搜索的图书数据是如何从后台数据库中获取的？

4. 实现用户注册

在京东网上商城顶部单击【免费注册】超链接，打开"用户注册"页面，选择【个人用户】选项卡，分别在"用户名""请设置密码""请确认密码""验证手机""短信验证码"和"验证码"文本框中输入合适的内容，如图 3-6 所示。

单击【立即注册】按钮，打开"注册成功"页面，这样便在后台数据库的"用户"数据表中新增了一条用户记录。

【思考】注册新用户在后台数据库中是如何实现的？

5. 实现用户登录

在京东网上商城顶部单击【你好，请登录】超链接，打开"用户登录"页面，分别在"用户名"和"密码"文本框中输入已成功注册的用户名和密码，如图 3-7 所示。单击【登录】按钮，登录成功后，网页顶部会显示登录用户名称。

图 3-6 "用户注册"页面

图 3-7 "用户登录"页面

【思考】这里的用户登录操作，在后台数据库的"用户"数据表中是如何实现的？

6. 选购商品

在商品浏览页面中选中喜欢的商品后，单击【加入购物车】按钮，将所选商品添加到购物车中，已选购 3 本图书的购物车商品列表如图 3-8 所示。

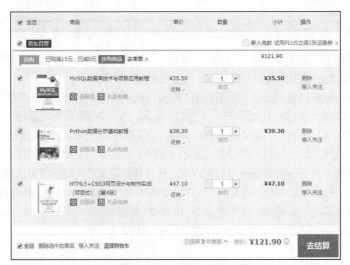

图 3-8 购物车商品列表

【思考】这些选购的图书的信息如何从后台数据库的"图书信息"数据表中获取？又如何添加到"购物车"数据表中？

7. 查看订单中所订购的商品信息

打开京东网上商城的"订单"页面，可以查看订单中所订购的商品的全部相关信息，如图 3-9 所示，并且以规范的列表方式显示了订购商品的信息。

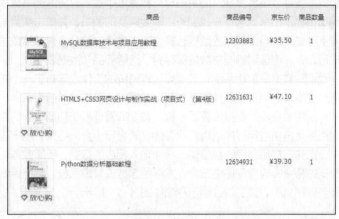

图 3-9 订单中所订购的商品的全部相关信息

【思考】订单中订购商品的相关信息源自哪里？

8. 查看订单信息

打开京东网上商城的"订单"页面，可以查看订单信息，如图 3-10 所示。

订单信息	
订单编号	132577605708
支付方式	货到付款
配送方式	京东快递
下单时间	2020-10-02 12:31:18
拆分时间	2020-10-02 12:31:18

图 3-10 订单信息

【思考】这些订单信息源自哪里？

由此可见，数据库不仅存放着单个实体的信息，如商品类型、商品信息、图书信息、用户注册信息等，还存放着它们之间的联系数据，如订单信息中的数据。我们可以先通俗地给出一个数据库的定义，即数据库由若干个相互有联系的数据表组成，如任务 3-1 的购物管理数据库。数据表可以从不同的角度进行观察，从横向来看，表由表头和若干行组成，表中的行也称为记录，表头确定了数据表的结构；从纵向来看，表由若干列组成，每列有唯一的列名，如表 3-3 所示的"商品信息"数据表，该表包含多列，列名分别为"序号""商品编号""商品名称""商品类型""价格"和"品牌"，列也可以称为字段或属性。每一列有一定的取值范围，也称为域，如"商品类型"一列，其取值只能是商品类型的名称，如数码产品、家电产品、电脑产品等。假设有 10 种商品类型，那么"商品类型"的每个取值只能是这 10 种商品类型名称之一。这里浅显地解释了与数据库有关的术语。有了数据库，就有了相互关联的若干张数据表，数据就可以存入这些数据表中，以后数据库应用程序就能找到所需的数据了。

数据库应用程序是如何从数据库中取出所需的数据的呢？数据库应用程序通过一个名为数据库管理系统的软件来取出数据。数据库管理系统是一个商品化的软件，它管理着数据库，使数据以记录的形式存放在计算机中。例如，网上商城系统利用数据库管理系统保存图书信息，并提供按图书名称、作者、出版社、定价等多种搜索方式。网上商城系统利用数据库管理系统管理商品数据、用户数据、订单数据等，这些数据组成了网上商城数据库。可见，数据库管理系统的主要任务是管理数据库，并负责处理用户的各种请求。以客户选购商品为例，在选购商品时，客户通过搜索查找所需的商品，网上商城系统将搜索条件转换为数据库管理系统能够接收的查询命令，将查询命令传递给数据库管理系统，命令传给数据库管理系统后，数据库管理系统负责从"图书信息"数据表中找到对应的图书数据，并将数据返回给网上商城系统，在网页中显示出来。当客户找到一本需要购买的图书，并单击商品选购页面中的【加入购物车】按钮后，网上商城系统将要保存的数据转换为插入命令，该命令传递给数据库管理系统后，数据库管理系统负责执行命令，将选购的图书数据保存到"选购商品"数据表中。

通过以上分析，我们对数据库应用系统和数据库管理系统的工作过程有了一个初始认识，其基本工作过程如下：用户通过数据库应用系统从数据库中取出数据时，首先输入搜索条件，应用程序将搜索条件转换为查询命令，然后将命令发给数据库管理系统，数据库管理系统根据收到的查询命令从数据库中取出数据返回给应用程序，再由应用程序以直观易懂的格式显示出查询结果。用户通过数据库应用系统向数据库存储数据时，首先在应用程序的数据输入界面输入相应的数据，所需数据输入完毕后，用户向应用程序发出存储数据的命令，应用程序将该命令发送给数据库管理系统，数据库管理系统执行存储数据命令且将数据存储到数据库中。该工作过程示意图如图 3-11 所示。

图 3-11 数据库应用系统和数据库管理系统工作过程示意图

通常，一个完整的数据库系统由数据、数据库、数据库管理系统、数据库应用程序、用户和硬件组成。用户与数据库应用程序交互，数据库应用程序与数据库管理系统交互，数据库管理系统访问数据库中的数据。数据库存放在计算机的外存中，数据库应用程序、数据库管理系统等软件都需要在计算机上运行，因此，一个完整的数据库系统中必然会包含硬件，但本书不涉及硬件方面的内容。

数据库系统中只有数据库管理系统才能直接访问数据库。MySQL 是一种数据库管理系统，其最大优点是支持跨平台、源代码开放、速度快、成本低，是目前非常流行的开放源代码的小型数据管理系统。本书将利用 MySQL 有效管理数据库。

3.2 MySQL 的数据类型及选用

3.2.1 MySQL 数据类型与特点

数据表由多个字段构成，每一个字段指定不同的数据类型。指定了字段的数据类型之后，也就决定了向字段中插入的数据内容。

数据类型是对数据存储方式的一种约定，它能够规定数据存储时所占空间的大小。MySQL 数据库使用不同的数据类型存储数据，数据类型主要根据数据值的内容、大小、精度来确定。在 MySQL 中，数据类型主要分为数值类型、字符串类型、日期时间类型和特殊数据类型 4 种。

1. 数值类型

所谓数值类型，就是存放数字型数据的约定，包括整数和小数。数值类型数据是指字面值具有数学含义，能直接参加数值运算（例如求和、求平均值等）的数据，例如数量、单价、金额、比例等方面的数据。但是有些数据的字面也为数字，却不具有数学含义，参加数值运算的结果没有数学含义，例如商品编号、邮政编码、电话号码、图书的 ISBN、学号、身份证号、存折号码等，这些数据的字面虽然是由数字组成，却为字符串类型。

（1）整数类型。

整数类型主要用于存放整数数据。MySQL 提供了多种整数类型，不同的数据类型提供了不同的取值范围。可以存储的值范围越大，其所需要的存储空间也会越大。其取值范围、占用字节数和默认显示宽度如表 3-5 所示。

表 3-5　MySQL 中的整数类型

MySQL 整数类型	取值范围		占用字节数	默认显示宽度
	有符号类型	无符号类型		
tinyint	−128～127	0～255（2^8-1）	1 字节	4
smallint	−32768～32767	0～65535（$2^{16}-1$）	2 字节	6
mediumint	−8388608～8388607	0～16777215（$2^{24}-1$）	3 字节	9
int（integer）	−2147483648～2147483647	0～4294967295（$2^{32}-1$）	4 字节	11
bigint	-2^{63}～$2^{63}-1$	0～$2^{64}-1$	8 字节	20

MySQL 支持在整数类型关键字后面的括号内指定整数值的显示宽度，int(N)用于指定显示宽度，即指定能够显示的数字个数为 N。例如，假设声明一个 int 类型的字段——number int(4)，该声明指出，在 number 字段中的数据一般只显示 4 位数字的宽度。这里需要注意的是，显示宽度和数据类型的取值范围是无关的。显示宽度只是指明 MySQL 最大可能显示的数字个数，数值的位数小于指定的宽度时会由空格填充；如果插入了位数大于显示宽度的值，只要该值不超过该类型整数的取值范围，数值依然可以插入，而且能够显示出来。例如向 number 字段插入一个数值 19999，当使用 Select 语句查询该字段的值时，MySQL 显示的将是完整的带有 5 位数字的 19999，而不是 4 位数字的值。

其他整数类型也可以在定义表结构时指定所需要的显示宽度，如果不指定，则系统会为每一种类型指定默认的宽度值。默认显示宽度与其有符号数最小值的宽度相同，从而能够保证显示每一种数据类型可以取到取值范围内的所有值。例如 tinyint 有符号数和无符号数的取值范围分别为−128～127 和 0～255，由于负号占了一个数字位，因此 tinyint 默认的显示宽度为 4。

 提 示 显示宽度只用于控制显示的数字个数，并不能限制对应数据类型的取值范围和所占用的空间。例如 int(3)会占用 4 个字节的存储空间，并且允许的最大值也不会是 999，而是 int 整数类型所允许的最大值。

不同的整数类型有不同的取值范围，并且需要不同的存储空间。因此，应该根据实际需要选择最合适的类型，这样有利于提高查询的效率和节省存储空间。

（2）小数类型。

MySQL 中使用浮点数和定点数来表示小数。浮点类型有两种：单精度浮点类型（float）和双精度浮点类型（double）。定点类型只有一种：decimal。浮点类型和定点类型都可以使用（m,n）来表示，其中 m 表示总共的有效位数，也称为精度；n 表示小数的位数。MySQL 中的小数类型如表 3-6 所示。

表 3-6　MySQL 中的小数类型

MySQL 小数类型	占用字节数	说明
float(m,n)	4 字节	单精度浮点型可以精确到小数点后 7 位
double(m,n)	8 字节	双精度浮点型可以精确到小数点后 15 位
decimal(m,n)	m+2 字节	为定点小数类型，其最大有效位数为 65 位，可以精确到小数点后 30 位

decimal 不同于 float 和 double，decimal 实际是以字符串存放的，其存储位数并不是固定不变的，而是由有效位数决定的，占用"有效位数+2"个字节。

不管是定点类型还是浮点类型，如果用户指定的精度超出其精度范围，则会进行四舍五入处理。如果实际有效位数超出了用户指定的有效位数，则以实际的有效位数为准。例如，有一个字段定义为 float(5,3)，如果插入一个数 123.45678，实际数据库里存的是 123.457，但总个数还以实际为准，即 6 位。

float 和 double 在不指定精度时，默认会按照实际的精度（由计算机硬件和操作系统决定）存储；decimal 如不指定度精度，会按照默认值（10,0）存储。

2. 字符串类型

字符串类型也是数据表的重要类型之一，主要用于存储字符串或文本信息。MySQL 支持两类字符串数据：文本字符串和二进制字符串。在 MySQL 数据库中，常用的字符串类型主要包括 char、varchar、binary、varbinary、text 等。MySQL 中的字符串类型如表 3-7 所示。

表 3-7　MySQL 中的字符串类型

MySQL 字符串类型	字符串长度	说明
char(n)	最多 255 个字符	用于声明一个定长的数据，n 代表存储的最大字符数
varchar(n)	最多 65535 个字符	用于声明一个变长的数据，n 代表存储的最大字符数
binary(n)	最多 255 个字符	用于声明一个定长的二进制数据，n 代表存储的最大字符数
varbinary(n)	最多 65535 个字符	用于声明一个变长的二进制数据，n 代表存储的最大字符数
tinytext	最多 255 个字符	用于声明一个变长的数据
text	最多 65535 个字符	用于声明一个变长的数据
mediumtext	最多 16777215 个字符	用于声明一个变长的数据
longtext	最多 4294967295 个字符	用于声明一个变长的数据

变长类型的字符串类型，例如 varchar、text 等，其存储需求取决于值的实际长度，而不是取决于类型的最大可能长度。例如，一个 varchar(9)字段能保存最大长度为 9 个字符的字符串，实际的存储需求是字符串的长度再加上 1 字节以记录字符串的长度。对于字符串'good'，字符串长度是 4 而实际的存储要求是 5 字节。

3. 日期时间类型

在数据库中经常会存放一些日期时间的数据，例如出生日期、出版日期等。日期和时间类型的数据也可以使用字符串类型存放，但为了使数据标准化，在数据库中提供了专门存储日期和时间的数据类型。在 MySQL 中，日期时间类型包括 date、time、datetime、timestamp 和 year 等，当只需记录年份数据时，可以使用 year 类型，而没有必要使用 date 类型。每一种日期时间类型都有合法的取值范围，当插入不合法的值时，系统会将"零"值插入字段中。MySQL 中的日期时间类型如表 3-8 所示。

表 3-8　MySQL 中的日期时间类型

MySQL 日期时间类型	占用字节数	使用说明
year	1 字节	存储年份值，其格式是 YYYY，范围为 1901 至 2155，例如'2021'
date	3 字节	存储日期值，其格式是 YYYY-MM-DD，例如'2021-12-2'
time	3 字节	存储时间值，其格式是 HH:MM:SS，例如'12:25:36'
datetime	8 字节	存储日期时间值，其格式是 YYYY-MM-DD HH:MM:SS，例如'2021-12-2 22:06:44'
timestamp	4 字节	显示格式与 datetime 相同，显示宽度固定为 19 个字符，即 YYYY-MM-DD HH:MM:SS，但其取值范围小于 datetime 的取值范围

若定义一个字段为 timestamp，这个字段里的时间数据会随其他字段修改的时候自动刷新，所以这个数据类型的字段可以自动存储该记录最后被修改的时间。

在程序中给日期时间类型字段赋值时，可以使用字符串类型或者数值类型的数据插入，只要符合相应类型的格式即可。

4. 特殊数据类型

MySQL 中除了上面列出的 3 种数据类型外，还有一些特殊的数据类型，例如 Enum 类型、Set 类型、bit 类型和 blob 类型等。

（1）Enum 类型。

所谓 Enum 类型，就是指定数据只能取指定范围内的值，也称枚举类型。其语法格式如下：

<字段名称> Enum(<'值 1'>, <'值 2'>, <'值 *n*'>)

其中"字段名称"指将要定义的字段，值 *n* 指枚举列表中的第 *n* 个值。Enum 类型的字段在取值时，只能在指定的枚举列表中取，而且一次只能取一个。如果创建的成员中有空格，其尾部的空格将自动被删除。

例如：

Sex Enum('男', '女')

这里将性别列设置为 Enum 类型，那么，枚举值可以设置为"男""女"。在向数据表添加数据时，就只能添加"男"和"女"这两个值。Enum 类型使用 Enum 表示，在定义取值时，必须使用半角单引号把值引起来。在 MySQL 数据库中存储枚举值时，并不是直接将值记入数据表中，而是记录值的索引。值的索引是按值的顺序生成的，并且从 1 开始编号，例如枚举值"男"和"女"，其值索引为 1、2。MySQL 存储的就是这个索引编号，Enum 类型最多可以有 65535 个元素。在 Enum 类型中，索引值 0 代表的是错误的空字符串。

（2）Set 类型。

Set 类型也称为集合类型，是一个字符串对象，可以有零个或多个值，Set 字段最多可以有 64 个成员，其值为表创建时规定的一列值。其语法格式如下：

Set(<'值 1'>, <'值 2'> , <'值 n'>)

例如：

Set('春', '夏', '秋', '冬')

Set 类型与 Enum 类型类似，都是在已知的值中取值，存储的是值的索引编号，Set 成员值的尾部空格将自动被删除。不同的是，Set 类型可以取已知值列表中任意组合的值。例如，在 Set 类型中列出的值是"春"、"夏"、"秋"和"冬"，那么可以取的值有多种组合。

如果插入 Set 字段中的值有重复，则 MySQL 自动删除重复的值。插入 Set 字段的值的顺序并不重要，MySQL 会在存入数据表时，按照定义的顺序显示。如果插入了不正确的值，默认情况下，MySQL 将忽略这些值，并给出警告。

（3）bit 类型。

bit 类型主要用来定义一个指定位数的数据，其取值范围为 1～64，所占用的字节数是根据它的位数决定的。

（4）blob 类型。

blob 类型是一个二进制大对象，用来存储可变数量的二进制字符串。blob 类型分为 4 种：tinyblob、blob、mediumblob 和 longblob。它们可容纳的最大长度不同，分别为 255 个字符、65535 个字符、16777215 个字符、4294967295 个字符。

3.2.2　MySQL 数据类型的选择

MySQL 提供了大量的数据类型。为了优化存储，提高数据库性能，选用数据类型时应使用最合适的类型。当需要选择数据类型时，在可以表示该字段值的所有类型中，应当使用占用存储空间最少的数据类型。因为这样不仅可以减少对存储空间的占用，还可以在数据计算时减轻 CPU 的负载。

1. 整数类型和浮点类型的选择

如果不需要表示小数部分，则使用整数类型；如果需要表示小数部分，则使用浮点类型。浮点类型对存入的数值会按字段定义的小数位进行四舍五入。浮点类型包括 float 和 double，double 类型精度比 float 类型要高。因此，如果要求存储精度较高时，应使用 double 类型；如果存储精度要求较低时，则使用 float 类型。

2. 浮点类型和定点类型的选择

浮点类型（float 和 double）相对于定点类型 decimal 的优势是，在长度一定的情况下，浮点类型能比定点类型表示更大的数据范围，其缺点是容易产生计算误差。因此对于精确度要求比较高的情况，建议使用 decimal。decimal 在 MySQL 中是以字符串形式存储的，用于存储精度相对要求较高的数据（如货币、科学数据等）。两个浮点数据进行减法或比较运算时容易出现问题，如果进行数值比较，最好使用 decimal。

3. 日期类型和时间类型的选择

MySQL 针对不同种类的日期和时间提供了很多种数据类型，例如 year 和 time。如果只需要存储年份，则使用 year 类型即可；如果只记录时间，只需使用 time 类型即可。

如果同时需要存储日期和时间，则可以使用 datetime 或 timestamp 类型。由于 timestamp 类型的取值范围小于 datetime 类型的取值范围，因此存储范围较大的日期最好使用 datetime 类型。

timestamp 类型也有 datetime 类型不具备的属性。默认情况下，当插入一条记录但并没有给 timestamp 类型字段指定具体的值时，MySQL 会把 timestamp 字段设置为当前的时间。因此当需要插入记录的同时插入当前时间时，使用 timestamp 类型更方便。

4. char 类型和 varchar 类型的选择

char 类型是固定长度，varchar 类型是可变长度，varchar 类型会根据具体的长度来使用存储空间。另外，varchar 类型需要用额外的 1~2 字节存储字符串长度（当字符串长度小于 255 时，用额外的 1 字节来记录长度；当字符串长度大于 255 时，用额外的 2 字节来记录长度）。char 类型可能会浪费一些存储空间，varchar 类型则是按实际长度存储，比较节省存储空间。例如 char(255) 和 varchar(255)，在存储字符串"hello world"时，char 会用 255 字节的空间放那 11 个字符；而 varchar 就不会用 255 字节，它先计算字符串长度为 11，再加上一个记录字符串长度的字节，一共用 12 字节来存储。这样，使用 varchar 类型在存储不确定长度的字符串时会大大减少对存储空间的占用。

对于 char(n)，如果存入字符数小于 n，MySQL 则会自动以空格补于其后，查询之时会自动将插入数字尾部的空格去掉，所以 char 类型存储的字符串末尾不能有空格。而 varchar 类型查询时不会删除尾部空格。

char 类型数据的检索速度要比 varchar 类型快。char(n)是固定长度，例如，char(4)不管是存入几个字符，都将占用 4 字节。varchar 是占用"实际字符数+1"字节（n≤255）或"实际字符数+2"字节（n>255），所以 varchar(4)，存入 3 个字符将占用 4 字节。例如，对于字符串"abcd"，其长度为 4，加上 1 字节用于存储字符串的长度，存储空间占用 5 字节。如果存储的字符串长度较小，但在速度上有要求，可以使用 char 类型，反之则可以使用 varchar 类型。

对于 MyISAM 存储引擎，最好使用固定长度的 char 类型代替可变长度的 varchar 类型，这样可以使整张数据表静态化，从而使数据检索速度更快，用空间换时间。对于 InnoDB 存储引擎，优先使用可变长度的 varchar 类型，因为 InnoDB 数据表的存储格式不分固定长度和可变长度，因此使用 char 类型不一定比使用 varchar 类型更好。由于 varchar 类型按实际的长度存储，所以对磁盘 I/O 和数据存储总量比较友好。

5. varchar 类型和 text 类型的选择

varchar 类型可以指定长度 n，text 类型则不能指定。存储 varchar 类型数据占用"实际字符数+1"字节（n≤255）或"实际字符数+2"字节（n>255），存储 text 类型数据占用"实际字符数+2"字节。

text 类型不能有默认值。

varchar 类型的查询速度快于 text 类型，因为 varchar 类型可直接创建索引，text 类型创建索引要指定前多少个字符。当保存或查询 text 类型字段的值时，不会删除尾部空格。

6. Enum 类型和 Set 类型的选择

Enum 类型和 Set 类型的值都是以字符串形式出现的，但在数据表中存储的是数值。

Enum 类型只能取单值，它的数据列表是一个枚举集合，它的合法取值列表最多允许有 65535 个成员。因此，在需要从多个值中选取一个时，可以使用 Enum 类型。例如，性别字段适合定义为 Enum 类型，只能从"男"或"女"中取一个值。

Set 类型可取多值，它的合法取值列表最多允许有 64 个成员。空字符串也是一个合法的 Set 值。在需要取多个值的时候，适合使用 Set 类型。例如，要存储一个人的兴趣爱好，最好使用 Set 类型。

7. blob 类型和 text 类型的选择

blob 类型存储的是二进制字符串，text 类型存储的是非二进制字符串，两者均可存放大容量的信息。blob 类型主要存储图片、音频信息等，而 text 类型只能存储纯文本内容。

3.2.3　MySQL 数据类型的属性

MySQL 数据类型的属性及其含义如表 3-9 所示。

表 3-9　MySQL 数据类型的属性及其含义

MySQL 数据类型的属性	含义
Null	字段可包含 Null，Null 通常表示未知、不可用或将在以后添加的数据。如果一个字段允许为 Null，则向数据表中输入记录值时可以不为该字段给出具体值
Not Null	字段不允许包含 Null，即向数据表中输入记录值时必须给出该字段的具体值
Default	默认值
Primary Key	主键
Auto_Increment	自动递增，适用于整数类型。在 MySQL 中设置为 Auto_Increment 约束的字段初始值是 1，每新增一条记录，字段值自动加 1。一张数据表只能有一个字段使用 Auto_Increment 约束
Unsigned	无符号
character Set　<字符集名>	指定一个字符集

【任务 3-2】合理选择 char 类型和 varchar 类型

【任务描述】

MySQL 中，char 类型和 varchar 类型是两种常用的字符串类型，char 类型是固定长度，varchar 类型是可变长度。应针对具体情况进行合理选择，发挥这两种数据类型各自的优势，摒弃其劣势。

【任务实施】

（1）从字符长度的角度考虑。

长度较短的字段，使用 char 类型，例如门牌号：101、201、301……

固定长度的字段，使用 char 类型，例如身份证号、手机号、邮政编码等。因为这些数据都是固定长度，varchar 类型根据长度动态存储的特性就没作用了，而且还要占 1 字节来存储字符串长度。

考虑字段的长度是否相近，如果某个字段其长度虽然比较长，但是其长度总是近似的，例如一般在 90 个到 100 个字符之间，甚至是相同的长度，此时比较适合采用 char 类型。

（2）从碎片角度考虑。

使用 char 类型时，由于存储空间都是一次性分配的，因此从这个角度来讲，不存在碎片的困扰。

而使用 varchar 类型时，因为存储的长度是可变的，所以当数据长度在更改前后不一致时，就不可避免地会出现碎片的问题。故使用 varchar 类型时，数据库管理员要时不时地对碎片进行整理，例如执行数据表导出、导入作业来消除碎片。

（3）即使使用 varchar 类型，也不能够太过于慷慨。

虽然 varchar 类型可以自动根据长度调整存储空间，但是 varchar(100) 和 varchar(255) 还是有区别的：假设它们都存储了 90 个字符的数据，那么它们在磁盘上的存储空间是相同的（硬盘上的存储空间是根据实际字符长度来分配的）；但对于内存来说，则不是这样的，内存是使用 varchar 类型中定义的长度（这里为 100 或 255）的内存块来保存值的。

所以如果某些字段会涉及文件排序或者基于磁盘的临时表，分配 varchar 类型的长度时仍然不能过于慷慨，需要评估实际需要的长度，然后设置一个合适的长度，不能随意设置长度。

3.3 分析并确定数据表的结构

【任务 3-3】分析并确定多张数据表的结构

【任务描述】

（1）分析以下各张表中数据的字面特征，区分固定长度的字符串数据、可变长度的字符串数据、整数数值数据、固定精度和小数位的数值数据和日期时间数据，并分类列表加以说明。

"商品类型"数据表的示例数据如表 3-2 所示。

"商品信息"数据表的示例数据如表 3-3 所示

"图书信息"数据表的示例数据如表 3-4 所示，表 3-4 中没有包含"封面图书"和"图书简介"两列数据。

"出版社信息"数据表的示例数据如表 3-10 所示。

表 3-10　"出版社信息"数据表的示例数据

出版社 ID	出版社名称	出版社简称	出版社地址	邮政编码
1	人民邮电出版社	人邮	北京市崇文区夕照寺街 14 号	100061
2	高等教育出版社	高教	北京西城区德外大街 4 号	100120
3	清华大学出版社	清华	北京清华大学学研大厦	100084
4	电子工业出版社	电子	北京市海淀区万寿路 173 信箱	100036
5	机械工业出版社	机工	北京市西城区百万庄大街 22 号	100037

"用户注册信息"数据表的示例数据如表 3-11 所示。

表 3-11　"用户注册信息"数据表的示例数据

用户 ID	用户编号	用户名称	密码	权限等级	手机号码	用户类型
1	u00001	肖海雪	123456	A	13907336666	个人用户
2	u00002	李波兴	123456	A	13907336677	个人用户
3	u00003	肖娟	888	B	13907336688	个人用户
4	u00004	钟耀刚	666	B	13907336699	个人用户
5	u00005	李玉强	123	C	13307316688	个人用户
6	u00006	苑俊华	456	C	13307316699	个人用户

"客户信息"数据表的示例数据如表 3-12 所示。

表 3-12 "客户信息"数据表的示例数据

客户 ID	客户姓名	地址	联系电话	邮政编码
1	蒋鹏飞	湖南浏阳长沙生物医药产业基地	83285001	410311
2	谭琳	湖南郴州苏仙区高期贝尔工业园	82666666	413000
3	赵梦仙	湖南长沙经济技术开发区东三路 5 号	84932856	410100
4	彭运泽	长沙经济技术开发区贺龙体校路 27 号	58295215	411100
5	高首	湖南省长沙市青竹湖大道 399 号	88239060	410152
6	文云	益阳高新区迎宾西路	82269226	413000
7	陈芳	长沙市芙蓉区嘉雨路 187 号	82282200	410001
8	廖时才	株洲市天元区黄河南路 199 号	22837219	412007

"订单信息"数据表的示例数据如表 3-13 所示。

表 3-13 "订单信息"数据表的示例数据

序号	订单编号	提交订单时间	订单完成时间	送货方式	客户姓名	收货人
1	104117376996	2019-10-03 08:54:43	2019-10-06 23:40:10	京东快递	蒋鹏飞	尹灿荣
2	132577605718	2020-10-05 10:23:06	2020-10-05 13:39:21	京东快递	谭琳	崔英道
3	112148145580	2020-02-16 09:04:29	2020-02-20 11:11:57	上门自提	赵梦仙	金元
4	112140713889	2020-02-16 09:04:29	2020-02-20 11:11:57	京东快递	彭运泽	肖娟
5	132577605708	2020-10-02 12:31:18	2020-10-04 11:52:25	京东快递	钟耀刚	钟耀刚
6	110129391898	2020/2/20 15:29:58	2020/2/25 18:21:05	上门自提	陈芳	陈芳
7	127770170589	2020-10-08 11:25:16	2020-10-12 15:12:28	京东快递	高首	高首
8	127768559124	2020-10-08 08:23:54	2020-10-12 09:21:10	京东快递	文云	文云
9	127769119516	2020-10-18 15:28:18	2020-10-22 10:11:26	普通快递	廖时才	廖时才

序号	付款方式	商品总额（元）	运费（元）	优惠小计（元）	应付总额（元）	订单状态
1	货到付款	233.00	0.00	40.00	193.00	已完成
2	货到付款	100.30	0.00	0.00	100.30	已完成
3	在线支付	45.00	6.00	0.00	51.00	已完成
4	货到付款	122.90	0.00	0.00	122.90	已完成
5	在线支付	222.30	0.00	0.00	222.30	已完成
6	货到付款	321.50	0.00	80.00	241.50	已取消
7	在线支付	3999.00	0.00	200.00	3799.00	已完成
8	货到付款	4499.00	0.00	30.00	4469.00	已完成
9	货到付款	8499.00	0.00	0.00	8499.00	已完成

"订购商品"数据表的示例数据如表 3-14 所示。

表 3-14 "订购商品"数据表的示例数据

序号	订单编号	商品编号	购买数量（件）	优惠价格（元）	优惠金额（元）
1	104117376996	12631631	1	37.7	0
2	132577605718	12303883	1	28.4	0
3	132577605718	12634931	1	31.4	0
4	112148145580	12528944	2	63.2	10
5	112148145580	12563157	1	53.8	0
6	112148145580	12520987	4	62.8	20
7	112140713889	12366901	1	43.9	0
8	112140713889	12325352	1	35.6	0
9	112140713889	11537993	1	28.3	0
10	112140713889	12482554	1	33.7	0
11	132577605708	12728744	3	39.6	10
12	127770170589	100009177424	1	4499	0
13	127768559124	100003688077	1	8499	0
14	127769119516	100013232838	1	3999	200

（2）熟知 MySQL 中各种数据类型的适用场合，根据 MySQL 数据类型的选择方法分析并确定各个字段的数据类型，然后设计"商品类型""商品信息""图书信息""出版社信息""用户注册信息""客户信息""订单信息"和"订购商品"等数据表的结构，包括确定字段名、数据类型、长度和是否允许包含Null。

【任务实施】

1. 分析数据的字面特征和区分数据类型

分析表 3-2 至表 3-4 和表 3-10 至表 3-14 中数据的字面特征，按固定长度的字符串数据、可变长度的字符串数据、整数数值数据、固定精度和小数位的数值数据和日期时间数据对这些数据进行分类，如表 3-15 所示。

表 3-15 对表 3-2 至表 3-4 和表 3-10 至表 3-14 中的数据进行分类

数据类型		数据名称
字符串	固定长度	商品编号、ISBN、邮政编码、用户编号、权限等级、订单编号、付款方式、送货方式、订单状态、联系电话、手机号码、出版社简称
	可变长度	类型编号、类型名称、父类编号、商品名称、商品类型、品牌、图书名称、作者、出版社、出版社名称、出版社地址、用户名称、客户姓名、收货人、地址、密码
数值	整数	版次、开本、购买数量、出版社 ID、用户 ID、客户 ID
	固定精度和小数位	价格、优惠价格、优惠小计、商品总额、运费、优惠金额、应付总额
日期时间数据		出版日期、提交订单时间、订单完成时间

2. 初步确定字段的数据类型

（1）不同的数据类型有不同的用途，例如日期时间类型用于存储日期时间类数据；数值类型用于存储数值类数据，但商品编号、ISBN、联系电话、邮政编码、用户编号等虽然其字面全为数字，但并不是具有数学含义的数值，定义为字符串类型更合适；出版社 ID、用户 ID、客户 ID 将定义为自动生成编号的标识列，其数据类型应定义为数值类型。

（2）char(n)数据类型是固定长度。如果定义一个字段为 20 个字符长度的 char 类型，则该字段存储的数据长度应为 20 个字符。当输入的字符串的长度小于定义的字符数 n 时，剩余的长度将被空格填满。只有当列中的数据是固定长度时（例如邮政编码、电话号码、银行账号等）时才使用这种数据类型。当用户输入的字符串的长度大于定义的字符数 n 时，MySQL 自动截取长度为 n 的字符串。例如性别字段定义为 char(1)，这说明该列的数据长度为 1，只允许输入 1 个字符（例如"男"或"女"）。

（3）varchar(*n*)数据类型是可变长度，每一条记录允许出现不同的字符数，最大字符数为定义的最大长度，数据的实际长度为输入字符串的实际长度，而不一定是 *n*。例如一个列定义为 varchar(50)，这说明该列中的数据最大的长度为 49 个字符，即允许输入 49 个字符。然而，如果列中只存储了字符长度为 3 的字符串，则只会使用 3 个字符的存储空间。这种数据类型适合数据长度不固定的情形，例如商品名称、姓名、地址等。

3. 设计数据表的结构

（1）"商品类型"数据表的结构数据如表 3-16 所示。

表 3-16　"商品类型"数据表的结构数据

字段名称	数据类型	字段长度	是否允许包含 Null
类型编号	varchar	9	否
类型名称	varchar	10	否
父类编号	varchar	7	否

（2）"商品信息"数据表的结构数据如表 3-17 所示。

表 3-17　"商品信息"数据表的结构数据

字段名称	数据类型	字段长度	是否允许包含 Null
商品编号	varchar	12	否
商品名称	varchar	100	否
商品类型	varchar	9	否
价格	decimal	8,2	否
品牌	varchar	15	是

（3）"出版社信息"数据表的结构数据如表 3-18 所示。

表 3-18　"出版社信息"数据表的结构数据

字段名称	数据类型	字段长度	是否允许包含 Null
出版社 ID	int		否
出版社名称	varchar	16	否
出版社简称	varchar	6	是
出版社地址	varchar	50	是
邮政编码	char	6	是

（4）"图书信息"数据表的结构数据如表 3-19 所示。

表 3-19　"图书信息"数据表的结构数据

字段名称	数据类型	字段长度	是否允许包含 Null
商品编号	varchar	12	否
图书名称	varchar	100	否
商品类型	varchar	9	否
价格	decimal	8,2	否
出版社	varchar	16	否
ISBN	varchar	20	否
作者	varchar	30	否
版次	smallint		否
出版日期	date		是
封面图片	varchar	50	是
图书简介	text		是

> **说明** 表 3-19 中的"封面图片"的数据类型定义为"varchar"，用于存储封面图片的存放路径和图片文件名，这里并非存储图片的二进制数据。

（5）"客户信息"数据表的结构数据如表 3-20 所示。

表 3-20 "客户信息"数据表的结构数据

字段名称	数据类型	字段长度	是否允许包含 Null
客户 ID	int		否
客户姓名	varchar	20	否
地址	varchar	50	是
联系电话	varchar	20	否
邮政编码	char	6	是

（6）"订单信息"数据表的结构数据如表 3-21 所示。

表 3-21 "订单信息"数据表的结构数据

字段名称	数据类型	字段长度	是否允许包含 Null
订单编号	char	12	否
提交订单时间	datetime		否
订单完成时间	datetime		否
送货方式	varchar	10	否
客户姓名	varchar	20	否
收货人	varchar	20	否
付款方式	varchar	8	否
商品总额	decimal	10,2	否
运费	decimal	8,2	否
优惠小计	decimal	10,2	否
应付总额	decimal	10,2	否
订单状态	varchar	6	是

（7）"订购商品"数据表的结构数据如表 3-22 所示。

表 3-22 "订购商品"数据表的结构数据

字段名称	数据类型	字段长度	是否允许包含 Null
订单编号	char	12	否
商品编号	varchar	12	否
购买数量	smallint		否
优惠价格	decimal	8,2	否
优惠金额	decimal	10,2	否

3.4 创建数据表

创建完数据库之后，接下来就要在数据库中创建数据表。

【任务 3-4】使用 Create Table 语句创建"用户表"

数据表隶属数据库，在创建数据表之前，应使用语句"Use <数据库名>"指定操作是在哪个数据库中进行。如果没有选择数据库，MySQL 则会抛出"No database selected"提示信息。

创建数据表的语句为 Create Table，其基本语法规则如下：

微课 3-1

使用 Create Table
语句创建"用户表"

```
Create Table [ If Not Exists ] <数据表名称>
(
        <字段名称 1>   <数据类型> [<列级别约束条件>] [<默认值>],
        <字段名称 2>   <数据类型> [<列级别约束条件>] [<默认值>],
        …
        [ <表级别约束条件> ]
);
```

说明 （1）创建数据表时，必须指定要创建的数据表的名称，数据表的名称不区分大小写，必须符合 MySQL 标识符的命名规则，不能使用 SQL 语言中的关键字，例如不能使用 Select、Insert、Drop 等关键字。

（2）数据表的字段定义包括指定名称和数据类型，有的数据类型需要指明长度 n，并用括号括起来。如果创建多个字段，要用半角逗号","分隔。

（3）在创建数据表前加上 If Not Exists 判断，只有该数据表目前尚不存在时才执行 Create Table 命令，避免出现重复创建数据表的情况。

（4）列级别约束条件包括是否允许包含空值（不允许包含空值则加上 Not Null，如果不指定，则默认为 Null）、设置自增属性（使用 Auto_Increment）、设置索引（使用 Unique）、设置外键（使用 Primary Key）等。

（5）表级别约束条件主要涉及表数据如何存储及存储在何处，一般不必指定。

【任务描述】

在 MallDB 数据库中创建一个名为"用户表"的数据表，用于存储注册用户信息，表结构如表 3-23 所示。

表 3-23 "用户表"的表结构

序号	字段名	数据类型	长度	是否允许为空	备注
1	ID	int		否	用户 ID
2	UserNumber	varchar	10	是	用户编号
3	Name	varchar	30	是	姓名
4	UserPassword	varchar	15	是	密码

【任务实施】

（1）打开 Windows 操作系统的【命令提示符】窗口，登录 MySQL 数据库服务器。

（2）选择需要创建表的数据库"MallDB"。

在命令提示符"mysql>"后面输入选择数据库的语句：

```
Use MallDB ;
```

（3）输入创建数据表的语句。

在命令提示符"mysql>"后面输入创建数据表的语句：

```
Create Table  用户表
(
        ID                int             Not Null ,
        UserNumber        varchar(10)     Null ,
```

Name	varchar(30)	Null ,
UserPassword	varchar(15)	Null

);

按【Enter】键后，执行创建数据表的语句，若显示"Query OK, 0 rows affected (0.09 sec)"提示信息，表示数据表创建成功。

（4）查看数据表。

在命令提示符"mysql>"后面输入语句：

Show Tables ;

按【Enter】键后，从显示相关信息可以看出数据表创建成功，创建数据表过程输入的语句及执行结果如图3-12所示。

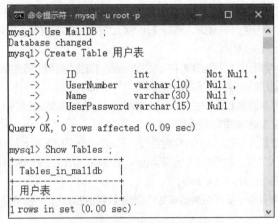

图3-12 创建数据表过程输入的语句及执行结果

> **说明** 使用 Create Table 语句创建数据表时，不设置数据类型 int 的长度，如果以"int(4)"形式指定整数类型的长度，执行该语句时，会出现"1 warning"警告信息。

【任务3-5】使用 Navicat 图形管理工具创建多张数据表

【任务描述】

（1）在 Navicat for MySQL 图形化环境中创建"商品类型""商品信息""图书信息""出版社信息""用户注册信息""客户信息""订单信息"和"订购商品"等数据表，这些数据表的结构数据如表3-2至表3-4和表3-10至表3-14所示，这里不考虑数据库中各张数据表数据的完整性问题。"商品类型"数据表只添加2个字段，"父类编号"暂不添加。"图书信息"数据表暂不添加以下3个字段："版次""封面图片"和"图书简介"。

（2）在"商品类型"数据表增加一个字段"父类编号"。

（3）在"图书信息"数据表的"作者"与"出版日期"两个字段之间插入一个字段"版次"，在"出版日期"字段后面添加两个字段"封面图片""图书简介"。

微课3-2

使用 Navicat 图形管理工具创建多张数据表

【任务实施】

1. 利用 Navicat for MySQL 的【表设计器】创建数据表

这里以创建"商品类型"数据表为例，说明在 Navicat for MySQL 中创建数据表的方法。

（1）启动图形管理工具 Navicat for MySQL。在 Navicat for MySQL 图形化环境中创建"商品类型""商品信息""图书信息""出版社""客户信息""订单信息""订购商品"等数据表，这些数据表的结构数据如表 3-2 至表 3-14 所示，这里不考虑数据库中各个数据表数据的完整性问题。"商品类型"数据表只添加 2 个字段，"父类编号"暂不添加。"图书信息"数据表暂不添加以下 3 个字段："版次""封面图片""图书简介"。

（2）打开已有连接"MallConn"。

在【Navicat for MySQL】窗口的主菜单【文件】中选择【打开连接】命令打开"MallConn"连接。

（3）打开数据库"MallDB"。

在左侧【数据库对象】窗格数据库列表中双击"MallDB"，打开该数据库。

（4）打开【表设计器】。

在"数据库对象"窗格中展开"MallDB"文件夹，右击节点"表"，在弹出的快捷菜单中选择【新建表】命令，如图 3-13 所示，打开【表设计器】，系统自动创建一张默认名为"无标题"的表，【表设计器】的初始状态如图 3-14 所示。【表设计器】中的"名"就是数据表的字段名称，"类型"是字段值的类型，"长度"用于设置字段值数据的长度，"小数点"用于设置数值类数据的小数位数，"不是 null"用于设置该字段中的值是否可以为空。

图 3-13　在快捷菜单中选择【新建表】命令

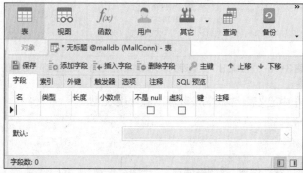

图 3-14　【表设计器】的初始状态

（5）定义数据表的字段结构。

首先将光标置于【表设计器】的"名"文本框中并输入字段名"类型编号"，然后在"类型"下拉列表中选择数据类型"varchar"，接着在"长度"文本框中输入"9"，勾选"不是 null"对应的复选框，在【表设计器】中定义字段结构，如图 3-15 所示。

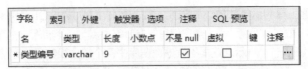

图3-15 在【表设计器】中定义字段结构

在【表设计器】的工具栏中单击【添加字段】按钮，添加一个字段，然后依次在"名"文本框中输入"类型名称"，在"类型"下拉列表中选择"varchar"，在"长度"文本框中输入"10"，勾选"不是null"对应的复选框，完整的表结构如图3-16所示。

图3-16 完整的表结构

（6）保存数据表的结构数据。

在【表设计器】工具栏中的单击【保存】按钮保存数据表的结构数据。在弹出的【表名】对话框中输入数据表的名称"商品类型"，如图3-17所示，然后单击【确定】按钮关闭该对话框，成功创建"商品类型"数据表，在"MallDB"数据库的表列表中可看到新创建的"商品类型"数据表，如图3-18所示。

图3-17 在【表名】对话框中输入数据表名称

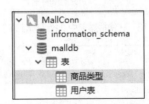

图3-18 "MallDB"数据库的表列表中新创建的"商品类型"数据表

> **提示** 在【表设计器】中定义表结构时暂没有为数据表设置主键。

以同样的方法创建"商品信息""图书信息""出版社信息""客户信息""订单信息"和"订购商品"数据表，详细过程这里不再赘述。在"MallDB"数据库的表列表中添加多张数据表的结果如图3-19所示。

2. 在"商品类型"数据表中添加字段

在【Navicat for MySQL】窗口左侧【数据库对象】窗格中展开"MallDB"文件夹，右击数据表名称"商品类型"，在弹出的快捷菜单中选择【设计表】命令，或者在【对象】的工具栏中单击【设计表】

按钮，打开【表设计器】。在工具栏中单击【添加字段】按钮可以在已有字段后面添加一个新的字段。在新字段位置的"名"文本框中输入"父类编号"，在"类型"下拉列表中选择"varchar"，在"长度"文本框中输入"7"，勾选"不是 null"对应的复选框。

数据表的结构修改完成后，单击【表设计器】工具栏中的【保存】按钮，保存对结构数据的修改。

图 3-19　在"MallDB"数据库的表列表中添加多张数据表

3. 在"图书信息"数据表中添加字段

在【Navicat for MySQL】窗口左侧【数据库对象】窗格中展开"MallDB"文件夹，单击数据表名称"图书信息"，在右侧【对象】窗格中选择【设计表】命令，打开【表设计器】。在字段列表中选择"出版日期"字段，然后在工具栏中单击【插入字段】按钮则可以在选中字段前面添加一个新的字段。在新字段位置的"名"文本框中输入"版次"，在"类型"下拉列表中选择"smallint"，勾选"不是 null"对应的复选框，如图 3-20 所示。

名	类型	长度	小数点	不是 null	虚拟	键	注释
商品编号	varchar	12	0	☑	☐		
图书名称	varchar	100	0	☑	☐		
商品类型	varchar	9	0	☑	☐		
价格	decimal	5,2	2	☑	☐		
出版社	int	0	0	☑	☐		
ISBN	varchar	20	0	☑	☐		
作者	varchar	30	0	☑	☐		
▶ 版次	smallint	0	0	☑	☐		
出版日期	date	0	0	☐	☐		

图 3-20　在"图书信息"数据表中插入一个新字段"版次"

在"图书信息"数据表中插入新字段后，单击【表设计器】工具栏中的【保存】按钮，保存对结构数据的修改。

接着，继续在"图书信息"数据表"出版日期"字段后面添加两个新字段"封面图片"和"图书简介"，添加新字段后的"图书信息"数据表的结构数据如图 3-21 所示。新字段添加完成后，单击【表设计器】工具栏中的【保存】按钮，保存对结构数据的修改。

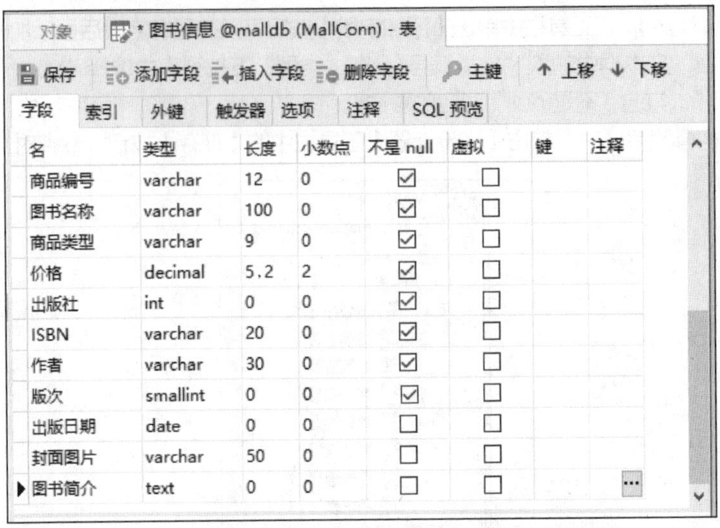

图 3-21 添加新字段后的"图书信息"数据表的结构数据

【任务 3-6】通过复制现有数据表的方式创建新的数据表

【任务描述】

在 MySQL 中，除了可以创建全新的数据表外，也可以通过复制数据库中已有表的结构和数据，创建数据表。

（1）在【命令提示符】窗口中使用复制命令的方式创建一张名为"订单信息 2"的数据表，该数据表的结构源自【任务 3-5】创建的"订单信息"表。

（2）在【命令提示符】窗口中使用复制命令的方式创建一张名为"user"的数据表，该数据表的结构源自【任务 3-4】创建的"用户表"。

（3）在 Navicat 图形管理工具中使用【复制表】命令创建一张名为"图书信息 2"的数据表，该数据表的结构源自【任务 3-5】创建的"图书信息"表。

【任务实施】

1. 在【命令提示符】窗口中使用复制命令方式创建一张名为"订单信息 2"的数据表

在【命令提示符】窗口中，使用"Use MallDB；"语句选择当前数据库为"MallDB"。

通过复制现有的数据表"订单信息"创建另一张新数据表"订单信息 2"对应的 SQL 语句如下：

```
Create  Table  订单信息 2  Like  订单信息 ;
```

数据表"订单信息 2"创建完成时，【命令提示符】窗口会显示"Query OK, 0 rows affected (0.09 sec)"提示信息。

> **说 明** 这里使用 Like 关键字创建一张与"订单信息"数据表结构相同的新表"订单信息 2"，其中的字段名、数据类型、空值限定和索引将被复制，但是数据表的内容不会被复制，因此创建的新表是一张空表。

如果希望结构和内容都能被复制，则可以使用以下 SQL 语句：

```
Create  Table  订单信息 2  As  (Select  *  From  订单信息);
```

2. 在【命令提示符】窗口中使用复制命令的方式创建一张名为"user"的数据表

通过复制现有的数据表"用户表"创建另一张新数据表"user"对应的 SQL 语句如下：

Create Table user Like 用户表；

数据表"user"创建完成时，【命令提示符】窗口会显示"Query OK, 0 rows affected (0.07 sec)"提示信息。

3. 在 Navicat 图形管理工具中使用【复制表】命令创建一张名为"图书信息2"的数据表

在【数据库对象】窗格中依次展开"MallDB"→"表"，然后右击数据表"图书信息"，在弹出的快捷菜单中用鼠标指针指向【复制表】子菜单，然后在其级联菜单中选择【仅结构】命令，如图 3-22 所示。由此创建一张新的数据表"图书信息_copy1"。

图 3-22　在【复制表】的级联菜单中选择【仅结构】命令

右击新创建的数据表"图书信息_copy1"，在弹出的快捷菜单中选择【重命名】命令，数据表名称进入编辑状态，将名称修改为"图书信息2"，按【Enter】键即可。

新增加的 3 张数据表"user""订单信息2"和"图书信息2"如图 3-23 所示。

图 3-23　新增加的 3 张数据表

3.5 查看 MySQL 数据库中的数据表及其结构数据

【任务 3-7】选择当前数据库并查看当前数据库中的所有数据表

【任务描述】

（1）使用 Use MallDB 语句选择当前数据库。

（2）使用 Show Tables 语句查看当前数据库中所有数据表的名称列表。

【任务实施】

（1）选择数据库"MallDB"。

在命令提示符"mysql>"后面输入选择数据库的语句：

Use MallDB ;

（2）在命令提示符"mysql>"后面输入语句"Show Tables；"，然后按【Enter】键后可以看到成功创建的各张数据表，如图 3-24 所示。

图 3-24　在【命令提示符】窗口中查看数据库"MallDB"中的数据表

【任务 3-8】查看数据表的结构

在 MySQL 中，查看数据表的结构数据可以使用 Describe 语句和 Show Create Table 语句。通过这两个语句，可以查看数据表的字段名、字段的数据类型和完整性约束条件等。

（1）使用 Describe 语句查看数据表的基本结构。

在 MySQL 中，Describe 语句可以查看数据表的结构信息，包括字段名、字段数据类型、是否为主键和默认值等，其语法格式如下：

{ Describe | Desc } <数据表名称> [<字段名称> | <通配符>] ;

Describe 可缩写为 Desc，二者用法相同。可以查询直接字段名，也可以查询含有通配符"%"和"_"的字符串。

（2）使用 Show Create Table 语句查看数据表的详细结构。

在 MySQL 中，Show Create Table 语句可以查看数据表的详细结构。该语句可以查看数据表的字段名、字段的数据类型、完整性约束条件等信息，还可以查看数据表默认的存储引擎、字符集等，其语法格式如下：

Show Create Table <数据表名称> ;

【任务描述】

（1）使用 Describe 语句查看"商品类型"数据表的结构数据。

（2）使用 Describe 语句查看"图书信息"数据表中"图书名称"字段的结构数据。

（3）使用 Show Create Table 语句查看创建 "图书信息" 数据表的 Create Table 语句。

【任务实施】

首先打开 Windows 操作系统下的【命令提示符】窗口，登录 MySQL 数据库服务器，然后选择数据库 "MallDB"。

1. 使用 Describe 语句查看 "商品类型" 数据表的结构数据

使用 Describe 语句查看 "商品类型" 数据表结构数据的代码如下：

```
Describe 商品类型；
```

执行结果如图 3-25 所示。

```
+----------+-------------+------+-----+---------+-------+
| Field    | Type        | Null | Key | Default | Extra |
+----------+-------------+------+-----+---------+-------+
| 类型编号  | varchar(9)  | NO   |     | NULL    |       |
| 类型名称  | varchar(10) | NO   |     | NULL    |       |
| 父类编号  | varchar(7)  | NO   |     | NULL    |       |
+----------+-------------+------+-----+---------+-------+
```

图 3-25　查看 "商品类型" 数据表结构数据的执行结果

图 3-25 中各个列名含义解释分别如下。

① Field：字段名。

② Type：数据类型及长度。

③ Null：对应字段是否可以存储 Null。

④ Key：对应字段是否已设置约束。PRI 表示设置了主键约束，UNI 表示设置了唯一约束，MUL 表示允许给定值出现多次。

⑤ Default：对应字段是否有默认值，NULL 表示没有设置默认值。如果有默认值则显示其值。

⑥ Extra：相关的附加信息，例如 Auto_Increment 等。

2. 使用 Describe 语句查看 "图书信息" 数据表中 "图书名称" 字段的结构数据

使用 Describe 语句查看 "图书信息" 数据表中 "图书名称" 字段结构数据的代码如下：

```
Describe 图书信息 图书名称；
```

执行结果如图 3-26 所示。

```
+----------+--------------+------+-----+---------+-------+
| Field    | Type         | Null | Key | Default | Extra |
+----------+--------------+------+-----+---------+-------+
| 图书名称  | varchar(100) | NO   |     | NULL    |       |
+----------+--------------+------+-----+---------+-------+
```

图 3-26　查看 "图书信息" 数据表中 "图书名称" 字段的结构数据的执行结果

3. 使用 Show Create Table 语句查看创建 "图书信息" 数据表的 Create Table 语句

使用 Show Create Table 语句查看创建 "图书信息" 数据表的 Create Table 语句的代码如下：

```
Show Create Table 图书信息；
```

执行结果中对应的 Create Table 语句如下所示：

```
CREATE TABLE '图书信息' (
  '商品编号' varchar(12) NOT NULL,
  '图书名称' varchar(100) NOT NULL,
  '商品类型' varchar(9) NOT NULL,
  '价格' decimal(5,2) NOT NULL,
  '出版社' varchar(16) NOT NULL,
  'ISBN' varchar(20) NOT NULL,
  '作者' varchar(30) DEFAULT NULL,
  '版次' smallint DEFAULT NULL,
```

```
'出版日期' date DEFAULT NULL,
'封面图片' varchar(50) DEFAULT NULL,
'图书简介' text
) ENGINE=MyISAM DEFAULT CHARSET=utf8
```

3.6　修改 MySQL 数据表的结构

数据表创建完成后，还可以根据实际需要对数据表的结构进行修改，例如修改数据表名称、字段名称、数据类型等。

【任务 3-9】使用 Navicat 图形管理工具修改数据表的结构

【任务描述】

（1）将数据库"MallDB"中"用户表"数据表的名称修改为"用户信息"。

（2）将数据表"用户信息"中的字段"ID"的名称修改为"UserID"。

（3）将数据表"图书信息"中的字段"出版社"的数据类型修改为"int"，将字段"封面图片"的数据类型修改为"blob"。

（4）将数据表"图书信息"中的字段"出版社"的名称修改为"出版社 ID"。

（5）在数据表"图书信息"中的"出版日期"字段之前增加一个字段"开本"，数据类型设置为"varchar"，长度设置为"3"。

（6）将数据表"图书信息"的存储引擎由"InnoDB"修改为"MyISAM"。

微课 3-3

使用 Navicat 图形管理工具修改数据表的结构

【任务实施】

启动图形管理工具 Navicat for MySQL，打开连接"MallConn"，打开数据库"MallDB"。

1. 数据表重命名

在【数据库对象】窗格中依次展开"MallDB"文件夹，然后右击数据表"用户表"，在弹出的快捷菜单中选择【重命名】命令，如图 3-27 所示。数据表名称进入编辑状态，将名称修改为"用户信息"，如图 3-28 所示，按【Enter】键即可完成修改。

图 3-27　在快捷菜单中选择【重命名】命令

图 3-28　将名称修改为"用户信息"

2. 修改字段的数据类型

在【数据库对象】窗格中依次展开"MallDB"→"表",右击数据表节点"图书信息",在弹出的快捷菜单中选择【设计表】命令,打开【表设计器】,并选择【字段】选项卡。

然后将光标置于"出版社"字段"类型"对应的单元格中,然后单击下拉按钮 ✓,在下拉列表中选择类型"int",如图 3-29 所示。同时将原有类型的长度设置为"0"。

图 3-29　在下拉列表中选择类型"int"

接下来,将光标置于"封面图片"字段"类型"对应的单元格中,然后单击下拉按钮 ✓,在下拉列表中选择类型"blob",如图 3-30 所示。同时将原有类型的长度设置为"0"。

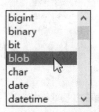

图 3-30　在下拉列表中选择类型"blob"

在【表设计器】工具栏中单击【保存】按钮保存对数据类型的修改。

3. 修改数据表的字段名

打开"用户信息"数据表的【表设计器】,在"ID"字段名位置单击,进入编辑状态,然后将该字段名修改为"UserID",如图 3-31 所示。

图 3-31　在【表设计器】中修改"用户信息"数据表的字段名"ID"

在【表设计器】工具栏中单击【保存】按钮保存对字段名"ID"的修改。

在"图书信息"数据表的【表设计器】的"出版社"字段名位置单击,进入编辑状态,然后将该字段名修改为"出版社 ID",在【表设计器】工具栏中单击【保存】按钮保存对字段名"出版社"的修改。修改结果如图 3-32 所示。

图 3-32　在【表设计器】中修改"图书信息"数据表的字段名"出版社"

4. 在数据表中新增字段

切换到"图书信息"数据表的【表设计器】，右击"出版日期"字段，在弹出的快捷菜单中选择【插入字段】命令，如图 3-33 所示，插入一个新的字段，在新字段位置的"名"文本框中输入"开本"，在"类型"下拉列表中选择"varchar"，在"长度"文本框中输入"3"。

图 3-33　在字段的快捷菜单中选择【插入字段】命令

在【表设计器】工具栏中单击【保存】按钮保存新增的字段，保存后的结果如图 3-34 所示。

图 3-34　在数据表"图书信息"中新增一个字段的结果

> **说 明**　如果要在【表设计器】中删除数据表中的字段，只需右击对应字段，在弹出的快捷菜单中选择【删除字段】命令即可。也可以单击待删除的字段，然后在【表设计器】工具栏中单击【删除字段】按钮。

5. 修改数据表的存储引擎

在"图书信息"数据表的【表设计器】中切换到【选项】选项卡，在"引擎"下拉列表中选择"MyISAM"存储引擎，如图 3-35 所示。

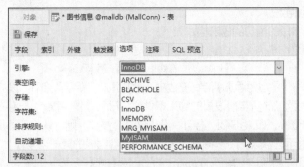

图 3-35　在"图书信息"数据表【表设计器】的【选项】选项卡中修改存储引擎

在【表设计器】工具栏中单击【保存】按钮保存对存储引擎的更改。

> **说 明**　如果需要调整数据表中各个字段的顺序，在【表设计器】先选中对应字段，然后单击【上移】
> 按钮或【下移】按钮即可。

【任务 3-10】使用 Alter Table 语句修改数据表的结构

在 MySQL 中，可以使用 Alter Table 语句修改数据表，常用修改数据表的操作有数据表重命名、修改字段名或数据类型、增加或删除字段、修改字段的排列位置、更改数据表的存储引擎等。

微课 3-4

使用 Alter Table 语句
修改数据表的结构

1. 修改数据表名称

MySQL 中修改数据表名称的语句的语法格式如下：

```
Alter Table <原数据表名称>　Rename [To] <新数据表名称>；
```

"原数据表名称"是指修改之前的数据表名称，"新数据表名称"是指修改后的数据表名称，"To"是可选参数，其在语句中是否出现，不会影响执行结果。

2. 修改数据表中字段的数据类型

修改数据表中字段的数据类型，就是把字段的数据类型转换成另一种数据类型。MySQL 中修改字段的数据类型的语句的语法格式如下：

```
Alter Table <数据表名称>　Modify　<字段名称> <数据类型>；
```

"数据表名称"是指待修改数据类型的字段所在的数据表的名称，"字段名称"是指需要修改数据类型的字段，"数据类型"是指修改后字段的新数据类型。

3. 修改数据表中字段名称

数据表中的字段名称可以根据需要对其进行修改，MySQL 中修改字段名称的语句的语法格式如下：

```
Alter Table <数据表名称>　Change　<原字段名称> <新字段名称> <新数据类型>；
```

这里的"数据表名称"是指要修改字段名称的字段所在的数据表的名称，"原字段名称"是指修改前的字段名称，"新字段名称"是指修改后的字段名称，"新数据类型"是指修改后字段的数据类型。如果不需要修改字段的数据类型，可以将新数据类型设置为和原来一样，但数据类型不能为空。

修改字段的名称的语句也可以修改数据类型，方法是将语句中的"新字段名称"和"原字段名称"设置为相同的名称，只改变"数据类型"即可。

注意 修改数据表的数据类型时可能会影响到数据表中已有的数据记录，当数据表中已经有数据时，不要轻易修改数据类型。

4. 在数据表中添加字段

MySQL 中添加新字段的语句的语法格式如下：

Alter Table <数据表名称> Add <新字段名称> <数据类型> [约束条件]
[First | After <已存在字段名称>]；

这里的"数据表名称"是指要添加新字段的数据表的名称，"新字段名称"是指需要添加的字段的名称，"约束条件"是指为添加的新字段设置的约束条件，"First | After 已存在字段名称"用于指定新增字段在数据表中的位置，如果 SQL 语句中没有这两个参数，则默认将新添加的字段设置为数据表的最后一列。"First"为可选参数，用于将新增字段设置为数据表的第一个字段。"After <已存在字段名称>"也为可选参数，用于将新增字段添加到指定的"已存在字段名称"的后面。

5. 更改数据表的存储引擎

MySQL 中更改数据表存储引擎的语句的语法格式如下：

Alter Table <数据表名称> Engine=<更改后的存储引擎名>；

6. 修改数据表中字段的排列位置

MySQL 中修改数据表中字段的排列位置的语句的语法格式如下：

Alter Table <数据表名称> Modify <字段 1 的名称> <数据类型>
[First | After <字段 2 的名称>]；

这里的"字段 1"是指要修改位置的字段，"数据类型"是指"字段 1"的数据类型。"First"为可选参数，用于将"字段 1"修改为数据表的第 1 个字段。"After 字段 2 的名称"为可选参数，用于将"字段 1"调整到"字段 2"的后面。

7. 删除数据表中的字段

MySQL 中删除数据表中字段的语句语法格式如下：

Alter Table <数据表名称> Drop <字段名称> ；

【任务描述】

（1）将数据库"MallDB"中"图书信息 2"数据表的名称修改为"图书信息表"。

（2）将数据表"图书信息表"中的字段"出版社"的数据类型修改为"int"，将字段"封面图片"的数据类型修改为"blob"。

（3）将数据表"图书信息表"中的字段名"出版社"修改为"出版社 ID"，其数据类型为"int"。

（4）在数据表"图书信息表"中的"出版日期"字段之后增加一个字段"开本"，数据类型设置为"varchar"，长度设置为"3"，约束条件为不允许为空。

（5）将数据表"图书信息表"的存储引擎由"InnoDB"修改为"MyISAM"。

（6）将数据表"图书信息表"中的 "商品类型"字段调整到"价格"字段之后。

（7）将数据表"图书信息表"中新添加的字段"开本"删除。

（8）将数据表"图书信息表"中字段"作者"的长度修改为"30"，字段"价格"的长度修改为"8,2"。

（9）将数据库"MallDB"中数据表"图书信息表"的名称重新修改为"图书信息 2"。

【任务实施】

首先打开 Windows 操作系统下的【命令提示符】窗口，登录 MySQL 数据库服务器，然后选择数据库"MallDB"。

1. 数据表重命名

修改数据表"图书信息 2"名称的语句如下：

Alter Table 图书信息 2 Rename 图书信息表；

2. 修改字段的数据类型

修改字段的数据类型的语句如下：

Alter Table 图书信息表 Modify 出版社 int；
Alter Table 图书信息表 Modify 封面图片 blob；

3. 修改数据表的字段名

修改数据表的字段名的语句如下：

Alter Table 图书信息表 Change 出版社 出版社 ID int；

4. 在数据表中添加新字段

在数据表中添加新字段"开本"的语句如下：

Alter Table 图书信息表 Add 开本 varchar(3) null After 出版日期；

以上操作完成后，使用"Desc 图书信息表；"语句查看数据表"图书信息表"，结果如图 3-36 所示。

```
+-------------+--------------+------+-----+---------+-------+
| Field       | Type         | Null | Key | Default | Extra |
+-------------+--------------+------+-----+---------+-------+
| 商品编号    | varchar(12)  | NO   |     | NULL    |       |
| 图书名称    | varchar(100) | NO   |     | NULL    |       |
| 商品类型    | varchar(9)   | NO   |     | NULL    |       |
| 价格        | decimal(5,2) | NO   |     | NULL    |       |
| 出版社ID    | int          | NO   |     | NULL    |       |
| ISBN        | varchar(20)  | NO   |     | NULL    |       |
| 作者        | varchar(30)  | YES  |     | NULL    |       |
| 版次        | smallint     | YES  |     | NULL    |       |
| 出版日期    | date         | YES  |     | NULL    |       |
| 开本        | varchar(3)   | YES  |     | NULL    |       |
| 封面图片    | blob         | YES  |     | NULL    |       |
| 图书简介    | text         | YES  |     | NULL    |       |
+-------------+--------------+------+-----+---------+-------+
```

图 3-36 查看数据表"图书信息表"的结果

5. 更改数据表的存储引擎

更改数据表存储引擎的语句如下：

Alter Table 图书信息表 Engine=MyISAM；

6. 修改数据表中字段的排列位置

修改数据表中字段的排列位置的语句如下：

Alter Table 图书信息表 Modify 商品类型 varchar(9) Not Null After 价格；

7. 删除数据表中字段

删除数据表中字段的语句如下：

Alter Table 图书信息表 Drop 开本；

8. 修改字段的字段长度

修改字段长度的语句如下：

Alter Table 图书信息表 Modify 作者 varchar(30)；
Alter Table 图书信息表 Modify 价格 decimal(8,2)；

使用"Show Create Table 图书信息表；"语句查看数据表"图书信息表"的存储引擎、字段的排列位置、删除字段等方面的变化情况，结果如下所示：

```
CREATE TABLE '图书信息表 (
  '商品编号' varchar(12) Not Null,
  '图书名称' varchar(100) Not Null,
  '价格' decimal(8,2) Not Null,
```

```
'商品类型' varchar(9) Not Null,
'出版社 ID' int Not Null,
'ISBN' varchar(20) Not Null,
'作者' varchar(30) Default Null,
'版次' smallint Default Null,
'出版日期' date Default Null,
'封面图片' blob,
'图书简介' text
) ENGINE=MyISAM DEFAULT CHARSET=utf8
```

9．再一次修改数据表名称

为了便于后续各项任务的顺利完成，将"图书信息表"数据表的名称重新修改为"图书信息 2"，语句如下：

```
Alter  Table  图书信息表  Rename  图书信息 2；
```

后续各项任务的操作仍然是针对数据表"图书信息 2"进行的。

3.7 删除没有被关联的数据表

对于 MySQL 数据库中不再需要的数据表，可以将其从数据库中删除。

【任务 3-11】删除没有被关联的数据表

删除数据表就是将数据库中已经存在的数据表删除，在删除数据表的同时，数据表的结构定义和其所存储的所有数据都会被删除。因此，在进行删除操作前，最好对数据表的数据做好备份，以免造成无法挽回的后果。

删除没有被关联的数据表的语句的语法格式如下：

```
Drop Table [ if exists ]  <数据表 1>，<数据表 2>，...，<数据表 n>；
```

在 MySQL 中，使用 Drop Table 语句可以一次删除一张或多张没有被其他数据表关联的数据表，其中"数据表 n"为待删除数据表的名称。要同时删除多张数据表，只需将待删除数据表的名称依次写在"Drop Table"之后，使用半角逗号"，"分隔即可。

如果待删除的数据表不存在，则 MySQL 会给出一条提示信息。参数"If Exists"用于在删除数据表之前判断待删除的表是否存在。加上该参数后，如果待删除的数据表不存在，SQL 语句可以顺利执行，但会显示警告提示信息。

【任务描述】

（1）删除没有被其他表关联的数据表"user"。

（2）删除没有被其他表关联的数据表"订单信息 2"和"图书信息 2"。

【任务实施】

首先打开 Windows 操作系统下的【命令提示符】窗口，登录 MySQL 数据库服务器，显示命令提示符"mysql>"，然后在命令提示符后面输入"Use MallDB ;"语句选择数据库"MallDB"。

1．一次仅删除一张数据表

在命令提示符"mysql>"后面依次输入以下语句，删除一张没有被其他表关联的数据表：

```
Drop Table user ；
```

2．一次删除多张数据表

在命令提示符"mysql>"后面依次输入以下语句，删除两张没有被其他表关联的数据表：

Drop Table 订单信息 2，图书信息 2；

　　语句执行完毕，可以使用"Show Tables；"语句查看当前数据库中的数据表，如图 3-37 所示，可以发现数据表列表中已不存在名称为"user""订单信息 2"和"图书信息 2"的数据表了，表示删除操作成功。

```
+--------------------+
| Tables_in_malldb   |
+--------------------+
| 出版社信息         |
| 商品信息           |
| 商品类型           |
| 图书信息           |
| 客户信息           |
| 用户信息           |
| 订单信息           |
| 订购商品           |
+--------------------+
```

图 3-37　查看当前数据库中的数据表

课后练习

1. 选择题

（1）下列数据类型中，不属于 MySQL 数据类型的是（　　）。

　　A. int　　　　　　　　B. var　　　　　　　C. time　　　　　　　D. char

（2）在 SQL 中，修改数据表结构的语句是（　　）。

　　A. Modify Table　　　　　　　　B. Modify Structure

　　C. Alter Table　　　　　　　　　D. Alter Structure

（3）在 SQL 中，只修改字段的数据类型的语句是（　　）。

　　A. Alter Table … Alter Column

　　B. Alter Table … Modify Column …

　　C. Alter Table … Update …

　　D. Alter Table …　　Update Column …

（4）在 SQL 中，删除字段的语句是（　　）。

　　A. Alter Table … Delete　…　　　　　B. Alter Table … Delete Column　…

　　C. Alter Table … Drop　…　　　　　　D. Alter Table … Drop Column　…

（5）创建数据表时，不允许某字段为空可以使用（　　）。

　　A. Not Null　　　　　B. No Null　　　　　C. Not Blank　　　　D. Null

（6）以下关于 MySQL 数据表的描述正确的是（　　）。

　　A. 在 MySQL 中，一个数据库中可以有重名的数据表

　　B. 在 MySQL 中，一个数据库中不能有重名的数据表

　　C. 在 MySQL 中，数据表的名称可以使用数字来命名

　　D. 以上说法都不对

（7）以下关于创建 MySQL 数据表的描述中正确的是（　　）。

　　A. 使用 Create 语句可以创建不带字段的空数据表

　　B. 在创建数据表时，可以设置数据表中字段值为自动增长字段

　　C. 在创建数据表时，数据表中字段的字段名称可以重复

　　D. 以上说法都对

（8）以下关于修改 MySQL 数据表的描述中错误的是（　　　）。

  A. 可以修改数据表中字段的数据类型

  B. 可以修改数据表中字段的名称

  C. 可以修改数据表的名称

  D. 不可以同时修改数据表中字段的名称和数据类型

（9）查看 MySQL 数据表的结构时，使用（　　　）关键字。

  A. Desc   B. Show   C. Show Tables； D. Select

（10）修改 MySQL 数据表的名称时，使用（　　　）关键字。

  A. Create   B. Rename   C. Drop   D. Desc

2. 填空题

（1）在 MySQL 中，系统数据类型主要分为（　　　　　）、（　　　　　）、（　　　　　）和特殊类型 4 种。

（2）MySQL 使用（　　　　　）和（　　　　　）来表示小数。浮点类型有两种：（　　　　　）和（　　　　　）。定点类型只有一种：decimal。

（3）浮点类型（float 和 double）相对于定点类型 decimal 的优势是，在长度一定的情况下，浮点类型能比定点类型（　　　　　），但其缺点是（　　　　　）。

（4）decimal 在 MySQL 中是以（　　　　　）形式存储的，用于存储精度相对要求（　　　　　）的数据。两个浮点数据进行减法或比较运算时容易出现问题，如果进行数值比较，最好使用（　　　　　）数据类型。

（5）MySQL 针对不同种类的日期和时间提供了很多种数据类型。如果只需要存储年份，则使用（　　　　　）类型即可；如果只记录时间，只需使用（　　　　　）类型即可。如果同时需要存储日期和时间，则可以使用（　　　　　）或（　　　　　）类型。存储范围较大的日期最好使用（　　　　　）类型。当需要插入记录的同时插入当前时间时，使用（　　　　　）类型更方便。

（6）char 类型是（　　　　　）长度，varchar 类型是（　　　　　）长度，（　　　　　）类型按实际长度存储，比较节省存储空间。在速度上有要求的可以使用（　　　　　）类型，反之则可以使用（　　　　　）类型。

（7）char、varchar、text 这 3 种数据类型中的检索速度最快的是（　　　　　）类型。

（8）Enum 类型和 Set 类型的值都是以字符串形式出现的，但在数据库中存储的是（　　　　　）。Enum 类型只能取（　　　　　）值，Set 类型则可取（　　　　　）值。

（9）在数据库"MallDB"中创建数据表"test"的语句是（　　　）。

（10）在数据库"MallDB"中删除数据表"test"的语句是（　　　）。

（11）查看 MySQL 数据库的表结构时，可以使用（　　　）语句或者（　　　）语句，二者作用相同。

（12）在 MySQL 中，查看数据表的结构可以使用（　　　　　）语句或（　　　　　）语句。通过这两个语句，可以查看数据表的字段名称、字段的数据类型和完整性约束条件等。

（13）在 MySQL 中，可以使用（　　　　　）语句修改数据表，数据表重命名的语法格式为（　　　　　　　　）。

模块 4
设置与维护数据库中数据完整性

04

数据库中各数据表中的数据必须是真实可信、准确无误的，对数据表中的记录强制实施数据完整性约束，可以保证数据表中各个字段数据的完整性和合理性。数据表中的完整性约束可以理解为一种规则或者要求，它规定了数据表中哪些字段可以输入什么样的数据。创建数据表的过程也是实施数据完整性（包括实体完整性、引用完整性和域完整性等）约束的过程。

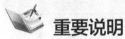

重要说明

（1）本模块的各项任务是在模块 3 的基础上进行的，模块 3 已创建了以下数据表：出版社信息、商品信息、商品类型、图书信息、客户信息、用户信息、订单信息、订购商品。

（2）本模块在数据库 "MallDB" 中创建了多张数据表，也删除了多张数据表，最后保留了以下数据表：出版社信息、商品信息、商品类型、图书信息、图书信息 2、客户信息、客户信息 2、用户信息、用户注册信息、用户类型、订单信息、订购商品。

（3）完成本模块所有任务后，参考模块 9 中介绍的备份方法对数据库 "MallDB" 进行备份，备份文件名为 "MallDB04.sql"。

例如：

```
Mysqldump –u root –p --databases MallDB> D:\MySQLData\MyBackup\MallDB04.sql
```

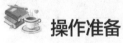

操作准备

（1）打开 Windows 操作系统下的【命令提示符】窗口。

（2）如果数据库 "MallDB" 或者该数据库中的数据表被删除了，可参考模块 9 中介绍的还原备份的方法将模块 3 中创建的备份文件 "MallDB03.sql" 予以还原。

例如：

```
Mysql –u root –p MallDB < D:\MySQLData\MallDB03.sql
```

（3）登录 MySQL 数据库服务器。

在【命令提示符】窗口的命令提示符后输入命令 "mysql -u root -p"，按【Enter】键后，输入正确的密码，这里输入 "123456"。当窗口中命令提示符变为 "mysql>" 时，表示已经成功登录 MySQL 数据库服务器。

（4）选择需要进行相关操作的数据库 "MallDB"。

在命令提示符 "mysql>" 后面输入选择数据库的语句：

```
Use MallDB ;
```

提示 使用 SQL 语句完成相关操作时，首先需要使用"Use MallDB；"语句打开"MallDB"数据库，然后执行相应的 SQL 语句。后面各项任务中如果需要打开数据库"MallDB"，均需要使用"Use MallDB；"语句，但为了简化代码，"Use MallDB；"语句会被省略。

（5）启动 Navicat for MySQL，打开已有连接"MallConn"，打开数据库"MallDB"。

4.1 创建数据表的同时定义约束

1. MySQL 数据库的数据完整性

为了保证数据库的数据表中所保存数据的正确性，MySQL 提供了完整性约束。按照数据完整性的功能，可以将数据完整性划分为实体完整性、域完整性、参照完整性和用户自定义完整性 4 类，如表 4-1 所示。

表 4-1 数据完整性类型

数据完整性类型	含义	实现方法
实体完整性 （Entity Integrity）	保证数据表中每一条记录在数据表中都是唯一的，即必须至少有一个唯一标识以区分不同的记录	主键约束、唯一约束、唯一索引（Unique Index）等
域完整性 (Domain Integrity)	限定数据表中输入数据的数据类型与取值范围	默认值约束、检查约束、外键约束、非空约束、数据类型等
参照完整性 (Referential Integrity)	在数据库中添加、修改和删除数据时，要维护数据表之间数据的一致性，即包含主键的主表的数据和包含外键的从表的数据应对应一致，不能引用不存在的值	外键约束、检查约束、触发器（Trigger）、存储过程（Procedure）等
用户自定义完整性 (User-defined Integrity)	实现用户某一特殊要求的数据规则或格式	默认值约束、检查约束等

MySQL 中约束与数据完整性之间的关系如表 4-2 所示。

表 4-2 约束与数据完整性之间的关系

约束类型	数据完整性类型	约束对象	实例说明
Primary Key （主键约束）	实体完整性	记录	"用户注册信息"数据表中设置"用户 ID"字段为主键，不允许出现相同值的用户 ID
Unique （唯一约束）			"用户注册信息"数据表中设置"用户编号"字段为唯一约束，不允许出现相同的用户编号
Default （默认值约束）	域完整性	字段	"用户注册信息"数据表中设置"权限等级"的默认值为"A"，"用户类型"的默认值为"1"
Check （检查约束）			"员工信息"数据表中设置"性别"字段的取值范围只能为"男"或"女"
Foreign Key （外键约束）	参照完整性	表间	"出版社信息"数据表和"图书信息"数据表通过它们的公共字段"出版社 ID"关联起来，在"出版社信息"数据表中将"出版社 ID"字段定义为主键，在"图书信息"数据表中通过定义"出版社 ID"字段为外键将两张数据表关联起来

在 MySQL 数据库中实施参照完整性时，可以防止用户执行下列操作。

（1）在包含主键的主表中没有关联记录时，将记录添加或更改到包含外键的从表中。

（2）更改主表中的值，导致从表中出现孤立的记录。

（3）从主表中删除记录，但从表中仍存在与该记录匹配的记录。

2. MySQL 的约束

MySQL 的约束是指对数据表中数据的一种约束行为，能够帮助数据库管理员更好地管理数据库，并且能够确保数据库表中数据的正确性和一致性，主要包括主键约束、外键约束、唯一约束、非空约束、默认值约束和检查约束。

（1）主键约束（Primary Key）。

通常在数据表中将一个字段或多个字段组合设置为具有各不相同的值，以便能唯一地标识数据表中的每一条记录，这样的一个字段或多个字段称为数据表的主键。通过它可实现实体完整性，消除数据表冗余数据。一张数据表只能有一个主键约束，每条记录主键字段的数据都是唯一的，并且主键约束所在的字段不能接受空值（不允许为 Null），也不可出现重复的字段值。由于主键约束可保证数据的唯一性，因此经常对标识字段定义这种约束。可以在创建数据表时定义主键约束，也可以修改现有数据表的主键约束。

（2）外键约束（Foreign Key）。

外键约束是在两张数据表（主表和从表）的一列或多列数据之间建立关联，用于保证数据库中多张数据表中数据的一致性和正确性。如果将一张数据表（从表）的一个字段或字段组合定义为引用另一张数据表（主表）的主键字段，则引用的这个字段或字段组合就称为外键。被引用的数据表称为主键约束表，简称主表或父表，被引用数据表（主表）的关联字段上应该创建主键约束或唯一约束；引用表称为外键约束表，简称从表或子表，在引用数据表的关联字段上创建外键约束。当向含有外键的数据表中插入数据时，如果主表的主键字段中没有与插入的外键字段值相同的值时，系统会拒绝插入数据。

可以在定义数据表时直接创建外键约束，也可以对现有数据表中的某一个字段或字段组合添加外键约束。

注意

在主键表和外键表两张数据表中，外键和主键字段的数据类型和长度要一致。

（3）唯一约束（Unique）。

一张数据表只能有一个主键，如果有多个字段或者多个字段组合需要保证取值不重复，可以采用唯一约束。指定非主键的一个或多个字段的组合值具有唯一性，以防止在字段中输入重复的值。也就是说，如果一张数据表已经设置了主键约束，但该数据表中其他非主键字段也要求具有唯一性，为避免该字段中的数据值出现重复值的情况，就必须使用唯一约束。

一张数据表可以定义多个唯一约束，唯一约束指定的字段允许为 Null，但是每个唯一约束字段最多只有一条记录包含 Null。例如，在"用户表"中，为了避免用户重名，就可以将用户名字段设置为唯一约束。

（4）非空约束（Not Null）。

指定为 Not Null 的字段不能输入 Null，数据表中出现 Null 通常表示值未知或未定义，Null 不同于零、空格或者长度为零的字符串。

在创建数据表时，默认情况下，如果在数据表中不指定非空约束，那么数据表中所有字段就都可以为空。由于主键约束字段必须保证字段是不为空的，因此要设置主键约束的字段一定要设置非空约束。一张数据表中可以设置多个非空约束，主要用来规定某一字段必须要输入值。有了非空约束，就可以避免数据中出现空值了。

（5）默认值约束（Default）。

默认值约束提供了一种为数据表中的任何字段设置默认值的方法。默认值是指使用 Insert 语句向数据表插入记录时，如果没有为某一字段指定数据值，默认值约束将自动添加一个随新记录一起存储到数据表中的该字段已经设置好的值。可以在创建数据表时为字段指定默认值，也可以在修改数据表时为字段指定默认值。默认值约束仅在执行 Insert 语句插入数据时生效，且定义的值必须与该字段的数据类型和精度一致。

可以为数据表中一个或多个字段设置默认值约束，每个字段至多设置一个默认值，其中包括 Null，且允许使用一些系统函数提供的值，但不能定义在指定为 Identity 属性的字段。默认值约束通常用在已经设置了非空约束的字段，这样能够防止数据表在输入数据时出现错误。

（6）检查约束（Check）。

检查约束用于检查输入数据的取值是否为可接受的值，一个字段输入的值必须满足检查约束的条件，若不满足，则无法正常输入数据。可以对数据表的每个字段设置检查约束，在一张数据表中可以创建多个检查约束，在一个字段上也可以创建多个检查约束，只要它们不相互冲突即可。可以在创建数据表时定义检查约束，也可以修改现有数据表的检查约束。

3. 创建数据表时定义主键约束

在创建数据表时定义主键约束，既可以将数据表中的一个字段设置为主键，也可以将数据表中的多个字段设置为组合主键。但不论使用哪种方法，一张数据表中的主键只能有一个。

（1）在定义字段的同时指定一个字段为主键。

在定义字段的同时指定一个字段为主键的语法格式如下：

<字段名称>　<数据类型>　Primary Key [默认值]

（2）在定义完所有字段之后指定一个字段为主键。

在定义完所有字段之后指定一个字段为主键的语法格式如下：

[Constraint <约束名称>]　Primary Key　<字段名称>

其中"Constraint"是创建约束的关键字，"Primary Key"表示所添加约束的类型为主键约束。"Constraint <约束名称>"如果被省略，则字段名称默认为主键约束名称。

（3）在定义完所有字段之后指定多个字段为组合主键。

在定义完所有字段之后指定多个字段为组合主键的语法格式如下：

[Constraint <主键约束名称>]
　　　　Primary Key(<字段名称 1>, <字段名称 2>, ... <字段名称 n>)

当主键由多个字段组成时，要在定义完所有字段之后指定多个字段为组合主键，而不能直接在字段名称后面声明主键约束。

4. 创建数据表时定义外键约束

创建数据表时定义外键约束的语法格式为：

[Constraint <外键约束名称>]　Foreign Key(<字段名称 11> [,<字段名称 12>, ...])
　　　　References <主数据表名称>(<字段名称 21> [,<字段名称 22>, ...])

"字段名称 11""字段名称 12"是从表中需要创建外键约束的字段名称，"字段名称 21""字段名称22"是主表中的字段名称。注意，一张数据表中不能存在相同名称的外键。

为了便于识别，从表中创建外键的字段名称与主表关联字段名称可以相同，但也可以不同。外键不一定要与相应的主键在不同的数据表中，也可以是在同一张数据表中。

5. 创建数据表时定义非空约束

创建数据表时定义非空约束很简单，只需要在字段名称后面添加 Not Null 即可，添加非空约束的语法格式如下：

<字段名称>　<数据类型>　Not Null

设置了主键约束的字段，就没有必要设置非空约束了。

6. 创建数据表时定义唯一约束

唯一约束与主键约束的主要区别：一张数据表中可以有多个字段定义为唯一约束，但只能有一个字段定义为主键约束；定义为主键约束的字段不允许为空值，定义为唯一约束的字段允许空值（Null）的存在，但是只能有一个空值。唯一约束通常设置在主键以外的其他字段上。唯一约束定义完成后，系统会默认将其保存到索引中。

（1）在定义完字段之后直接指定唯一约束。

在定义完字段之后直接指定唯一约束的语法格式如下：

<字段名称> <数据类型> Unique

（2）在定义完所有字段之后指定唯一约束。

在定义完所有字段之后指定唯一约束的语法格式如下：

[Constraint <唯一约束名称>] Unique(<字段名称>)

唯一约束可以在一张数据表的多个字段中设置，并且在设置时系统会自动生成不同的约束名称。

唯一约束也可以像设置组合主键一样，把多个字段放在一起设置。设置这种多个字段的唯一约束的作用是确保某几个字段的数据不重复。例如，在"用户信息表"数据表中，要确保用户名和密码是不重复的，就可以把用户名和密码设置成一个唯一约束。

（3）在创建数据表时将多个字段设置为唯一约束。

在创建数据表时将多个字段设置为唯一约束的语法格式如下：

[Constraint <唯一约束名称>] Unique(<字段名称 1> , <字段 2> , …)

7. 创建数据表时定义默认值约束

定义默认值约束的语法格式如下：

<字段名称> <数据类型> Default <默认值>

Default 关键字后面为该字段的默认值，默认值是一个常量表达式，该表达式可以是一个具体的值，也可以是通过表达式得到的一个值，并且这个值必须与该字段的数据类型相匹配。如果默认值为字符类型，就要用半角单引号引起来。

8. 创建数据表时定义检查约束

检查约束是用来检查数据表中字段值的有效性的一种手段，根据实际情况设置字段的检查约束，可以减少无效数据的输入。

（1）在创建数据表时设置字段级检查约束。

在创建数据表时设置字段级检查约束的语法格式如下：

<字段名称> <数据类型> Check(<表达式>)

（2）在定义完所有字段之后指定表级检查约束。

在定义完所有字段之后指定表级检查约束的语法格式如下：

[Constraint <检查约束名称>] Check(<表达式>)

9. 创建数据表时定义字段值自增属性

如果在数据表中插入新记录时，希望能自动生成字段的值，可以通过 Auto_Increment 关键字来实现。在 MySQL 中，Auto_Increment 约束默认的初始值为 1，每新增一条记录，字段值自动加 1。一张数据表只能有一个字段使用 Auto_Increment 约束，设置为 Auto_Increment 约束的字段可以是任何整数类型，包括 tinyint、smallint、int、bigint 等。

定义 Auto_Increment 约束的语法格式如下：

<字段名称> <数据类型> Auto_Increment

【任务 4-1】使用 Create Table 语句创建包含约束的单张数据表 ———

【任务描述】

（1）在数据库"MallDB"中创建"用户类型"数据表，该数据表的结构数据如表 4-3 所示。

表 4-3 "用户类型"数据表的结构数据

字段名称	数据类型	字段长度	是否允许包含 Null	约束
用户类型 ID	int		否	主键约束
用户类型名称	varchar	6	否	唯一约束
用户类型说明	varchar	50	是	无

（2）在数据库"MallDB"中创建"用户注册信息"数据表，该数据表的结构数据如表 4-4 所示。

表 4-4 "用户注册信息"数据表的结构数据

字段名称	数据类型	字段长度	是否允许包含 Null	约束
用户 ID	int		否	主键约束
用户编号	varchar	6	否	唯一约束
用户名称	varchar	20	否	
密码	varchar	15	否	
权限等级	char	1	否	默认值约束
手机号码	varchar	20	否	
用户类型	int		否	默认值约束

【任务实施】

首先打开 Windows 操作系统下的【命令提示符】窗口，登录 MySQL 数据库服务器，然后选择数据库"MallDB"。

1. 创建包含主键约束、唯一约束和非空约束字段的"用户类型"数据表

创建包含主键约束、唯一约束和非空约束字段的"用户类型"数据表对应的 SQL 语句如下：

```
Create Table  用户类型
(
    用户类型 ID    int   Primary Key Not Null,
    用户类型名称   varchar(6)   Unique Not Null,
    用户类型说明   varchar(50)   Null
);
```

数据表"用户类型"创建完成时，【命令提示符】窗口会显示"Query OK, 0 rows affected (0.25 sec)"提示信息。

2. 创建包含主键约束、唯一约束和默认值约束的"用户注册信息"数据表

创建包含主键约束、唯一约束和默认值约束的"用户注册信息"数据表对应的 SQL 语句如下：

```
Create Table  用户注册信息
(
    用户 ID   int Primary Key Not Null ,
    用户编号  varchar(6) Unique Not Null ,
    用户名称  varchar(20) Not Null ,
    密码      varchar(15) Not Null ,
    权限等级  char(1) Not Null Default 'A' ,
    手机号码  varchar(20) Not Null ,
    用户类型  int Not Null Default 1
);
```

数据表"用户注册信息"创建完成时，【命令提示符】窗口会显示"Query OK, 0 rows affected (1.05 sec)"提示信息。

【任务 4-2】使用 Create Table 语句创建包含外键约束的主从数据表

【任务描述】

在数据库"MallDB"中创建两张数据表"出版社信息 2"和"图书信息 2","出版社信息 2"数据表的结构数据如表 4-5 所示,"图书信息 2"数据表的结构数据如表 4-6 所示。

表 4-5 "出版社信息 2"数据表的结构数据

字段名称	数据类型	字段长度	是否允许包含 Null	约束
出版社 ID	int		否	主键约束、自动编号的标识列
出版社名称	varchar	16	否	唯一约束
出版社简称	varchar	6	是	唯一约束
出版社地址	varchar	50	是	
邮政编码	char	6	是	

表 4-6 "图书信息 2"数据表的结构数据

字段名称	数据类型	字段长度	是否允许包含 Null	约束
商品编号	varchar	12	否	主键约束
图书名称	varchar	100	否	
商品类型	varchar	9	否	
价格	decimal	8,2	否	
出版社	int		否	外键约束
ISBN	varchar	20	否	
作者	varchar	30	是	
版次	smallint		否	
出版日期	date		是	
封面图片	varchar	50	是	
图书简介	text		是	

【任务实施】

首先打开 Windows 操作系统下的【命令提示符】窗口,登录 MySQL 数据库服务器,然后选择数据库"MallDB"。

创建包含外键约束的主从数据表的 SQL 语句如下所示:

```
01   Create Table 出版社信息 2
02   (
03    出版社 ID  int Primary Key Auto_Increment Not Null,
04    出版社名称 varchar(16) Unique Not Null,
05    出版社简称 varchar(6) Unique Null,
06    出版社地址 varchar(50) Null,
07    邮政编码    char(6) Null
08   );
09   Create Table 图书信息 2
10   (
11    商品编号 varchar(12) Primary Key Not Null ,
12    图书名称 varchar(100) Not Null ,
13    商品类型 varchar(9) Not Null ,
14    价格 decimal(8,2) Not Null ,
```

```
15        出版社  int Not Null ,
16        Constraint FK_图书_出版社  Foreign Key(出版社) References  出版社信息 2(出版社 ID) ,
17        ISBN varchar(20) Not Null ,
18        作者 varchar(30) Null ,
19        版次  smallint Not Null ,
20        出版日期  date Null ,
21        封面图片  varchar(50) Null ,
22        图书简介  text Null
23     );
```

在表 4-7 所示的创建包含外键约束的主从数据表的 SQL 语句中，第 16 行使用 Constraint 关键字为外键约束命名。"图书信息 2"数据表（从表）中的"出版社"字段依赖于"出版社信息 2"数据表（主表）中的"出版社 ID"字段，所以在创建数据表时，要先创建"出版社信息 2"主表，然后创建"图书信息 2"从表。

数据表"出版社信息 2"创建完成时，【命令提示符】窗口会显示"Query OK, 0 rows affected (0.18 sec)"提示信息。

数据表"图书信息 2"创建完成时，【命令提示符】窗口会显示"Query OK, 0 rows affected (0.22 sec)"提示信息。

本任务完成后，在命令提示符"mysql>"后面输入语句"Show Tables；"，按【Enter】键后可以看到成功创建的各张数据表，如图 4-1 所示。

```
+------------------+
| Tables_in_malldb |
+------------------+
| 出版社信息        |
| 出版社信息2       |
| 商品信息          |
| 商品类型          |
| 图书信息          |
| 图书信息2         |
| 客户信息          |
| 用户信息          |
| 用户注册信息      |
| 用户类型          |
| 订单信息          |
| 订购商品          |
+------------------+
```

图 4-1 新创建的 4 张包含约束的数据表

【任务 4-3】查看定义了约束的数据表结构

【任务描述】

（1）使用 Describe 语句查看"用户类型"数据表的结构数据。

（2）使用 Describe 语句查看"用户注册信息"数据表中"用户 ID"字段的结构数据。

（3）使用 Show Create Table 语句查看创建数据表"图书信息 2"的 Create Table 语句。

【任务实施】

首先打开 Windows 操作系统下的【命令提示符】窗口，登录 MySQL 数据库服务器，然后选择数据库"MallDB"。

1. 使用 Describe 语句查看"用户类型"数据表的结构数据

使用 Describe 语句查看"用户类型"数据表的结构数据的代码如下：

```
Describe 用户类型；
```

执行结果如图 4-2 所示。

```
+-----------------+------------+------+-----+---------+-------+
| Field           | Type       | Null | Key | Default | Extra |
+-----------------+------------+------+-----+---------+-------+
| 用户类型ID      | int        | NO   | PRI | NULL    |       |
| 用户类型名称    | varchar(6) | NO   | UNI | NULL    |       |
| 用户类型说明    | varchar(50)| YES  |     | NULL    |       |
+-----------------+------------+------+-----+---------+-------+
```

图 4-2 查看"用户类型"数据表的结构数据的执行结果

图 4-2 中各个列名含义分别解释如下。

（1）Field：字段名称。

（2）Type：数据类型及长度。

（3）Null：对应字段是否可以存储 Null。

（4）Key：对应字段是否已设置约束。PRI 表示设置了主键约束，UNI 表示设置了唯一约束，MUL 表示允许给定值出现多次。

（5）Default：对应字段是否有默认值，NULL 表示没有设置默认值。如果有默认值则显示其值。

（6）Extra：相关的附加信息，例如 Auto_Increment 等。

2. 使用 Describe 语句查看"用户注册信息"数据表中"用户 ID"字段的结构数据

使用 Describe 语句查看"用户注册信息"数据表中"用户 ID"字段的结构数据的代码如下：

Describe 用户注册信息 用户ID ;

执行结果如图 4-3 所示。

```
+--------+------+------+-----+---------+-------+
| Field  | Type | Null | Key | Default | Extra |
+--------+------+------+-----+---------+-------+
| 用户ID | int  | NO   | PRI | NULL    |       |
+--------+------+------+-----+---------+-------+
```

图 4-3 查看"用户注册信息"数据表中"用户 ID"字段的结构数据的执行结果

3. 使用 Show Create Table 语句查看创建数据表"图书信息 2"的 Create Table 语句

使用 Show Create Table 语句查看创建数据表"图书信息 2"的 Create Table 语句的代码如下：

Show Create Table 图书信息 2 ;

执行结果中对应的 Create Table 语句如下所示：

```
CREATE TABLE '图书信息2' (
  '商品编号' varchar(12) NOT NULL,
  '图书名称' varchar(100) NOT NULL,
  '商品类型' varchar(9) NOT NULL,
  '价格' decimal(8,2) NOT NULL,
  '出版社' int NOT NULL,
  'ISBN' varchar(20) NOT NULL,
  '作者' varchar(30) DEFAULT NULL,
  '版次' smallint NOT NULL,
  '出版日期' date DEFAULT NULL,
  '封面图片' varchar(50) DEFAULT NULL,
  '图书简介' text,
  PRIMARY KEY ('商品编号'),
  KEY 'FK_图书_出版社' ('出版社'),
  CONSTRAINT 'FK_图书_出版社' FOREIGN KEY ('出版社')
                          REFERENCES '出版社信息2' ('出版社ID')
) ENGINE=InnoDB DEFAULT CHARSET=utf8
```

4.2 修改数据表时设置其约束

数据表创建完成后，还可以根据实际需要对数据表进行修改，例如修改数据表名称、字段名称、数据类型、约束等。本节介绍在修改数据表时设置约束的方法。

【任务 4-4】使用 Navicat 图形管理工具设置数据表的约束

【任务描述】

在 Navicat for MySQL 中对"图书信息"数据表完成以下约束设置。

（1）设置字段"商品编号"为主键。

（2）设置字段"作者"不能为空。

（3）设置字段"版次"的默认值为1。

（4）设置字段"出版社 ID"为外键，相关联的数据表为"出版社信息"，设置该表的主键为"出版社 ID"。

微课 4-1

使用 Navicat 图形管理工具设置数据表的约束

【任务实施】

首先启动图形管理工具 Navicat for MySQL，打开连接"MallConn"，打开数据库"MallDB"。然后打开数据表"图书信息"的【表设计器】，在该【表设计器】中对"图书信息"数据表完成以下各项操作。

1. 设置主键约束

在【表设计器】中，单击字段"商品编号"，然后单击【主键】按钮即可将该字段设置为主键。

> **说明** 如果已有设置了主键的字段，需要删除主键约束，可以先单击该主键字段，然后再一次单击【主键】按钮。

2. 设置非空约束

在"作者"行"不是 null"列对应的单元格勾选复选框即可。

3. 设置默认值约束

在【表设计器】中，单击字段"版次"，然后在下方的"默认"文本框中输入"1"即可。

以上 3 项数据表约束设置完成后的结果如图 4-4 所示。

图 4-4　数据表约束的前 3 项设置完成后的结果

在【表设计器】工具栏中单击【保存】按钮保存以上各项约束的设置。

4. 设置外键约束

在【表设计器】中，切换到【外键】选项卡，在"名"文本框中输入"FK_图书_出版社"，在"字段"文本框中单击按钮┈，在弹出的字段选择列表中选择"出版社 ID"，然后单击【确定】按钮，如图4-5 所示。

在"被引用的模式"列表中选择"MallDB"，在"被引用的表（父）"列表中选择主表"出版社信息"，在"被引用的字段"文本框中单击按钮┈，在弹出的字段选择列表中选择"出版社 ID"，然后单击【确定】按钮。

在"删除时"文本框中单击按钮▽，在下拉列表中选择"RESTRICT"选项，如图4-6 所示。同时在"更新时"下拉列表中也选择"RESTRICT"选项。

图4-5　在从表字段选择列表中选择"出版社 ID"　　　　图4-6　在"删除时"下拉列表中选择"RESTRICT"选项

说明　**图4-6 所示的列表框中各个选项的含义如下。**

（1）RESTRICT：立即检查外键约束，如果从表中有匹配的记录，则不允许对主表对应候选键进行更新（Update）或删除（Delete）操作。

（2）NO ACTION：同 RESTRICT，立即检查外键约束，如果从表中有匹配的记录，则不允许对主表对应候选键进行 Update 或 Delete 操作。

（3）CASCADE：在主表上更新或删除记录时，同步更新或删除从表的匹配记录。

（4）SET NULL：在主表上更新或删除记录时，将从表上匹配记录的字段值设置为 Null，要注意子表的外键列不能为 Not Null。

还有一种 SET DEFAULT 方式，表示主表有变更时，从表将外键列设置成一个默认的值，但InnoDB存储引擎不能识别这种方式。

在【表设计器】中定义外键的结果如图 4-7 所示。

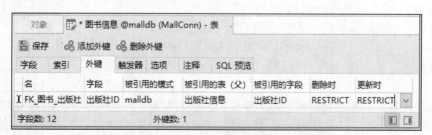

图4-7　在【表设计器】中定义外键的结果

切换到【SQL 预览】选项卡，查看定义外键约束对应的 SQL 语句，具体如下：

ALTER TABLE 'malldb'.'出版社信息'ADD INDEX('出版社 ID');
ALTER TABLE 'malldb'.'图书信息'
ADD CONSTRAINT 'FK_图书_出版社' FOREIGN KEY ('出版社 ID')
REFERENCES 'malldb'.'出版社信息' ('出版社 ID')
ON DELETE RESTRICT ON UPDATE RESTRICT;

在【表设计器】工具栏中单击【保存】按钮保存外键约束的设置。此时外键约束创建完成，切换到【索引】选项卡，可以查看相关索引内容，如图 4-8 所示。

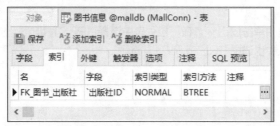

图 4-8 在【索引】选项卡查看与创建的外键约束相关的索引内容

【任务 4-5】使用命令提示符语句的方式修改数据表与设置其约束

1. 修改数据表时添加主键约束

主键约束不仅可以在创建数据表的同时创建，也可以在修改数据表时添加。需要注意的是，设置成主键约束的字段中不允许出现空值。

在修改数据表时给表的单一字段添加主键约束的语法格式如下：

Alter Table <数据表名称> Add Constraint <约束名称> Primary Key(<字段名称>) ;

在修改数据表时，添加由多个字段组成的组合主键约束的语法格式如下：

Alter Table <数据表名称> Add Constraint <主键约束名称>
Primary Key(<字段名称 1> , <字段名称 2> , … , <字段名称 n>) ;

微课 4-2

使用命令提示符语句
的方式修改数据表与
设置其约束

> **说 明** 通常情况下，在修改数据表并且要设置数据表中的某一个字段为主键约束时，要确保设置成主键约束的这个字段的值是不能有重复的，并且要保证是非空的。如果设置由数据表中多个字段组成的组合主键，单个字段的值可以重复，但组合值必须唯一。否则，是无法设置的主键约束的。

2. 修改数据表时添加外键约束

外键约束也可以在修改数据表时添加，但是添加外键约束的前提是设置为外键约束的字段中的数据必须与引用的主键表中的字段一致或者该字段中没有数据。

修改数据表时添加外键约束的语法格式如下：

Alter Table <数据表名称> Add Constraint < 外键约束名称 >
Foreign Key(<外键约束的字段名称>)
References <主数据表名称>(<主表的主键字段名称>) ;

> **注意** 在为已经创建好的数据表添加外键约束时，要确保添加为外键的字段值全部来源于主键字段值，并且外键字段不能为空。在为数据表创建外键约束时，主表与从表必须创建相应的主键约束，否则在创建外键约束的过程中会出现警告信息。

3. 修改数据表时添加默认值约束

默认值约束除了可以在创建数据表时添加，也可以在修改数据表时添加。修改数据表时添加默认值约束的语法格式如下：

Alter Table　<数据表名称> Alter <设置默认值的字段名称>　Set Default　<默认值>；

如果默认值为字符类型，则需要为该值加上半角单引号。

4. 修改数据表时添加非空约束

如果在创建数据表时没有为字段设置非空约束，可以通过修改数据表进行非空约束的添加。修改数据表时为表设置非空约束的语法格式如下：

Alter Table <数据表名称> Modify <设置非空约束的字段名称> <数据类型> Not Null；

如果不指定字段的数据类型，则使用定义数据表时指定的数据类型。

5. 修改数据表时添加检查约束

可以通过修改数据表的方式为数据表添加检查约束，具体语法格式如下：

Alter Table　<数据表名称>　Add Constraint <检查约束名称> Check(表达式)；

6. 修改数据表添加唯一约束

对于已创建好的数据表，可以通过修改数据表来添加唯一约束。具体语法格式如下：

Alter Table <数据表名称> Add [Constraint　<唯一约束名称>] Unique(<字段名称>)；

在数据表已经存在的前提下，为多个字段添加共同的唯一约束的语法格式如下：

Alter Table　<数据表名称>　Add [Constraint　<唯一约束名称>]
Unique(<字段名称 1>，<字段名称 2> …)；

如果省略"Constraint　<唯一约束名称>"，则在创建唯一约束时，MySQL 会为添加的约束自动生成一个名称。

7. 修改数据表添加自增属性

对于已创建好的数据表，可以通过修改数据表来添加自增属性。具体语法格式如下：

Alter Table <数据表名称> Change　<自增属性的字段名称>
<字段名称> <数据类型>　Unsigned　Auto_Increment；

【任务描述】

（1）根据表 4-7 所示的"商品类型"数据表的结构数据，使用命令行语句的方式对"商品类型"数据表的结构进行修改，同时设置相应的约束。

表 4-7　"商品类型"数据表的结构数据

字段名称	数据类型	字段长度	是否允许包含 Null	约束
类型编号	varchar	9	否	主键约束
类型名称	varchar	10	否	唯一约束
父类编号	varchar	7	否	无

（2）将数据表"商品信息"中的字段"商品编号"设置为主键约束，将字段"商品类型"设置为外键约束，设置相关联的主数据表为"商品类型"，并设关联字段为"类型编号"。

"商品信息"数据表的结构数据如表 4-8 所示。

表 4-8　"商品信息"数据表的结构数据

字段名称	数据类型	字段长度	是否允许包含 Null	约束
商品编号	varchar	12	否	主键约束
商品名称	varchar	100	否	
商品类型	varchar	9	否	外键约束
价格	decimal	8,2	否	
品牌	varchar	15	是	

（3）根据表 4-9 所示的"订单信息"数据表的结构数据，使用命令行语句的方式对"订单信息"数据表的结构进行修改，同时设置相应的约束。

表 4-9 "订单信息"数据表的结构数据

字段名称	数据类型	字段长度	是否允许包含 Null	约束
订单编号	char	12	否	主键约束
提交订单时间	datatime		否	检查约束（≥当前日期）
订单完成时间	datatime		否	检查约束（>当前日期）
送货方式	varchar	10	否	默认值约束（京东快递）
客户姓名	varchar	20	否	
收货人	varchar	20	否	
付款方式	varchar	8	否	默认值约束（在线支付）
商品总额	decimal	10,2	否	
运费	decimal	8,2	否	
优惠金额	decimal	10,2	否	
应付总额	decimal	10,2	否	检查约束（≤商品总额+运费）
订单状态	varchar	8	是	

（4）根据表 4-10 所示的"订购商品"数据表的结构数据，使用命令行语句的方式对"订购商品"数据表的结构进行修改，同时设置相应的约束。

表 4-10 "订购商品"数据表的结构数据

字段名称	数据类型	字段长度	是否允许包含 Null	约束
订单编号	char	12	否	组合主键
商品编号	varchar	12	否	
购买数量	smallint		否	
优惠价格	decimal	8,2	否	
优惠金额	decimal	10,2	是	检查约束（<购买数量×优惠价格）

（5）根据表 4-11 所示的"用户注册信息"数据表的结构数据，使用命令行语句的方式对"用户注册信息"数据表的结构进行修改，同时设置相应的约束。

表 4-11 "用户注册信息"数据表的结构数据

字段名称	数据类型	字段长度	是否允许包含 Null	约束
用户 ID	int		否	自动编号的标识列
用户编号	varchar	6	否	
用户名称	varchar	20	否	
密码	varchar	15	否	
权限等级	char	1	否	
手机号码	varchar	20	否	
用户类型	int		否	

【任务实施】

1. 在修改"商品类型"数据表时设置约束

修改"商品类型"数据表的结构数据的语句如下：

```
Alter Table 商品类型 Add Constraint PK_商品类型 Primary Key(类型编号)；
Alter Table 商品类型 Modify 类型名称 varchar(10) Unique；
```

此时的索引名称为对应字段的字段名称，这里为"类型名称"。

说 明 **设置唯一约束也可以写成以下形式：**
Alter Table 商品类型 Add Constraint UQ_商品类型 Unique(类型名称);
此时的索引名称为"UQ_商品类型"。

数据表"商品类型"的约束修改完成后，可以使用 Desc 语句查看"商品类型"数据表修改后的结构数据，结果如图 4-9 所示。

```
+-----------+-------------+------+-----+---------+-------+
| Field     | Type        | Null | Key | Default | Extra |
+-----------+-------------+------+-----+---------+-------+
| 类型编号   | varchar(9)  | NO   | PRI | NULL    |       |
| 类型名称   | varchar(10) | NO   | UNI | NULL    |       |
| 父类编号   | varchar(7)  | NO   |     | NULL    |       |
+-----------+-------------+------+-----+---------+-------+
```

图 4-9　数据表"商品类型"修改后的结构数据

2. 在修改"商品信息"数据表时设置约束

设置数据表"商品信息"约束的语句如下：

Alter Table 商品信息 Add Constraint PK_商品信息 Primary Key(商品编号) ;
Alter Table 商品信息 Add Constraint FK_商品信息_商品类型
　　　　　Foreign Key(商品类型)　References 商品类型(类型编号) ;

数据表"商品信息"中的外键约束创建完成后，使用"Show Create Table 商品信息 ；"语句可以看到数据表"商品信息"的外键约束，执行结果中对应的 Create Table 语句如下所示：

```
CREATE TABLE '商品信息' (
  '商品编号' varchar(12) NOT NULL,
  '商品名称' varchar(100) NOT NULL,
  '商品类型' varchar(9) NOT NULL,
  '价格' decimal(8,2) NOT NULL,
  '品牌' varchar(15) DEFAULT NULL,
  PRIMARY KEY ('商品编号'),
  KEY 'FK_商品信息_商品类型' ('商品类型'),
  CONSTRAINT 'FK_商品信息_商品类型' FOREIGN KEY ('商品类型')
                              REFERENCES '商品类型' ('类型编号')
) ENGINE=InnoDB DEFAULT CHARSET=utf8
```

3. 在修改"订单信息"数据表时设置约束

修改"订单信息"数据表的结构数据的语句如下：

Alter Table 订单信息 Modify 订单编号 char(12) Not Null ,
　　　　　　Add Constraint PK_订单信息 Primary Key(订单编号) ;
Alter Table 订单信息 Alter 送货方式 Set Default "京东快递";
Alter Table 订单信息 Alter 付款方式 Set Default "在线支付";
Alter Table 订单信息 Modify 订单状态 varchar(8) Not Null ;
Alter Table 订单信息 Alter 订单状态 Set Default "正在处理";
Alter Table 订单信息 Add Constraint CHK_提交时间
　　　　　　Check(提交订单时间>=SysDate()) ;
Alter Table 订单信息 Add Constraint CHK_完成时间
　　　　　　Check(订单完成时间> SysDate()) ;

Alter Table 订单信息 Add Constraint CHK_应付总额
      Check(应付总额<=商品总额+运费)；

数据表"订单信息"的约束设置完成后，使用 Show Create Table 语句查看修改数据表"订单信息"的 Create Table 语句的代码如下：

Show Create Table 订单信息；

执行结果中对应的 Create Table 语句如下所示：

```
CREATE TABLE '订单信息' (
  '订单编号' char(12) NOT NULL,
  '提交订单时间' datetime NOT NULL,
  '订单完成时间' datetime NOT NULL,
  '送货方式' varchar(10) NOT NULL DEFAULT '京东快递',
  '客户姓名' varchar(20) NOT NULL,
  '收货人' varchar(20) NOT NULL,
  '付款方式' varchar(8) NOT NULL DEFAULT '在线支付',
  '商品总额' decimal(10,2) NOT NULL,
  '运费' decimal(8,2) NOT NULL,
  '优惠金额' decimal(10,2) NOT NULL,
  '应付总额' decimal(10,2) NOT NULL,
  '订单状态' varchar(8) NOT NULL DEFAULT '正在处理',
  PRIMARY KEY ('订单编号'),
  CONSTRAINT 'CHK_完成时间' CHECK (('订单完成时间' > sysdate())),
  CONSTRAINT 'CHK_应付额' CHECK (('应付总额' <= '商品总额+运费')),
  CONSTRAINT 'CHK_提交时间' CHECK (('提交订单时间' >= sysdate()))
) ENGINE=InnoDB DEFAULT CHARSET=utf8
```

4. 在修改"订购商品"数据表时设置约束

修改"订购商品"数据表的结构数据的语句如下：

Alter Table 订购商品 Add Constraint PK_订购商品
      Primary Key(订单编号，商品编号)；
Alter Table 订购商品 Add Constraint CHK_优惠金额
      Check(优惠金额<(购买数量*优惠价格))；

数据表"订购商品"的约束设置完成后，使用 Show Create Table 语句查看修改数据表"订单信息"的 Create Table 语句的代码如下：

Show Create Table 订购商品；

执行结果中对应的 Create Table 语句如下所示。

```
CREATE TABLE '订购商品' (
  '订单编号' char(12) NOT NULL,
  '商品编号' varchar(12) NOT NULL,
  '购买数量' smallint NOT NULL,
  '优惠价格' decimal(8,2) NOT NULL,
  '优惠金额' decimal(10,2) DEFAULT NULL,
  PRIMARY KEY ('订单编号','商品编号'),
  CONSTRAINT 'CHK_优惠金额' CHECK (('优惠金额' < ('购买数量' * '优惠价格')))
) ENGINE=InnoDB DEFAULT CHARSET=utf8
```

还可以使用 Desc 语句查看"订购商品"数据表修改后的结构数据，结果如图 4-10 所示。

```
+-----------+-------------+------+-----+---------+-------+
| Field     | Type        | Null | Key | Default | Extra |
+-----------+-------------+------+-----+---------+-------+
| 订单编号  | char(12)    | NO   | PRI | NULL    |       |
| 商品编号  | varchar(12) | NO   | PRI | NULL    |       |
| 购买数量  | smallint    | NO   |     | NULL    |       |
| 优惠价格  | decimal(8,2)| NO   |     | NULL    |       |
| 优惠金额  | decimal(10,2)| YES |     | NULL    |       |
+-----------+-------------+------+-----+---------+-------+
```

图 4-10 "订购商品"数据表修改后的结构数据

5. 在修改"用户注册信息"数据表时设置约束

修改"用户注册信息"数据表的结构数据的语句如下：

Alter Table 用户注册信息 Change 用户 ID 用户 ID int Unsigned Auto_Increment；

使用 Desc 语句查看"用户注册信息"数据表修改后的结构数据，结果如图 4-11 所示。

```
+-----------+--------------+------+-----+---------+----------------+
| Field     | Type         | Null | Key | Default | Extra          |
+-----------+--------------+------+-----+---------+----------------+
| 用户ID    | int unsigned | NO   | PRI | NULL    | auto_increment |
| 用户编号  | varchar(6)   | NO   | UNI | NULL    |                |
| 用户名称  | varchar(20)  | NO   |     | NULL    |                |
| 密码      | varchar(15)  | NO   |     | NULL    |                |
| 权限等级  | char(1)      | NO   |     | A       |                |
| 手机号码  | varchar(20)  | NO   |     | NULL    |                |
| 用户类型  | int          | NO   |     | 1       |                |
+-----------+--------------+------+-----+---------+----------------+
```

图 4-11 "用户注册信息"数据表修改后的结构数据

4.3 创建与使用索引

在关系数据库中，索引是一种重要的数据对象，能够提高数据的查询效率。使用索引还可以确保列的唯一性，从而保证数据的完整性。

在 MySQL 中，一般在基本表上建立一个或多个索引，从而快速定位数据的存储位置。

1. 索引的含义

如果要在一本书中快速地查找所需的内容，可以利用目录中给出的章节页码，而不是一页一页地查找。数据库中的索引与书中的目录类似，也允许数据库应用程序利用索引迅速找到数据表中特定的数据，而不必扫描整张数据表。在图书中，目录是内容和相应页码的列表清单。在数据库中，索引就是数据表中数据和相应存储位置的列表。

索引表是根据数据表中一个或若干个字段按照一定顺序建立的与源表记录行之间对应的关系表。一个字段上的索引包含了该字段的所有值，和字段值有一一对应的关系。在字段上创建了索引之后，查找数据时可以直接根据该字段上的索引查找对应记录行的位置，从而快速地找到数据。

例如表 4-12 所示的图书信息，在数据页中保存了图书信息，包含商品编号、图书名称、出版社和价格等信息，如果要查找商品编号为"12325352"的图书信息，必须在数据页中逐记录逐字段地查找，查找到第 8 条记录为止。

为了查找方便，可以按照图书的商品编号创建索引表，索引表如表 4-13 所示。索引表中包含了索引码和指针信息。利用索引表，查找到索引码 12325352 的指针值为 8。根据指针值，到数据表中快速找到商品编号为"12325352"的图书信息，而不必逐条查找所有记录，从而提高查找的效率。

在 MySQL 数据库中，可以在数据表中建立一个或多个索引，以提供多种存取路径，快速定位数据的存储位置。

表 4-12　图书信息

序号	商品编号	图书名称	出版社	价格（元）
1	12631631	HTML5+CSS3 网页设计与制作实战	人民邮电出版社	47.10
2	12303883	MySQL 数据库技术与项目应用教程	人民邮电出版社	35.50
3	12634931	Python 数据分析基础教程	人民邮电出版社	39.30
4	12528944	PPT 设计从入门到精通	人民邮电出版社	79.00
5	12563157	给 Python 点颜色 青少年学编程	人民邮电出版社	59.80
6	12520987	乐学 Python 编程–做个游戏很简单	清华大学出版社	69.80
7	12366901	教学设计、实施的诊断与优化	电子工业出版社	48.80
8	12325352	Python 程序设计	高等教育出版社	39.60

表 4-13　商品编号索引表

索引码	指针
12634931	3
12303883	2
12325352	8
12528944	4
12563157	5
12520987	6
12631631	1
12366901	7

2. 索引的作用

索引是建立在数据表字段上的数据库对象，在一张数据表中可以给一个字段或多个字段设置索引。如果在查询数据时，使用设置了索引的字段作为检索字段，就会大大提高数据的查询速度。数据库中建立索引的作用主要体现在以下几个方面。

（1）在数据库中合理地使用索引可以提高查询数据的速度。

（2）创建唯一索引，可以保证数据库的数据表中每一条记录的数据唯一性。

（3）实现数据的参照完整性，可以加速数据表之间的连接。

（4）在分组和排序子句进行数据查询时，可以减少查询中分组与排序的时间。

（5）可以在检索数据的过程中使用隐藏器，提升系统的安全性能。

3. 索引的类型

MySQL 中主要的索引类型有以下几种。

（1）普通索引（Index）。

普通索引是最基本的索引类型，该类索引没有唯一性限制，也就是索引字段允许存在重复值和空值，其作用是加快对数据的访问。创建普通索引的关键字是 Index。

（2）唯一索引（Unique）。

唯一索引的字段值要求唯一，不能出现重复值，但允许出现空值。创建唯一索引的关键字是 Unique。

（3）主键索引（Primary Key）。

主键索引是专门为主键字段创建的索引，是一种特殊的唯一索引，不允许出现空值，每张数据表只能有一个主键。创建主键索引时使用"Primary Key"关键字。

（4）全文索引（Fulltext）。

MySQL 支持全文索引，在定义索引的字段上支持值的全文查询，允许在这些索引字段中插入重复值和空值。全文索引只能在 Varchar、Char 或 Text 类型的字段上创建。它可以通过 Create Table 语句创建，也可以通过 Alter Table 或 Create Index 语句创建。MySQL 中只有 MyISAM 存储引擎支持全文索引，全文索引类型用 Fulltext 表示。

由于索引是作用在字段上的，因此，索引可以由单个字段组成，也可以由多个字段组成。单个字段组成的索引称为单字段索引，多个字段组成的索引称为组合索引。

（5）空间索引（Spatial）。

空间索引是对空间数据类型的字段建立的索引，MySQL 使用 Spatial 关键字进行扩展，使得能够用与创建正规索引类似的语法创建空间索引。创建空间索引的字段必须声明为 Not Null，空间索引只能在存储引擎为 MyISAM 的数据表中创建。

4. 创建索引的方法

（1）创建数据表时创建索引。

可以在创建数据表时直接创建索引，这种方式最方便，语法格式如下：

```
Create Table <数据表名称>
(
        <字段名称> <数据类型> [ <完整性约束条件> ],
        …
        [ Unique | Fulltext | Spatial ]
        Index | Key [ <索引名称> ] ( <字段名称> [<长度 n>] [ Asc | Desc ] )
);
```

（2）在已经存在的数据表上创建索引。

在已经存在的数据表上，可以直接在数据表的一个或几个字段上创建索引，语法格式如下：

```
Create [ Unique | Fulltext | Spatial ] Index <索引名称>
        On  <数据表名称>( <字段名称> [<长度 n>] [ Asc | Desc ] );
```

（3）使用 Alter Table 语句创建索引。

在已经存在的数据表上，可以使用 Alter Table 语句直接在数据表的一个或几个字段上创建索引，语法格式如下：

```
Alter Table <数据表名称>   Add [ Unique | Fulltext | Spatial ]
        Index <索引名称>( <字段名称> [<长度 n>] [ Asc | Desc ] );
```

各个参数说明如下。

① Unique 表示创建的是唯一索引，Fulltext 表示创建的是全文索引，Spatial 表示创建的是空间索引。

② 索引名称必须符合 MySQL 的标识符命名规范，一张数据表中的索引名称必须是唯一的。索引名称为可选项，如果不显式地指定索引名称，MySQL 默认字段名称为索引名称。

③ 字段名称表示创建索引的字段，长度 n 表示使用字段的前 n 个字符创建索引，这可使索引文件大大减小，从而节省磁盘空间。只有字符串类型的字段才能指定索引长度，Text 和 Blob 字段必须使用前缀索引。

④ Asc 表示索引按升序排列， Desc 表示索引按降序排列，默认为 Asc。

⑤ 可以在一个索引的定义上包含多个字段，这些字段之间使用半角逗号"，"分隔，但它们需要属于同一张数据表。

⑥ Index 和 Key 的作用相同，都用来指定创建索引。

5. 查看索引的方法

索引创建完成后，可以使用 SQL 语句查看已经存在的索引，查看索引的语句的语法格式如下：

```
Show Index From <数据表名称>;
```

使用"Show Create Table <数据表名称>；"语句也可以查看数据表中是否存在索引。

【任务 4-6】创建数据表的同时创建索引

【任务描述】

（1）创建"客户信息 2"数据表，该表的结构数据如表 4-14 所示，记录数据如表 4-15 所示，并在该数据表的"客户 ID"字段上创建主键，在"客户姓名"字段上创建唯一索引。

表 4-14 "客户信息 2"数据表的结构数据

字段名称	数据类型	字段长度	是否允许 Null
客户 ID	int		否
客户姓名	varchar	20	否
地址	varchar	50	是
联系电话	varchar	20	否
邮政编码	char	6	是

表 4-15 "客户信息 2" 的记录数据

客户 ID	客户姓名	地址	联系电话	邮政编码
1	蒋鹏飞	湖南浏阳长沙生物医药产业基地	83285001	410311
2	谭琳	湖南郴州苏仙区高期贝尔工业园	82666666	413000
3	赵梦仙	湖南长沙经济技术开发区东三路 5 号	84932856	410100
4	彭运泽	长沙经济技术开发区贺龙体校路 27 号	58295215	411100
5	高首	湖南省长沙市青竹湖大道 399 号	88239060	410152
6	文云	益阳高新区迎宾西路	82269226	413000
7	陈芳	长沙市芙蓉区嘉雨路 187 号	82282200	410001
8	廖时才	株洲市天元区黄河南路 199 号	22837219	412007

（2）使用 Show Index 语句查看"客户信息 2"数据表中的索引。

（3）使用 Show Create Table 语句查看"客户信息 2"数据表中的索引。

【任务实施】

1. 在创建"客户信息 2"数据表的同时创建索引

创建"客户信息 2"数据表的语句如下：

```
Create Table '客户信息 2' (
    '客户 ID' int Primary Key NOT NULL,
    '客户姓名' varchar(20) Unique NOT NULL,
    '地址' varchar(50) Default NULL,
    '联系电话' varchar(20) NOT NULL,
    '邮政编码' char(6) Default NULL
);
```

2. 使用 Show Index 语句查看"客户信息 2"数据表中的索引

查看"客户信息 2"数据表中的索引的语句如下：

```
Show Index From 客户信息 2;
```

查看"客户信息 2"数据表中已经存在的索引结果的前 7 列数据如图 4-12 所示。

```
+-----------+------------+-----------+--------------+-------------+-----------+-------------+
| Table     | Non_unique | Key_name  | Seq_in_index | Column_name | Collation | Cardinality |
+-----------+------------+-----------+--------------+-------------+-----------+-------------+
| 客户信息2  |          0 | PRIMARY   |            1 | 客户ID       | A         |           6 |
| 客户信息2  |          0 | 客户姓名   |            1 | 客户姓名      | A         |           7 |
+-----------+------------+-----------+--------------+-------------+-----------+-------------+
```

图 4-12 查看"客户信息 2"数据表中已经存在的索引结果的前 7 列数据

图 4-12 所示的前 7 列数据所表示的含义如下。

（1）Table：数据表的名称。

（2）Non_unique：如果索引允许包含重复值，则为 1；如果不允许包含重复值，则为 0。

（3）Key_name：索引名称。

（4）Seq_in_index：索引中的字段序号。

（5）Column_name：索引所在的字段名称。

（6）Collation：索引的排序规则。A 表示升序，D 表示降序。

（7）Cardinality：索引中唯一值的数目估算值。

3. 使用 Show Create Table 语句查看"客户信息 2"数据表中的索引

查看"客户信息 2"数据表中的索引的语句如下：

```
Show Create Table 客户信息 2;
```

结果如下所示:

```
CREATE TABLE '客户信息 2' (
  '客户 ID' int NOT NULL,
  '客户姓名' varchar(20) NOT NULL,
  '地址' varchar(50) DEFAULT NULL,
  '联系电话' varchar(20) NOT NULL,
  '邮政编码' char(6) DEFAULT NULL,
  PRIMARY KEY ('客户 ID'),
  UNIQUE KEY '客户姓名' ('客户姓名')
) ENGINE=InnoDB DEFAULT CHARSET=utf8
```

【任务 4-7】在已经存在的数据表中创建索引

【任务描述】

使用 Create Index 语句在"客户信息 2"数据表的"客户姓名"字段上创建普通索引,在"客户 ID"字段上创建唯一索引。

【任务实施】

(1)创建普通索引。

使用 Create Index 语句在"客户信息 2"数据表的"客户姓名"字段上创建普通索引的语句如下:

```
Create Index IX_姓名 On  客户信息 2( 客户姓名(20) Asc );
```

(2)创建唯一索引。

使用 Create Index 语句在"客户信息 2"数据表的"客户 ID"字段上创建唯一索引的语句如下:

```
Create Unique Index IX_客户 ID On  客户信息 2( 客户 ID Desc );
```

(3)查看创建的索引。

使用 "Show Index From 客户信息 2;" 语句查看"客户信息 2"数据表中的索引。再一次查看"客户信息 2"数据表中当前存在的索引结果的前 7 列数据如图 4-13 所示。

Table	Non_unique	Key_name	Seq_in_index	Column_name	Collation	Cardinality
客户信息2	0	PRIMARY	1	客户ID	A	6
客户信息2	0	客户姓名	1	客户姓名	A	7
客户信息2	0	IX_客户ID	1	客户ID	D	8
客户信息2	1	IX_姓名	1	客户姓名	A	8

图 4-13 再一次查看"客户信息 2"数据表中当前存在的索引结果的前 7 列数据

【任务 4-8】使用 Alter Table 语句创建索引

【任务描述】

使用 Alter Table 语句在"客户信息"数据表的"客户 ID"字段上创建主键索引,在"客户姓名"字段上创建唯一索引。

【任务实施】

(1)创建主键索引。

使用 Alter Table 语句在"客户信息"数据表的"客户 ID"字段上创建主键索引的语句如下:

```
Alter Table  客户信息  Add Primary Key (客户 ID) ;
```

（2）创建唯一索引。

使用 Alter Table 语句在"客户姓名"字段上创建唯一索引的语句如下：

Alter Table 客户信息 Add Unique Index IX_姓名(客户姓名(20))；

（3）查看创建的索引。

使用"Show Index From 客户信息；"语句查看"客户信息"数据表中的索引。查看"客户信息"数据表中当前存在的索引结果的前 7 列数据如图 4-14 所示。

```
+-----------+------------+----------+--------------+-------------+-----------+-------------+
| Table     | Non_unique | Key_name | Seq_in_index | Column_name | Collation | Cardinality |
+-----------+------------+----------+--------------+-------------+-----------+-------------+
| 客户信息  |          0 | PRIMARY  |            1 | 客户ID      | A         |           0 |
| 客户信息  |          0 | IX_姓名  |            1 | 客户姓名    | A         |           8 |
+-----------+------------+----------+--------------+-------------+-----------+-------------+
```

图 4-14　查看"客户信息"数据表中当前存在的索引结果的前 7 列数据

4.4　删除数据表的约束和索引

1. 删除主键约束

删除主键约束的语法格式如下：

Alter Table <数据表名称> Drop Primary Key；

由于主键约束在一张数据表中只能有一个，因此不需要指定主键名就可以删除一张数据表中的主键约束。

2. 删除外键约束

删除外键约束的语法格式如下：

Alter Table　<从表名称>　Drop Foreign Key　<外键约束名称>；

3. 删除默认值约束

删除默认值约束的语法格式如下：

Alter Table　<数据表名称>　Alter　<要删除默认值的字段名称>　Drop Default；

4. 删除非空约束

在 MySQL 中，非空约束是不能删除的，但是可以将设置成 Not Null 的字段修改为 Null，实际上也相当于对该字段取消了非空约束。

其语法格式如下：

Alter Table <数据表名称> Modify <设置非空约束的字段名称> <数据类型>；

5. 删除检查约束

删除检查约束的语法格式如下：

Alter Table <数据表名称> Drop Check <约束名称>；

6. 删除唯一约束

唯一约束创建后，系统会默认将其保存到索引中。因此，删除唯一约束就是删除唯一索引。在删除索引之前，必须知道索引的名称。如果不知道索引的名称，可以通过"Show Index From <数据表名称>；"语句查看并获取索引名。

修改数据表的结构时可以删除唯一约束，具体语法格式如下：

Alter Table <数据表名称> Drop [Index | Key] <唯一约束名称>；

也可单独删除唯一约束，具体语法格式如下：

Drop Index　<唯一约束名称>　On　<数据表名称>；

7. 删除数据表中的自增属性

删除数据表中的自增属性的语法格式如下：

> Alter Table <数据表名称> Change　<自增属性的字段名称>
> 　　　　　　<字段名称> <数据类型>　Unsigned Not Null；

8．删除数据表中的索引

删除数据表中的索引可以使用 Drop 语句，也可以使用 Alter 语句。

（1）使用 Drop 语句删除索引的语法格式如下：

> Drop Index <索引名称> On <数据表名称>；

（2）使用 Alter 语句删除索引的语法格式如下：

> Alter Table <数据表名称> Drop Index <索引名称>；

【任务 4-9】使用命令行语句的方式删除数据表中的约束

【任务描述】

（1）使用 Desc 语句查看数据表"商品类型"的结构数据。

（2）删除"商品类型"数据表中的唯一约束。

（3）使用 Desc 语句查看数据表"订单信息"的结构数据。

（4）删除"订单信息"数据表中的主键约束。

（5）删除"订单信息"数据表中的默认值约束。

（6）删除"订单信息"数据表中的检查约束。

（7）删除"商品信息"数据表中的外键约束"FK_商品信息_商品类型"。

（8）删除"商品类型"数据表中的主键约束。

（9）删除"用户注册信息"数据表中"用户 ID"字段的自增属性。

（10）使用 Show Create Table 语句查看"订单信息"数据表中的约束。

【任务实施】

（1）使用 Desc 语句查看数据表"商品类型"的结构数据。

查看数据表"商品类型"的结构数据的语句如下：

> Desc 商品类型；

查看结果如图 4-15 所示。

```
+-----------+------------+------+-----+---------+-------+
| Field     | Type       | Null | Key | Default | Extra |
+-----------+------------+------+-----+---------+-------+
| 类型编号  | varchar(9) | NO   | PRI | NULL    |       |
| 类型名称  | varchar(10)| NO   | UNI | NULL    |       |
| 父类编号  | varchar(7) | NO   |     | NULL    |       |
+-----------+------------+------+-----+---------+-------+
```

图 4-15　数据表"商品类型"结构数据的查看结果

（2）删除数据表"商品类型"中的唯一约束。

删除数据表"商品类型"中的唯一约束的语句如下：

> Drop Index 类型名称　On　商品类型；

（3）使用 Desc 语句查看数据表"订单信息"的结构数据。

查看数据表"订单信息"的结构数据的语句如下：

> Desc 订单信息；

查看结果如图 4-16 所示。

（4）删除数据表"订单信息"中的主键约束。

删除数据表"订单信息"中的主键约束的语句如下：

> Alter Table 订单信息 Drop Primary Key；

Field	Type	Null	Key	Default	Extra
订单编号	char(12)	NO	PRI	NULL	
提交订单时间	datetime	NO		NULL	
订单完成时间	datetime	NO		NULL	
送货方式	varchar(10)	NO		京东快递	
客户姓名	varchar(20)	NO		NULL	
收货人	varchar(20)	NO		NULL	
付款方式	varchar(8)	NO		在线支付	
商品总额	decimal(10,2)	NO		NULL	
运费	decimal(8,2)	NO		NULL	
优惠金额	decimal(10,2)	NO		NULL	
应付总额	decimal(10,2)	NO		NULL	
订单状态	varchar(8)	NO		正在处理	

图 4-16　数据表"订单信息"结构数据的查看结果

（5）删除数据表"订单信息"中的默认值约束。

删除数据表"订单信息"中的默认值约束的语句如下：

Alter Table 订单信息 Alter 送货方式 Drop Default ；

Alter Table 订单信息 Alter 付款方式 Drop Default ；

Alter Table 订单信息 Alter 订单状态 Drop Default ；

（6）删除数据表"订单信息"中的检查约束。

删除数据表"订单信息"中的检查约束的语句如下：

Alter Table 订单信息 Drop Check CHK_完成时间 ；

Alter Table 订单信息 Drop Check CHK_提交时间 ；

Alter Table 订单信息 Drop Check CHK_应付总额 ；

（7）删除数据表"商品信息"中的外键约束。

删除数据表"商品信息"中的外键约束的语句如下：

Alter Table 商品信息 Drop Foreign Key FK_商品信息_商品类型 ；

（8）删除数据表"商品类型"中的主键约束。

删除数据表"商品类型"中的主键约束的语句如下：

Alter Table 商品类型 Drop Primary Key ；

（9）删除"用户注册信息"数据表中"用户 ID"字段的自增属性。

删除数据表"用户注册信息"中"用户 ID"字段的自增属性的语句如下：

Alter Table 用户注册信息 Change 用户 ID 用户 ID int Unsigned Not Null ；

按【Enter】键执行该语句，即可完成"用户 ID"字段的自增属性的删除操作。

（10）使用 Show Create Table 语句查看"订单信息"数据表中的约束。

查看"订单信息"数据表中约束的语句如下：

Show Create Table 订单信息 ；

查看结果如下所示：

CREATE TABLE '订单信息' (

　'订单 ID' int NOT NULL,

　'订单编号' char(12) NOT NULL,

　'提交订单时间' datetime NOT NULL,

　'订单完成时间' datetime NOT NULL,

　'送货方式' varchar(10) NOT NULL,

　'客户姓名' varchar(20) NOT NULL,

　'收货人' varchar(20) NOT NULL,

　'付款方式' varchar(8) NOT NULL,

　'商品总额' decimal(10,2) NOT NULL,

```
    '运费' decimal(8,2) NOT NULL,
    '优惠金额' decimal(10,2) NOT NULL,
    '应付总额' decimal(10,2) NOT NULL,
    '订单状态' varchar(8) NOT NULL,
    PRIMARY KEY ('订单ID')
) ENGINE=InnoDB DEFAULT CHARSET=utf8
```

【任务 4-10】删除数据表中的索引

【任务描述】
（1）删除"客户信息2"数据表中的索引。
（2）删除"客户信息"数据表中的索引。

【任务实施】
1. 删除"客户信息2"数据表中的索引
（1）使用 Alter Table 语句删除主键约束。
使用 Alter Table 语句删除主键约束的语句如下：

```
Alter Table 客户信息2 Drop Primary Key ;
```

（2）使用 Drop Index 语句删除索引。
使用 Drop Index 语句删除索引的语句如下：

```
Drop Index 客户姓名 On 客户信息2 ;
Drop Index IX_客户ID On 客户信息2 ;
```

（3）使用 Alter Table 语句删除索引。
使用 Alter Table 语句删除索引的语句如下：

```
Alter Table 客户信息2 Drop Index IX_姓名 ;
```

使用"Show Index From 客户信息2 ;"语句查看"客户信息2"数据表中的索引，出现的提示信息为"Empty set (0.00 sec)"，可以发现该数据表已经没有索引存在了。

2. 删除"客户信息"数据表中的索引
（1）使用 Alter Table 语句删除主键约束。
使用 Alter Table 语句删除主键约束的语句如下：

```
Alter Table 客户信息 Drop Primary Key ;
```

（2）使用 Drop Index 语句删除索引。
使用 Drop Index 语句删除索引的语句如下：

```
Drop Index IX_姓名 On 客户信息 ;
```

使用"Show Index From 客户信息 ;"语句查看"客户信息"数据表中的索引，出现的提示信息为"Empty set (0.00 sec)"，可以发现该数据表已经没有索引存在了。

4.5 删除存在外键约束的数据表

【任务 4-11】删除存在外键约束的数据表

在数据表之间存在外键约束的情况下，如果直接删除主表，删除操作会失败。其原因是直接删除主表，将破坏参照完整性。
对于存在外键约束的主表，例如【任务 4-2】中所创建的数据表"出版社信息2"，如果使用"Drop

Table 出版社信息 2；"语句直接删除该主表，会出现如下提示信息：

ERROR 3730 (HY000): Cannot Drop Table '出版社信息 2' referenced by a foreign key constraint 'FK_图书_出版社' On Table '图书信息 2'.

即存在外键约束时，主表不能被直接删除。

对于存在外键约束的数据表，删除主表有以下两种方法。

1. 先删除从表，再删除主表

对于存在外键约束的数据表，如果必须要删除主表，可以先删除与它关联的从表，再删除主表，这样做会同时删除两张数据表中的数据。具体语法格式如下：

Drop Table <数据表名称> ；

2. 单独删除主表，保留从表

对于存在外键约束的数据表，如果要保留从表，只删除主表，只需将从表的外键约束取消，然后删除主表就可以了。

删除从表中的外键约束的语法格式如下：

Alter Table <数据表（从表）名称> Drop Foreign Key <外键约束名称>；

这里的"外键约束名称"是指在定义数据表时 Constraint 关键字后面的参数。

成功删除从表中的外键约束后，从表和主表之间的关联关系将会被解除，此时可以输入删除语句，将原来的主表删除，具体语法格式如下：

Drop Table <主表名称> ；

【任务描述】

【任务 4-2】使用 Create Table 语句创建数据表"图书信息 2"时建立了外键约束，与其相关联的数据表为"出版社信息 2"，关联字段为"出版社 ID"。

（1）删除从表"图书信息 2"，然后删除主表"出版社信息 2"。

（2）单独删除被数据表"图书信息 2"关联的主表"出版社信息 2"。

【任务实施】

1. 删除从表，然后删除主表

（1）删除从表 "图书信息 2"。

删除数据表"图书信息 2"的语句如下：

Drop Table 图书信息 2；

（2）删除被其他表关联的主表"出版社信息 2"。

删除数据表"出版社信息 2"的语句如下：

Drop Table 出版社信息 2；

2. 单独删除主表，保留从表

先使用表 4-7 所示的 SQL 语句重新创建包含外键约束的主表"出版社信息 2"和从表"图书信息 2"。

（1）删除从表"图书信息 2"中的外键约束。

删除数据表"图书信息 2"中外键约束的语句如下：

Alter Table 图书信息 2 Drop Foreign Key FK_图书_出版社 ；

（2）删除主表"出版社信息 2"。

删除数据表"出版社信息 2"的语句如下：

Drop Table 出版社信息 2 ；

使用 Show Tables 语句查看当前数据库中的数据表，可以发现原主表"出版社信息 2"已被删除，当前数据库的数据表列表中不存在数据表"出版社信息 2"，如图 4-17 所示。

图 4-17 删除"出版社信息 2"主数据表后当前数据库的数据列表

课后练习

1．选择题

（1）（　　）语句不能用于创建索引。

　　A．Create Index　　　　　　　　　B．Create Table

　　C．Alter Table　　　　　　　　　　D．Create Database

（2）在 MySQL 中，索引可以提高（　　）操作的效率。

　　A．Insert　　　　　B．Update　　　　C．Delete　　　　D．Select

（3）在 MySQL 中，唯一索引的关键字是（　　）。

　　A．Fulltext　　　　B．Only　　　　　C．Unique　　　　D．Index

（4）下面关于 MySQL 数据表的主键约束的描述正确的是（　　）。

　　A．一张数据表可以有多个主键约束　　B．一张数据表只能有一个主键约束

　　C．主键约束只能由一个字段组成　　　D．以上说法都不对

（5）下面关于 MySQL 数据表中的约束的描述正确的是（　　）。

　　A．Unique 约束字段值可以包含 Null

　　B．数据表数据的完整性使用表约束就足够了

　　C．MySQL 中的主键必须设置自增属性

　　D．以上说法都不对

（6）下面哪一个约束需要涉及两张数据表？（　　）

　　A．外键约束　　　　B．主键约束　　　C．非空约束　　　D．默认值约束

（7）以下关于 MySQL 数据表主键说法中错误的是（　　）。

　　A．一张 MySQL 数据表只能有一个主键字段

　　B．主键字段值可以包含一个空值

　　C．主键字段的值不能有重复值

　　D．删除主键只是删除了指定的主键约束，并没有删除设置了主键的字段

（8）设置 MySQL 数据表默认值约束时，对应字段最好同时具有（　　）约束。

　　A．主键约束　　　　B．外键约束　　　C．非空约束　　　D．唯一约束

（9）创建索引时，ASC 参数表示（　　）。

　　A．升序排列　　　B．降序排列　　　C．单列索引　　　D．多列索引

（10）以下关于索引的删除操作的描述中正确的是（　　）。

　　A．索引一旦创建，不能删除　　　　B．一次只能删除一个索引

    C．一次可以删除多个索引   D．以上都不对

（11）在给已经存在的数据表添加索引时，通常需要在索引名称前添加（　　）关键字。

    A．Unique   B．Fulltext   C．Spatial   D．Index

2．填空题

（1）MySQL 的约束是指（　　　　　　　　　　　　　　　　），能够帮助数据库管理员更好地管理数据库，并且能够确保数据库表中数据的（　　　　　　）和（　　　　　），主要包括（　　　　）、（　　　　）、（　　　　）、非空约束、（　　　　）和检查约束。

（2）一张数据表只能有（　　　　）个主键约束，并且主键约束所在的字段不能接受（　　　　）值。将一张数据表的一个字段或字段组合定义为引用其他数据表的主键字段，则引用的这个字段或字段组合就称为（　　　　　）。被引用的数据表称为（　　　　　），简称（　　　　）；引用表称为（　　　　　），简称（　　　　）。

（3）在"用户表"数据表中，为了避免用户重名，可以将用户名字段设置为（　　　　）约束或（　　　　）约束。

（4）使用 Create Table 语句创建包含约束的数据表时，指定主键约束的关键字为（　　　　），指定外键约束的关键字为（　　　　），指定唯一约束的关键字为（　　　　），指定检查约束的关键字为（　　　　）。

（5）如果在数据表中插入新记录时，希望系统自动生成字段的值，可以通过（　　　　）关键字来实现。

（6）在 MySQL 中，Auto_Increment 约束的初始值为（　　　　），每新增一条记录，字段值自动加（　　　　）。

（7）在 MySQL 中，删除主键约束的语法格式为（　　　　　　　　　　　　），删除外键约束的语法格式为（　　　　　　　　　　　　）。

（8）在 MySQL 数据表中，主键约束的关键字是（　　　　），默认值约束的关键字是（　　　　）。

（9）每张 MySQL 数据表中只有一个字段或者多个字段的组合可以定义为主键约束，所以该字段不能包含有（　　　）值。

（10）具有强制数据唯一性的约束包括（　　　）和唯一性约束。

（11）自增约束字段必须有（　　　）约束，否则无法创建或添加自增约束。

（12）索引是一种重要的数据对象，能够提高数据的（　　　　），使用索引还可以确保列的唯一性，从而保证数据的（　　　　）。

（13）创建索引有两种方法，一种是在创建数据表时使用设置（　　　）来创建唯一索引，另一种是使用（　　　）语句来创建唯一索引。

（14）如果想要删除某个指定的索引，可以使用的关键字有（　　　）和（　　　）。

模块 5
添加与更新MySQL数据表数据

数据库中的数据表是用来存放数据的，这些数据用类似表格的形式显示，每一行称为一条记录，用户可以像使用 Excel 一样插入、修改、删除这些数据。为此，MySQL 提供了向数据表中插入记录的 Insert 语句，更新数据表数据的 Update 语句、删除数据的 Delete 语句。

 重要说明

（1）本模块的各项任务是在模块 4 的基础上进行的，模块 4 在数据库"MallDB"中保留了以下数据表：出版社信息、商品信息、商品类型、图书信息、图书信息 2、客户信息、客户信息 2、用户信息、用户注册信息、用户类型、订单信息、订购商品。

（2）本模块在数据库"MallDB"中保留了以下数据表：user、出版社信息、出版社信息 2、商品信息、商品类型、图书信息、图书信息 2、客户信息、客户信息 2、用户信息、用户注册信息、用户类型、订单信息、订购商品。

（3）完成本模块所有任务后，参考模块 9 中介绍的备份方法对数据库"MallDB"进行备份，备份文件名为"MallDB05.sql"

例如：

```
Mysqldump –u root –p --databases MallDB> D:\MySQLData\MyBackup\MallDB05.sql
```

 操作准备

（1）打开 Windows 操作系统下的【命令提示符】窗口。

（2）如果数据库"MallDB"或者该数据库中的数据表被删除了，可参考模块 9 中介绍的还原备份的方法将模块 4 中创建的备份文件"MallDB04.sql"予以还原。

例如：

```
Mysql –u root –p MallDB < D:\MySQLData\MallDB04.sql
```

（3）登录 MySQL 数据库服务器。

在【命令提示符】窗口的命令提示符后输入命令"Mysql –u root –p"，按【Enter】键后，输入正确的密码，这里输入"123456"。当窗口中命令提示符变为"mysql>"时，表示已经成功登录 MySQL 数据库服务器。

（4）选择需要进行相关操作的数据库"MallDB"。

在命令提示符"mysql>"后面输入选择数据库的语句：

```
Use MallDB ;
```

（5）在【命令提示符】窗口中使用复制命令的方式创建数据表"user"。

通过复制现有的数据表"用户信息"创建数据表"user"对应的 SQL 语句如下：

```
Create Table user Like 用户信息;
```

（6）启动 Navicat For MySQL，打开已有连接"MallConn"，打开数据库"MallDB"。

5.1 向 MySQL 数据表中添加数据

5.1.1 使用 Navicat 图形管理工具向 MySQL 数据表中输入数据

数据库与数据表创建完成后，就可以向数据表中添加数据了，只有向数据表输入了数据，数据库才有意义。

【任务 5-1】使用 Navicat 图形管理工具向数据表中输入数据

微课 5-1

使用 Navicat 图形管理工具向 MySQL 数据表中输入数据

【任务描述】

（1）在 Navicat for MySQL 的【记录编辑】选项卡中输入表 5-1 所示的"用户类型"数据表的全部记录数据。

表 5-1 "用户类型"数据表的记录数据

用户类型 ID	用户类型名称	用户类型说明
1	个人用户	包括国内与国外个人用户
2	国内企业用户	国内注册的企业
3	国外企业用户	国外注册的企业

（2）对数据表中输入的数据进行必要的检查与修改。

【任务实施】

1. 利用 Navicat for MySQL 的【记录编辑】选项卡输入数据

以向"用户类型"数据表中输入数据为例，说明在 Navicat for MySQL 的【记录编辑】选项卡中输入数据的方法。

（1）启动图形管理工具 Navicat for MySQL。

（2）打开已有连接"MallConn"。

在【Navicat for MySQL】窗口的主菜单【文件】中选择【打开连接】命令打开"MallConn"连接。

（3）打开数据库"MallDB"。

在左侧【数据库对象】窗格中的数据库列表中双击"MallDB"，打开该数据库。

（4）打开【记录编辑】选项卡。

在【数据库对象】窗格中依次展开"MallDB"→"表"文件夹，右击数据表名称"用户类型"，在弹出的快捷菜单中选择【打开表】命令。打开【记录编辑】选项卡。

（5）输入记录数据。

在第 1 行的"用户类型 ID"单元格中单击，自动选中"Null"，然后输入"1"。接着按"→"键，将光标移到下一个单元格中并输入"个人用户"，再一次按"→"键将光标移到下一个单元格或者在单元格中直接单击，然后输入该记录的其他数据，如图 5-1 所示。

第 1 条记录数据输入完成后，在【记录编辑】工具栏中单击【应用改变】按钮 ✔ 保存输入的数据。

在【记录编辑】工具栏中单击【添加记录】按钮 ✚ ，增加一条空记录，光标移到下一行。输入表

5-1 中的第 2 条记录数据，数据输入完成后单击【应用改变】按钮 ✔ 保存输入的数据，也可以单击【放弃更改】按钮 ✖ 取消数据的输入。

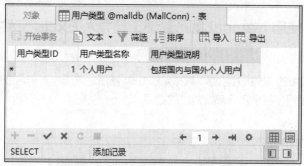

图 5-1　在【记录编辑】选项卡中输入一条"用户类型"数据

以同样的操作方法输入其余记录数据，数据输入完成后如图 5-2 所示。

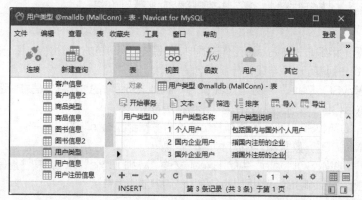

图 5-2　在【记录编辑】选项卡中输入其余记录数据

（6）关闭【记录编辑】选项卡。

单击【记录编辑】选项卡右上角的【关闭】按钮 ✖，关闭【记录编辑】选项卡。

> **提示**　右击【记录编辑】选项卡的标题行，在弹出的快捷菜单中选择【关闭】命令，如图 5-3 所示，也可以关闭当前处于选中状态的【记录编辑】选项卡。
>
>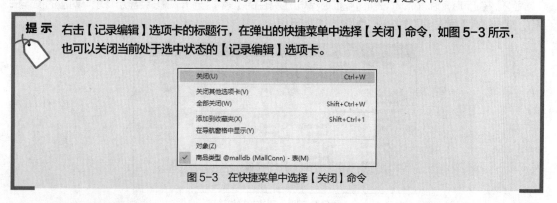
>
> 图 5-3　在快捷菜单中选择【关闭】命令

2. 修改数据表的数据

右击待修改数据表的名称，在弹出的快捷菜单中选择【打开表】命令，打开【记录编辑】选项卡，在【记录编辑】选项卡中单击需要修改数据的单元格，进入编辑状态，即可修改该单元格的值。修改完成后，系统会自动保存对数据的修改，也可以单击左下角【应用改变】按钮 ✔ 保存修改的数据。

5.1.2 向 MySQL 数据表中导入数据

【任务 5-2】使用 Navicat 图形管理工具导入 Excel 文件中的数据

【任务描述】

（1）Excel 工作表中的"出版社信息"数据如图 5-4 所示。该工作表包含 6 行和 5 列，第 1 行为标题行，其余各行都是对应的数据，每一列的第 1 行为列名，行和列的顺序可以任意。

微课 5-2

使用 Navicat 图形管理工具导入 Excel 文件中的数据

	A	B	C	D	E
1	出版社ID	出版社名称	出版社简称	出版社地址	邮政编码
2	1	人民邮电出版社	人邮	北京市崇文区夕照寺街14号	100061
3	2	高等教育出版社	高教	北京西城区德外大街4号	100120
4	3	电子工业出版社	电子	北京市海淀区万寿路173信箱	100036
5	4	清华大学出版社	清华	北京市清华大学学研大厦	100084
6	5	机械工业出版社	机工	北京市西城区百万庄大街22号	100037

图 5-4 Excel 工作表中的"出版社信息"数据

数据表中数据的组织方式与 Excel 工作表类似，都是按行和列的方式组织的，每一行表示一条记录，共有 5 条记录，每一列表示一个字段，有 5 个字段。

将路径"D:\MySQLData"中的 Excel 文件"MallDB.xls"的"出版社信息"工作表中所有的数据导入数据库"MallDB"，数据表的名称为"出版社信息"。

（2）将路径"D:\MySQLData"中的 Excel 文件"MallDB.xls"的"用户表"工作表中所有的数据导入数据库"MallDB"，数据表的名称为"用户信息"。

（3）将路径"D:\MySQLData"中的 Excel 文件"MallDB.xls"的"用户注册信息"工作表中所有的数据导入数据库"MallDB"，数据表的名称为"用户注册信息"。

【任务实施】

1. 导入出版社信息

（1）打开 Navicat for MySQL，在数据库列表中双击数据库"MallDB"，打开该数据库。

（2）在【Navicat for MySQL】窗口中单击工具栏的【表】按钮，下方会显示"表"对应的操作按钮，其中包括【导入向导】按钮，如图 5-5 所示。

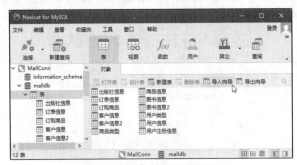

图 5-5 "表"对应的操作按钮

（3）选择数据导入格式。

在左侧数据库列表中选择数据库"MallDB"，然后单击【导入向导】按钮，打开【导入向导】对话框的"选择数据导入格式"界面，然后在该界面中的"导入类型"列表中选择"Excel 文件(*.xls; *.xlsx)"单选按钮，如图 5-6 所示。

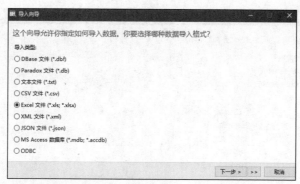

图 5-6　在"选择数据导入格式"界面中选择"Excel 文件(*.xls; *.xlsx)"单选按钮

（4）选择作为数据源的文件。

单击【下一步】按钮，进入"选择一个文件作为数据源"界面，在"导入从:"区域中单击【浏览】按钮▢，打开【打开】对话框，在该对话框中选择文件夹"MySQLData"中的 Excel 文件"MallDB.xlsx"，如图 5-7 所示。

图 5-7　在【打开】对话框中选择 Excel 文件"MallDB.xlsx"

（5）选择工作表。

单击【打开】按钮，返回【导入向导】对话框的"选择一个文件作为数据源"界面，在该界面的"表:"区域中选择工作表"出版社信息"，如图 5-8 所示。

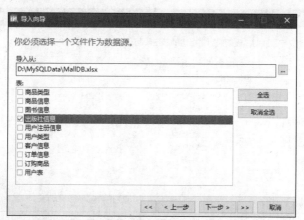

图 5-8　在"选择一个文件作为数据源"界面中选择工作表"出版社信息"

（6）为源定义一些附加的选项。

单击【下一步】按钮，进入"为源定义一些附加的选项"界面，这里保持默认值不变，如图 5-9 所示。

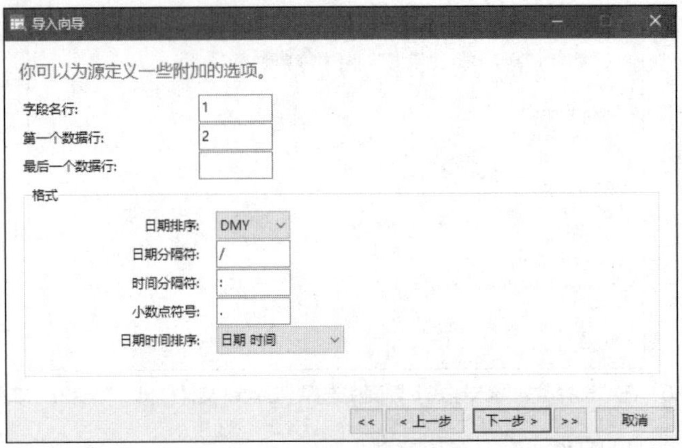

图 5-9　在"为源定义一些附加的选项"界面中保持默认设置

（7）选择目标表。

单击【下一步】按钮，进入"选择目标表"界面，在该界面中可以选择现有的表，也可输入的新数据表名称，这里只选择现有的表"出版社信息"，如图 5-10 所示。

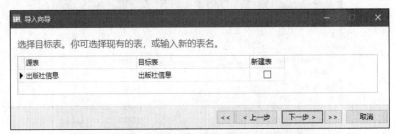

图 5-10　在"选择目标表"界面中选择"出版社信息"表

（8）定义字段映射。

单击【下一步】按钮，进入"定义字段映射"界面，如图 5-11 所示，在该界面中可以设置映射来指定源字段与目的字段之间的对应关系，这里保持默认值不变。

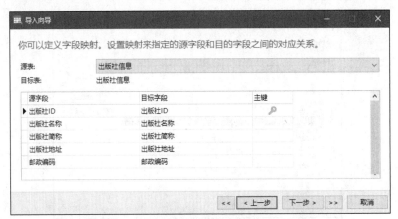

图 5-11　在"定义字段映射"界面中保持默认设置

（9）选择所需的导入模式。

单击【下一步】按钮，进入"选择所需的导入模式"界面，这里选择"追加：添加记录到目标表"单选按钮，如图 5-12 所示。

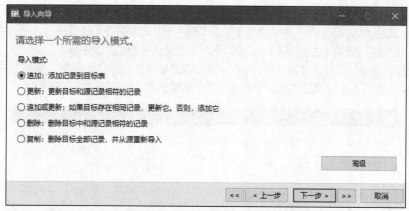

图 5-12　在"选择所需的导入模式"界面中选择导入模式

在"选择所需的导入模式"界面中单击【高级】按钮，打开【高级】对话框，在该对话框中可以根据需要进行设置，这里保持默认选项不变，如图 5-13 所示。然后单击【确定】按钮返回【导入向导】对话框的"选择所需的导入模式"界面。

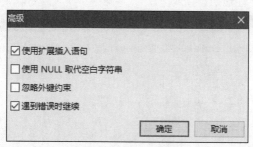

图 5-13　【高级】对话框

（10）完成数据导入操作。

单击【下一步】按钮进入【导入向导】对话框的最后一个界面，在该界面中单击【开始】按钮开始导入，导入操作完成后会显示相关提示信息，如图 5-14 所示。单击【关闭】按钮关闭【导入向导】对话框。

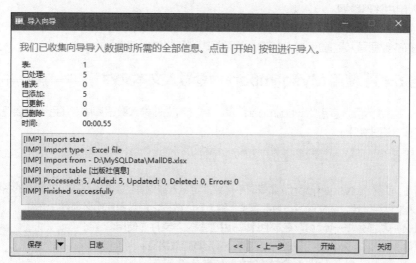

图 5-14　导入操作完成后的界面

2. 导入用户数据

将 Excel 文件"MallDB.xls"中"用户表"工作表中所有的数据导入数据表"user"中的主体步骤与前面导入"出版社信息"数据基本相同，有以下两个关键步骤需要加以注意。

"导入出版社信息"第 7 步"选择目标表"时不能采用默认选择的"用户表"，而应该在"目标表"的下拉列表中选择"user"，取消勾选"新建表"下方的复选框，如图 5-15 所示。

图 5-15 目标表选择为"user"

"导入出版社信息"第 8 步"定义字段映射"时目标字段也不能采用默认值，而应该选择目标表"user"中的对应字段，分别为"UserID""UserNumber""Name"和"UserPassword"，如图 5-16 所示。

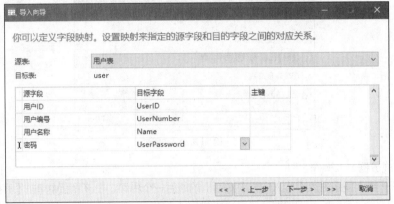

图 5-16 在目标表"user"中选择合适的目标字段

3. 导入用户注册数据

参考前面导入"出版社信息"数据的操作步骤，将 Excel 文件"MallDB.xls"中"用户注册信息"工作表中所有的数据导入数据库"MallDB"的数据表"用户注册信息"中。

【任务 5-3】使用 Mysqlimport 命令导入文本文件

在 MySQL 中，可以使用"Mysqlimport"命令将文本文件导入数据库中，并且不需要登录 MySQL 客户端。其基本语法如下：

```
Mysqlimport -u root -p [--local] <数据库名> <导入的文本文件> [ 参数可选项 ]
```

> **说明** （1）使用"Mysqlimport"命令时不需要指定导入数据库的数据表名称，数据表的名称由导入文件名确定，即文件名作为数据表名称。导入数据之前数据库中必须存在该表。
> （2）可选项"--local"在本地计算机中查找文本文件时使用。
> （3）导入的文本文件可以使用绝对路径指定其存放路径。
> （4）"Mysqlimport"命令常用的参数如表 5-2 所示。

表 5-2 "Mysqlimport"命令常用的参数

参数设置	参数说明
--fields-terminated-by=<分隔字符>	设置字段之间的分隔符，可以为单个或多个字符，默认值为制表符"\t"
--fields-enclosed-by= <包围字符>	设置字段值的包围字符
--fields-optionally-enclosed-by=<包围字符>	设置 char、varchar 和 text 等字符型字段的包围字符，只能为单个字符
--fields-escaped-by= <转义字符>	设置转义字符，只能为单个字符，默认值为反斜线"\"
--lines-terminated-by=<结束符>	设置每行的结束符，可以为单个或多个字符，默认值为"\n"
--ignore-lines=<行数>	表示可以忽略前几行

【任务描述】

使用"Mysqlimport"命令将路径"D:\MySQLData"中的文本文件"user.txt"中的内容导入"MallDB"数据库中，字段之间使用半角逗号","分隔，字符类型字段值使用半角双引号引起来，将转义字符定义为"\"，每行记录以回车换行符"\r\n"结尾。

【任务实施】

（1）打开 Windows 操作系统下的【命令提示符】窗口。

（2）在 Windows 操作系统下的【命令提示符】窗口的命令提示符"C:\>"后面输入以下命令：

```
Mysqlimport –u root –p MallDB D:\MySQLData\user.txt
    --fields-terminated-by=, --fields-optionally-enclosed-by=\"
    --fields-escaped-by=\  --lines-terminated-by=\r\n
```

按【Enter】键，出现"Enter password:"提示信息后输入正确的密码，这里输入"123456"，再一次按【Enter】键，上面的语句执行成功，并显示如下的提示信息，表示已经将"用户表.txt"中的数据导入数据库"MallDB"中：

```
MallDB.user: Records: 6   Deleted: 0   Skipped: 0   Warnings: 0
```

注意

框内语句要在一行中输入，否则无法执行导入操作。

如果导入文本文件的命令在执行时出现如下所示的错误提示信息：

```
mysqlimport: Error: 1290, The MySQL server is running with the --secure-file-priv option so it cannot execute this statement, when using table: user
```

则按以下步骤解决。

① 停止 MySQL 服务。

② 找到"my.ini"文件，复制一份作为备份。

③ 打开"my.ini"文件，在该文件中对参数 secure-file-priv 进行设置。

MySQL 修改导出文件地址设置有以下 3 种情况：

secure_file_priv 设置为 NULL，即 secure_file_priv=""，禁止导出文件；

secure_file_priv 设置为指定地址，例如 secure_file_priv="D:\MySQLData"，限制导出的文件只能在此文件夹中；

secure_file_priv 设置为空，即 secure_file_priv=，则可以导出到任意文件夹。

这里设置为"secure_file_priv="。

④ 重新启动 MySQL 服务。

⑤ 再一次执行导入语句。

（3）打开 Navicat for MySQL，数据表"user"中的数据如图 5-17 所示。

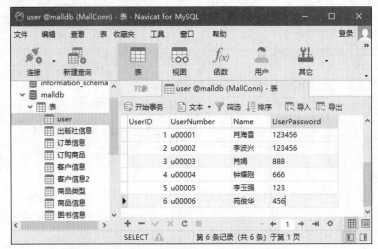

图 5-17　数据表"user"中的数据

5.1.3　向存在外键约束的 MySQL 数据表中导入数据

【任务 5-4】使用 Navicat 图形管理工具向存在外键约束的 MySQL 数据表中导入数据

【任务描述】

（1）先删除模块 4 中创建的数据表"图书信息 2"，再使用表 4-7 所示的 SQL 语句重新创建主表"出版社信息 2"和包含外键约束的从表"图书信息 2"。

（2）将路径"D:\MySQLData"中的 Excel 文件"MallDB.xls"的"出版社信息"工作表中所有的数据导入数据库"MallDB"，数据表的名称为"出版社信息 2"。

（3）将路径"D:\MySQLData"中的 Excel 文件"MallDB.xls"的"图书信息"工作表中所有的数据导入数据库"MallDB"，数据表的名称为"图书信息 2"。

【任务实施】

删除数据表"图书信息 2"的语句如下：

```
Drop Table 图书信息 2;
```

使用表 4-7 所示的 SQL 语句重新创建主表"出版社信息 2"和包含外键约束的从表"图书信息 2"。

1. 向主表"出版社信息 2"中导入数据

按照【任务 5-1】介绍的使用 Navicat 图形管理工具导入 Excel 文件的步骤将路径"D:\MySQLData"中的 Excel 文件"MallDB.xls"的"出版社信息"工作表中所有的数据导入数据库"MallDB"，数据表的名称为"出版社信息 2"。

从 Excel 文件"MallDB.xls"的"出版社信息"工作表向数据表"出版社信息 2"中成功导入数据的提示信息如图 5-18 所示。

2. 向从表"图书信息 2"中导入数据

按照【任务 5-1】介绍的步骤将路径"D:\MySQLData"中的 Excel 文件"MallDB.xls"的"图书信息"工作表中所有的数据导入数据库"MallDB"，数据表的名称为"图书信息 2"。

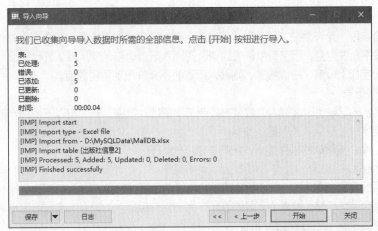

图 5-18 向数据表"出版社信息 2"中成功导入数据的提示信息

从 Excel 文件"MallDB.xls"的"图书信息"工作表向数据表"图书信息 2"中成功导入数据的提示信息如图 5-19 所示。

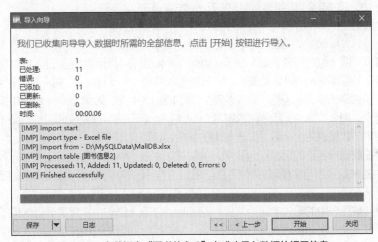

图 5-19 向数据表"图书信息 2"中成功导入数据的提示信息

5.1.4 使用 Insert 语句向数据表中添加数据

插入数据即向数据表中写入新的记录（数据表的一行数据称为一条记录）。插入的新记录必须完全遵守数据的完整性约束。所谓完整性约束，指的是字段是哪种数据类型，新记录对应的值就必须是这种数据类型，数据上有什么约束条件，新记录的值也必须满足这些约束条件。若不满足其中任何一条，就可能导致插入记录不成功。

在 MySQL 中，我们可以通过 Insert 语句来实现插入数据的功能。Insert 语句有两种方式插入数据：①插入特定的值，即所有的值都是在 Insert 语句中明确规定的；②插入 Select 语句查询的结果。结果指的是插入数据表中的值，Insert 语句本身"不了解"这些值，完全由查询结果确定。

向数据表中插入记录时应特别注意以下几点。

（1）插入字符型（Char 和 Varchar）和日期时间型（Date 等）数据时，都必须在数据的前后加半角单引号，只有数值型（Int、Float 等）的值前后不加半角单引号。

（2）对于 Date 类型的数据，插入时，必须使用"YYYY-MM-DD"的格式，且日期数据必须用半角单引号。

（3）若某个字段不允许为空，且无默认值约束，则表示向数据表中插入一条记录时，该字段必须写入值。若某字段不允许为空，但它有默认值约束，则插入记录时自动使用默认值代替。

（4）若某个字段上设置了主键约束，则插入记录时不允许出现重复数值。

1. 插入一条记录

插入一条完整的记录可以理解为向数据表的所有字段插入数据，一般有以下两种方法。

（1）不指定字段，按默认顺序插入数据。

在 MySQL 中，按默认的顺序插入数据的语法格式如下：

```
Insert Into <数据表名称> Values(<字段值 1>,<字段值 2>,...,<字段值 n>);
```

Values 后面所跟的数据列表必须和数据表的字段前后顺序一致、插入数据的个数与数据表中字段个数一致，且数据类型匹配。若某个字段的值允许为空，并且插入的记录该字段的值也为空或不确定，则必须在 Values 后面对应位置写上 Null。

使用这种方法插入记录只指定数据表名称，不指定具体的字段，按数据表中字段的默认排列顺序填写数据，然后插入记录，可以实现一次插入一条完整的记录，但不能插入一条不完整的记录。

（2）指定字段名，按指定顺序插入数据。

在 MySQL 中，按指定的顺序插入数据的语法格式如下：

```
Insert Into <数据表名称> (<字段名 1>,<字段名 2>,...,<字段名 n>)
              Values(<字段值 1>,<字段值 2>,...,<字段值 n>);
```

Insert 语句包括两个组成部分，前半部分（Insert Into 部分）显示的是要插入的字段名称，后半部分（Values 部分）是要插入的具体数据，它们与前面的字段一一对应。如果某个字段为空值，可使用"Null"来表示，但如果该字段已设置了非空约束，则不能插入 Null。如果 Insert 语句中指定的字段比数据表中字段数要少，那么 Values 部分的数据与 Insert Into 部分的字段对应即可。Insert 语句中的字段名个数和顺序如果与数据表完全一致，则语句中的字段名可以省略不写。

这种方法是在数据表名称的后面指定要插入的数据所对应的字段，并按指定顺序写入数据。该方法的 Insert 语句中的数据顺序与字段顺序必须完全一致，但字段的排列顺序与数据表中的字段排列顺序可以不一致。

如果只需要向数据表中的部分字段插入值，则在 Insert 插入语句中指定需要插入值的部分字段的字段名与字段值即可。没有在 Insert 语句出现的字段，MySQL 则自动向相应字段插入定义数据表时指定的默认值。如果有些字段没有设置默认值，其值允许为空，在插入语句中可以不写出字段名及 Null。

这种方法既可以实现插入一条完整的记录，又可以实现插入一条不完整的记录。

提 示 对于自动编号的标识列的值不能使用 Insert 语句插入数据。

2. 插入多条记录

在 MySQL 中，使用 Insert 语句可以同时向数据表中插入多条记录，插入时指定多个值列表，一次插入多条记录的语法格式如下：

```
Insert Into <数据表名称> (<字段名 1>, <字段名 2> ,...,<字段名 n>) ,
              Values(<字段值 11>,<字段值 12> ,...,<字段值 1n>),
                    (<字段值 21>,<字段值 22> ,...,<字段值 2n>),
                    ...
                    (<字段值 m1>,<字段值 m2>,...,<字段值 mn>);
```

这种方法将所插入的多条记录的数据按相同的顺序写在 Values 后面，每一条记录对应的数据使用半角括号"()"括起来，且使用半角逗号","分隔。注意，一条 Insert 语句只能配一个 Values 关键字；

如果要插入多条记录，只需要在取值列表（即小括号中的数据）后面再跟另一条记录的取值列表即可。

3. 将一张数据表中的数据添加到另一张数据表中

将一张数据表中的数据添加到另一张数据表中对应的 SQL 语句如下：

Insert Into <目标数据表名称> Select * | <字段列表> From <源数据表名称>;

4. 插入查询语句的执行结果

Insert 语句可以将 Select 语句查询的结果插入数据表中，而不需要把多条记录的值一条一条地输入，只需要使用一条 Insert 语句和一条 Select 语句组合的语句即可快速地从一张或多张数据表向另一张数据表中插入多条记录。

将查询语句的执行结果插入数据表中的语法格式如下：

Insert Into <数据表名称>[<字段列表>] <Select 语句>;

这种方法必须合理地设置查询语句的结果字段顺序，并保证查询的结果值和数据表的字段相匹配，否则会导致插入数据不成功。

【任务 5-5】使用 Insert 语句向数据表中插入记录

【任务描述】

"客户信息"数据表的示例数据如表 5-3 所示。

表 5-3 "客户信息"数据表的示例数据

客户 ID	客户姓名	地址	联系电话	邮政编码
1	蒋鹏飞	湖南省浏阳生物医药产业基地	83285001	410311
2	谭琳	湖南省郴州市苏仙区高期贝尔工业园	82666666	413000
3	赵梦仙	湖南省长沙经济技术开发区东三路 5 号	84932856	410100
4	彭运泽	湖南省长沙经济技术开发区贺龙体校路 27 号	58295215	411100
5	高首	湖南省长沙市青竹湖大道 399 号	88239060	410152
6	文云	湖南省益阳市高新区迎宾西路 16 号	82269226	413000
7	陈芳	湖南省长沙市芙蓉区嘉雨路 187 号	82282200	410001
8	廖时才	湖南省株洲市天元区黄河南路 199 号	22837219	412007

（1）在"MallDB"数据库的"客户信息"数据表中插入表 5-3 所示的第 1 行数据。

（2）在"MallDB"数据库的"客户信息"数据表中插入表 5-3 所示的第 2 行至第 8 行数据。

（3）将"客户信息"数据表中的全部记录数据插入另一张数据表"客户信息 2"中。

【任务实施】

1. 一次插入一条完整的记录

将表 5-3 所示的第 1 行数据插入"客户信息"数据表的 SQL 语句如下：

Insert Into 客户信息(客户 ID，客户姓名 ，地址，联系电话，邮政编码)
    Values(1,"蒋鹏飞","湖南浏阳长沙生物医药产业基地","83285001","410311");

2. 一次插入多条完整记录

将表 5-3 所示的第 2 行至第 8 行数据插入"客户信息"数据表的 SQL 语句如下：

Insert Into 客户信息(客户 ID,客户姓名,地址,联系电话,邮政编码)
    Values(2,"谭琳","湖南郴州苏仙区高期贝尔工业园","82666666","413000") ,
        (3,"赵梦仙","湖南长沙经济技术开发区东三路 5 号","84932856","410100") ,
        (4,"彭运泽","长沙经济技术开发区贺龙体校路 27 号","58295215","411100") ,
        (5,"高首","湖南省长沙市青竹湖大道 399 号","88239060","410152") ,
        (6,"文云","益阳高新区迎宾西路","82269226","413000") ,
        (7,"陈芳","长沙市芙蓉区嘉雨路 187 号","82282200","410001") ,
        (8,"廖时才","株洲市天元区黄河南路 199 号","22837219","412007");

在数据表中插入多条记录时，将所有字段的值按数据表中各字段的顺序列出，不必在列表中多次指定字段名。

3. 将一张数据表中的数据添加到另一张数据表中

向"客户信息2"数据表中插入与"客户信息"数据表同样的数据，对应的SQL语句如下：

Insert Into 客户信息2 Select * From 客户信息；

5.2 修改数据表中的数据

如果发现数据表中的数据不符合要求，可以对其进行修改，修改数据的方法有多种。

5.2.1 使用 Navicat 图形管理工具查看与修改 MySQL 数据表的记录数据

我们经常需要对数据表中的数据进行各种操作，主要包括插入、修改和删除操作。可以使用图形管理工具操作表记录，也可以使用 SQL 语句操作表记录。

【任务 5-6】使用 Navicat 图形管理工具查看与修改数据表中的记录

【任务描述】

（1）查看数据库"MallDB"中数据表"用户注册信息"中的全部记录。

（2）将用户"肖娟"的"权限等级"修改为"A"。

【任务实施】

首先启动图形管理工具 Navicat for MySQL，打开连接"MallConn"，打开数据库"MallDB"。

1. 查看数据表的全部记录

在【数据库对象】窗格中依次展开"MallDB"，然后右击数据表"用户注册信息"，在弹出的快捷菜单中选择【打开表】命令，也可以在【对象】选项卡的工具栏中单击【打开表】按钮，打开数据表"用户注册信息"的【记录编辑】选项卡，查看该数据表中的记录，结果如图 5-20 所示。

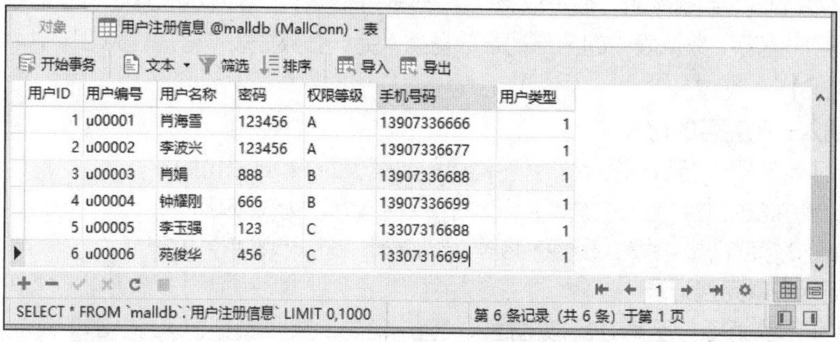

图 5-20　在 Navicat for MySQL 中查看数据表"用户注册信息"中的记录

2. 修改数据表的记录数据

打开数据表"用户注册信息"，在用户名称"肖娟"行对应的"权限等级"字段的单元格中单击，进入编辑状态，然后将原来的"B"修改为"A"即可，修改结果如图 5-21 所示。

记录数据修改后，如果单击下方的【应用改变】按钮 ✓ ，则数据修改生效；如果单击下方的【取消改变】按钮 × ，则数据修改失效，将恢复为修改之前的数据。当然数据修改完成后，单击其他单元格，数据修改也会生效。

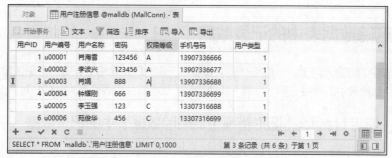

图 5-21　修改结果

 说明 在 Navicat for MySQL 数据表的【记录编辑】选项卡中，单击下方的【新建记录】按钮 ╋ 可以在尾部新增一行空白记录。删除记录时可以先选中需要删除的记录，然后单击下方的【删除记录】按钮 ━ 删除。

5.2.2　使用 Update 语句更新数据表中的数据

数据表中已经存在的数据也可能需要修改，此时，我们可以只修改某个字段的值，而不用去管其他数据。修改数据的操作可以看作先从行的方向上筛选出数据表中要修改的记录，然后对筛选出来的记录的某些字段的值进行修改。

使用 Update 语句更新数据表中的数据时，可以更新特定的数据，也可以同时更新所有记录的数据。用 Update 语句修改数据的语法格式如下：

Update <数据表名称>
Set <字段名 1>=<字段值 1> [, <字段名 2>=<字段值 2> , … , <字段名 n>=<字段值 n>]
[　Where <条件表达式>　];

如果数据表中只有一个字段的值需要修改，则只需要在 Update 语句的 Set 子句后跟一个表达式"<字段名 1>=<字段值 1>"即可。如果需要修改多个字段的值，则需要在 Set 子句后跟多个表达式"<字段名>=<字段值>"，各个表达式之间使用半角逗号"，"分隔。

如果所有记录的某个字段的值都需要修改，则不必加 Where 子句，即为无条件修改，代表修改所有记录的字段值。

【任务 5-7】使用 Update 语句更新数据表中的数据

【任务描述】

（1）将"用户注册信息"数据表中用户编号为"u00003"的"权限等级"修改为"B"。

（2）将"用户注册信息"数据表中前两个注册用户的"权限等级"修改为"B"。

【任务实施】

1. 修改符合条件的单个数据

修改"用户注册信息"数据表中用户编号为"u00003"的"权限等级"对应的 SQL 语句如下：

Update 用户注册信息　Set 权限等级='B'　Where 用户编号='u00003'；

2. 使用 Top 表达式更新多行数据

修改"用户注册信息"数据表中前两个注册用户的"权限等级"对应的 SQL 语句如下：

Update 用户注册信息 Set 权限等级='B'　Limit 2；

5.3 删除数据表中的记录数据

如果数据表中的数据无用了，可以将其删除。需要注意的是，删除的数据不容易恢复，因此需要谨慎操作。在删除数据表中的数据之前，如果不能确定这些数据以后是否还有用，最好对其进行备份处理。

5.3.1 使用 Navicat 图形管理工具删除数据表中的记录数据

【任务 5-8】使用 Navicat 图形管理工具删除数据表中的记录数据

【任务描述】

在"MallDB"数据库的"客户信息2"数据表中删除"客户姓名"为"谭琳"、"高首"和"陈芳"的 3 条记录。

【任务实施】

（1）启动图形管理工具 Navicat for MySQL。

（2）打开已有连接"MallConn"。

在【Navicat for MySQL】窗口的主菜单【文件】中选择【打开连接】命令，打开"MallConn"连接。

（3）打开该数据库"MallDB"。

在左侧【数据库对象】窗格中的数据库列表中双击"MallDB"，打开该数据库。

（4）打开【记录编辑】选项卡。

在【数据库对象】窗格中依次展开"MallDB"→"表"，右击数据表名称"客户信息2"，在弹出的快捷菜单中选择【打开表】命令，打开【记录编辑】选项卡。

（5）选择要删除的多条记录。

先直接单击"客户姓名"为"谭琳"的记录数据。然后在按住【Ctrl】键的同时，依次单击"客户姓名"为"高首"和"陈芳"的 2 条记录数据。接着右击选中的记录行，在弹出的快捷菜单中选择【删除 记录】命令，如图 5-22 所示。

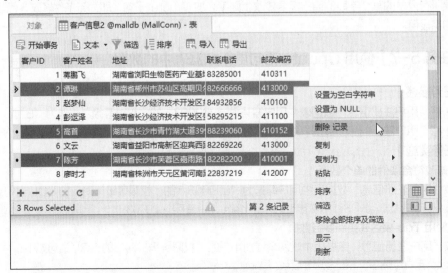

图 5-22　依次选中 3 条待删除的记录并在快捷菜单中选择【删除 记录】命令

在弹出的【确认删除】的信息对话框中单击【删除 3 条记录】按钮即可将选中的记录删除，如图 5-23 所示。

图 5-23 【确认删除】信息对话框

"客户信息 2"数据表中以前共有 8 条记录，删除 3 条记录后剩下 5 条记录，如图 5-24 所示。

图 5-24 "客户信息 2"数据表中删除 3 条记录后剩下 5 条记录

5.3.2 使用 Delete 语句删除数据表中的记录数据

使用 Delete 语句删除数据表中记录的语法格式如下：

Delete From <数据表名称> [Where <条件表达式>]；

Delete 语句中如果没有 Where 子句，则表示无条件删除，数据表中的所有记录都将被删除，即清空数据表中的所有数据；如果包含 Where 子句，则只有符合条件的记录会被删除，其他记录不会被删除。

使用 Truncate 语句也可以删除数据表的数据，其语法格式如下：

Truncate Table <数据表名称>；

【任务 5-9】使用 Delete 语句删除数据表中的记录数据

【任务描述】

（1）在"MallDB"数据库"客户信息 2"数据表中删除"客户 ID"为"6"的记录。

（2）删除"MallDB"数据库"客户信息 2"数据表中剩下的所有记录。

【任务实施】

（1）删除"客户信息 2"数据表中符合条件的记录对应的 Delete 语句如下：

Delete From 客户信息 2 Where 客户 ID=6；

语句执行成功后使用"Select * From 客户信息 2；"语句查看数据表"客户信息 2"剩下的记录，结果如图 5-25 所示。

客户ID	客户姓名	地址	联系电话	邮政编码
1	蒋鹏飞	湖南省浏阳生物医药产业基地	83285001	410311
3	赵梦仙	湖南省长沙经济技术开发区东三路5号	84932856	410100
4	彭运泽	湖南省长沙经济技术开发区贺龙体校路27号	58295215	411100
8	廖时才	湖南省株洲市天元区黄河南路199号	22837219	412007

图 5-25 查看数据表"客户信息 2"剩下的记录

（2）删除"客户信息2"数据表中剩下的所有记录对应的 Delete 语句如下：

Delete From 客户信息2；

或者使用如下的 Truncate 语句：

Truncate Table 客户信息2；

5.4 从 MySQL 数据表中导出数据

【任务5-10】使用 Navicat 图形管理工具将数据表中的数据导出到 Excel 工作表中

微课 5-3

使用 Navicat 图形管理工具将数据表中的数据导出到 Excel 工作表中

【任务描述】

使用 Navicat 图形管理工具将数据库"MallDB"的数据表"用户信息"中的数据导出到路径"D:\MySQLData\数据备份"下的 Excel 文件"用户信息.xlsx"中。

【任务实施】

（1）打开 Navicat for MySQL，在数据库列表中双击数据库"MallDB"，打开该数据库。

（2）在【Navicat for MySQL】窗口中单击工具栏的【表】按钮，下方显示"表"对应的操作按钮。

（3）选择数据导出格式。

在左侧的数据库列表中选择数据库"MallDB"，然后单击【导出向导】按钮，打开【导出向导】对话框的"选择导出格式"界面，然后在该界面的"导出格式："列表中选择"Excel 文件（2007 或更高版本）(*.xlsx)"单选按钮，如图 5-26 所示。

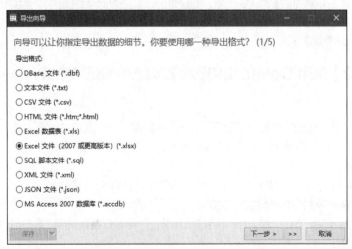

图 5-26 在"选择导出格式"界面中选择"Excel 文件（2007 或更高版本）(*.xlsx)"单选按钮

（4）选择导出文件。

单击【下一步】按钮，进入"选择导出文件并定义一些附加选项"界面，在"用户信息"行的"导出到"区域中单击【浏览】按钮，打开【另存为】对话框，在该对话框中选择文件夹"数据备份"，在文件名文本框中输入文件名"用户信息.xlsx"，如图 5-27 所示。

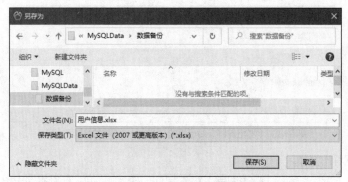

图 5-27　在【另存为】对话框选择文件夹与输入文件名

在【另存为】对话框中单击【保存】按钮返回到【导出向导】对话框的"选择导出文件并定义一些附加选项"界面，如图 5-28 所示。

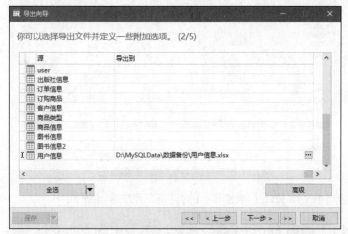

图 5-28　【导出向导】对话框的"选择导出文件并定义一些附加选项"界面

（5）选择导出的列。

单击【下一步】按钮，进入"选择导出列"界面，在该界面选择"用户信息"数据表中的全部字段，如图 5-29 所示。

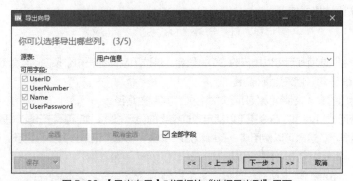

图 5-29　【导出向导】对话框的"选择导出列"界面

（6）设置一些附加的选项。

单击【下一步】按钮，进入"定义一些附加的选项"界面，这里勾选"包含列的标题"和"遇到错误继续"两个复选框，如图 5-30 所示。

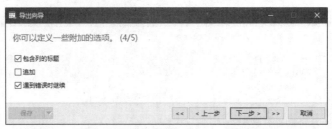

图5-30 【导出向导】对话框的"定义一些附加的选项"界面

（7）完成数据导出操作。

单击【下一步】按钮，进入【导出向导】对话框的最后一个界面，在该界面中单击【开始】按钮，开始导出，导出完成后会显示相关提示信息，如图5-31所示。

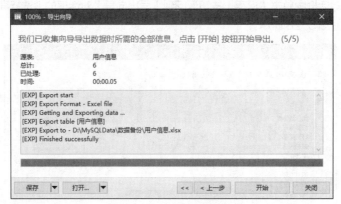

图5-31 导出完成后的界面

最后单击【关闭】按钮，关闭【导出向导】对话框，完成导出操作。

【任务5-11】使用Mysql命令将数据表导出到文本文件

MySQL管理中，有时候需要把数据库中的数据导出到外部存储文件中，MySQL中的数据可以导出为文本文件、XML、HTML等文件格式。

"Mysql"命令既可以用来登录MySQL数据库服务器，又可以用来还原备份文件，同时还可以导出文本文件。其基本语法格式如下：

Mysql -u root -p -e "Select 语句" <数据库名称> ＞ <路径\文本文件名>

> **说明**（1）"-e"选项表示可以执行的SQL语句，该选项后面的语句必须使用半角双引号引起来，"Select 语句"用来查询记录。
>
> （2）导出的文本文件可以使用绝对路径指定其存放路径。
>
> （3）使用"Mysql"命令还可以指定查询结果的显示格式，如果某行记录字段很多，一行不能完全显示，这时可以使用"--vartical"参数，将每条记录分为多行显示。具体语法格式如下：
>
> Mysql -u root -p --vartical -e "Select 语句" 数据库名 ＞ 文本文件名
>
> （4）使用"Mysql"命令还可以将查询结果导出到HTML文件和XML文件中，具体语法格式如下：
>
> Mysql -u root -p -html|--xml-e "Select 语句" 数据库名 ＞ HTML 文件名

【任务描述】

使用"Mysql"命令将数据库"MallDB"中的数据表"出版社信息"的所有记录导出到文件夹"数据备份"中，导出的文本文件名称为"出版社信息.txt"。

【任务实施】

（1）打开 Windows 操作系统下的【命令提示符】窗口。

（2）在 Windows 操作系统下的【命令提示符】窗口的命令提示符"C:\>"后面输入以下命令：

```
Mysql –u root –p –e "Select * From 出版社信息" MallDB >  D:\MySQLData\数据备份\出版社信息.txt
```

按【Enter】键，出现"Enter password:"提示信息后输入正确的密码，这里输入"123456"，再一次按【Enter】键，上面的语句执行成功，表示已把数据库"MallDB"中的数据表"出版社信息"的所有记录导出到文本文件"出版社信息.txt"中。

（3）打开文本文件"出版社信息.txt"可以查看其中的出版社信息数据，其内容如图 5-32 所示。

图 5-32　文本文件"出版社信息.txt"中的数据

> **说明** 在 MySQL 中，可以使用"Select…into Outfile <文件名称>"语句将数据表的内容导出成一个文本文件，并用"Load Data…Infile"语句恢复数据。但这是种方法只能导入和导出记录的内容，不包括表的结构。如果数据表的结构被损坏，则必须先恢复原来的表结构。

【任务 5-12】使用 Mysqldump 命令将数据表导出到文本文件

使用"Mysqldump"命令除了可以备份数据库中的数据，还可以导出文本文件。"Mysqldump"命令的基本语法格式如下：

```
Mysqldump  –T  <导出路径>  <数据库名称>  [<数据表名称>]
           –u  <用户名称>  –p  [<参数可选项>]
```

> **说明**（1）指定了"–T"才可以导出纯文本文件。
>
> （2）如果没有指定导出的数据表名称，则默认导出数据库中的所有数据表。
>
> （3）参数可选项的类型与形式如表 5-2 所示。

【任务描述】

（1）使用不带参数的"Mysqldump"命令将数据库"MallDB"中的数据表"user"的所有记录导出到文件夹"数据备份"中。

（2）使用带参数的"Mysqldump"命令将数据库"MallDB"中的数据表"user"的所有记录导出到文件夹"数据备份"中。

【任务实施】

1. 使用不带参数的"Mysqldump"命令导出数据

（1）打开 Windows 操作系统下的【命令提示符】窗口。

（2）在 Windows 操作系统下的【命令提示符】窗口的命令提示符后面输入以下命令：

Mysqldump -T D:\MySQLData\数据备份\ MallDB user -u root -p

按【Enter】键，出现"Enter password:"提示信息后输入正确的密码，这里输入"123456"，再一次按【Enter】键，上面的语句执行成功，会在 D 盘文件夹"MySQLData"中产生两个文件，分别为"user.sql"和"user.txt"。

"user.sql"包含创建"user"数据表的 Create 语句，该语句对应的内容如下：

```
CREATE TABLE 'user' (
   'UserID' int NOT NULL,
   'UserNumber' varchar(10) DEFAULT NULL,
   'Name' varchar(30) DEFAULT NULL,
   'UserPassword' varchar(15) DEFAULT NULL
) ENGINE=InnoDB DEFAULT CHARSET=utf8;
```

（3）打开文本文件"user.txt"查看其中的数据。使用不带参数的"Mysqldump"命令导出的数据如图 5-33 所示。

图 5-33 使用不带参数的"Mysqldump"命令导出的数据

2. 使用带参数的"Mysqldump"命令导出数据

（1）在 Windows 操作系统下的【命令提示符】窗口的命令提示符后面输入以下命令：

Mysqldump -T D:\MySQLData\数据备份\ MallDB user -u root -p
--fields-terminated-by=, --fields-optionally-enclosed-by=\"
--fields-escaped-by=\ --lines-terminated-by=\r\n

按【Enter】键，出现"Enter password:"提示信息后输入正确的密码，这里输入"123456"，再一次按【Enter】键，上面的语句执行成功，会在 D 盘文件夹"MySQLData"中产生两个文件，分别为"user.sql"和"user.txt"。

"user.sql"包含创建"user"数据表的 Create 语句，该语句对应的内容如本任务前一步骤所示。

（2）打开文本文件"user.txt"查看其中的数据。使用带参数的"Mysqldump"命令导出的数据如图 5-34 所示。

图 5-34 使用带参数的"Mysqldump"命令导出的数据

可以看出，字符类型的数据被半角双引号引起来了，但数值类型的数据并没有被半角双引号引起来。

课后练习

1. 选择题

（1）要快速完全清空一张数据表中的记录可以使用（　　）语句。
  A. Truncate Table
  B. Delete Table
  C. Drop Table
  D. Clear Table

（2）使用 Insert 语句插入记录时，使用（　　）关键字会忽略导致重复关键字的错误记录。
  A. No Same　　　B. Ignore　　　C. Repeat　　　D. Unique

（3）以下（　　）语句无法在数据表中增加记录。
  A. Insert Into ... Values ...
  B. Insert Into ... Select ...
  C. Insert Into ... Set ...
  D. Insert Into ... Update ...

（4）以下关于向 MySQL 数据表中添加数据的描述中错误的是（　　）。
  A. 可以一次性向数据中的所有字段添加数据
  B. 可以根据条件向数据表中的字段添加数据
  C. 可以一次性向数据表中添加多条数据记录
  D. 只能一次性向数据表中添加一条数据记录

（5）以下关于修改 MySQL 数据表中的数据的描述中正确的是（　　）。
  A. 一次只能修改数据中的一条记录
  B. 一次可以指定修改多条记录
  C. 不能根据指定条件修改部分记录的数据
  D. 以上说法都不对

（6）以下关于删除 MySQL 数据表中的记录的描述中正确的是（　　）。
  A. 使用 Delete 语句可以删除数据表中全部记录
  B. 使用 Delete 语句可以删除数据表中一条或多条记录
  C. 使用 Delete 语句一次只能删除一条记录
  D. 以上说法都不对

2. 填空题

（1）向 MySQL 数据表中添加数据记录时，使用的关键字是（　　）。

（2）修改 MySQL 数据表中的记录数据时，使用的关键字是（　　）。

（3）删除 MySQL 数据表中的记录时，使用的关键字是（　　）。

（4）更新 MySQL 数据表某个字段所有数据记录的关键字是（　　）。

（5）在 MySQL 中，可以使用（　　）命令将文本文件导入数据库中，并且不需要登录 MySQL 客户端。

（6）在 MySQL 中，可以使用（　　）语句将表的内容导出成一个文本文件，并用（　　）语句恢复数据。但这是这种方法只能导入和导出记录的内容，不包括表的（　　）。

（7）"Mysql"命令既可以用来登录 MySQL 数据库服务器，又可以用来（　　），同时还可以（　　）。

模块 6
用SQL语句查询MySQL数据表

06

使用数据库和数据表的主要目的是存储数据，以便在需要时进行检索、统计和输出数据。使用关系数据库的主要优点是可以通过构造多张数据表来有效地消除数据冗余，即把数据存储在不同的数据表中，以避免数据冗余、更新复杂等问题产生，然后使用连接查询或视图，获取多张数据表的数据。使用 SQL 语句可以从数据表或视图中迅速、方便地检查数据。

在 MySQL 中，可以使用 Select 语句来实现数据查询，按照用户要求设置不同的查询条件，对数据进行筛选，从数据库中检索特定信息，并将查询结果以表格形式返回，还可以对查询结果进行排序、分组和统计运算。

 重要说明

（1）本模块的各项任务是在模块 5 的基础上进行的，模块 5 在数据库"MallDB"中保留了以下数据表：user、出版社信息、出版社信息 2、商品信息、商品类型、图书信息、图书信息 2、客户信息、客户信息 2、用户信息、用户注册信息、用户类型、订单信息、订购商品。

（2）本模块在数据库"MallDB"中保留了以下数据表：user、出版社信息、出版社信息 2、商品信息、商品类型、图书信息、图书信息 2、图书汇总信息、客户信息、客户信息 2、用户信息、用户注册信息、用户类型、订单信息、订购商品。

（3）完成本模块所有任务后，参考模块 9 中介绍的备份方法对数据库"MallDB"进行备份，备份文件名为"MallDB06.sql"

例如：

```
Mysqldump -u root -p --databases MallDB> D:\MySQLData\MyBackup\MallDB06.sql
```

 **操作准备**

（1）打开 Windows 操作系统下的【命令提示符】窗口。

（2）如果数据库"MallDB"或者该数据库中的数据表被删除了，可参考模块 9 中介绍的还原备份的方法将模块 5 中创建的备份文件"MallDB05.sql"予以还原。

例如：

```
Mysql -u root -p MallDB < D:\MySQLData\MallDB05.sql
```

（3）登录 MySQL 数据库服务器。

在【命令提示符】窗口的命令提示符后输入命令"mysql -u root -p"，按【Enter】键后，输入正确的密码，这里输入"123456"。当窗口中命令提示符变为"mysql>"时，表示已经成功登录 MySQL 数据库服务器。

（4）选择需要进行相关操作的数据库"MallDB"。

在命令提示符"mysql>"后面输入选择数据库的语句：

Use MallDB ;

（5）启动 Navicat for MySQL，打开已有连接"MallConn"，打开数据库"MallDB"。

（6）将"订单信息"数据表中字段名称"客户姓名"修改为"客户"，将该字段的数据类型修改为"int"，修改字段结构的语句如下：

Alter Table 订单信息 Change 客户姓名 客户 int Not Null ;

> **说明** 为保证成功修改字段结构，在修改"订单信息"数据表的结构之前，先将其记录数据全部删除。

（7）为了保证本模块所有的查询操作顺利进行，以及读者的查询结果与本书各项任务完成后的查询结果一致，先将数据库"MallDB"中所有数据表中的数据全部删除，再用 Navicat for MySQL 工具重新导入全部数据。

6.1 创建单表基本查询

1. Select 语句的语法格式及其功能

（1）Select 语句的一般格式。

MySQL 从数据表中查询数据的基本语句为 Select 语句，Select 语句的一般格式如下：

```
Select        <字段名称或表达式列表>
From          <数据表名称或视图名称>
[  Where      <条件表达式>  ]
[  Group By   <分组的字段名称或表达式> ]
[  Having     <筛选条件>  ]
[  Order By   <排序的字段名称或表达式>  Asc | Desc  ]
[ 数据表的别名 ]
```

（2）Select 语句的功能。

根据 Where 子句的条件表达式，从 From 子句指定的数据表中找出满足条件的记录，再按 Select 子句选出记录中的字段值，把查询结果以表格的形式返回。

（3）Select 语句的说明。

Select 关键字后面跟随的是要检索的字段列表，并且指定了字段的顺序。SQL 查询子句顺序为 Select、Into、From、Where、Group By、Having 和 Order By 等。其中 Select 子句和 From 子句是必须的，其余的子句均可省略，而 Having 子句只能和 Group By 子句搭配起来使用。From 子句返回初始结果集，Where 子句排除不满足搜索条件的记录，Group By 子句对选定的记录进行分组，Having 子句排除不满足分组聚合后搜索条件的记录。

① Select 关键字后面的字段名称或表达式列表表示需要查询的字段名称或表达式。

② From 子句是 Select 语句所必需的子句，用于标识从中检索数据的一张或多张数据表或视图。

③ Where 子句用于设定查询条件以返回需要的记录，如果有 Where 子句，就按照对应的"条件表达式"规定的条件进行查询。如果没有 Where 子句，就查询所有记录。

④ Group By 子句用于将查询结果按指定的一个字段或多个字段的值进行分组统计，分组字段或表达式的值相等的被分为同一组。通常 Group By 子句与 Count()、Sum()等聚合函数配合使用。

⑤ Having 子句与 Group By 子句配合使用，用于进一步对由 Group By 子句分组的结果限定筛选

条件，满足该筛选条件的数据才能被输出。

⑥ Order By 子句用于将查询结果按指定的字段进行排序。排序包括升序排列和降序排列。其中 Asc 表示记录按升序排列，Desc 表示记录按降序排列，默认状态下，记录按升序方式排列。

> **提示** MySQL 中的 SQL 语句不区分大小写，SELECT、select 与 Select 是等价的，执行的结果是一样的，但代码的可读性不一样。本书中将 SQL 语句关键字约定为首字母大写，方便代码阅读与维护。

⑦ 数据表的别名用于代替数据表的原名称。

2. SQL 的语言类型及常用的语句

SQL 的语言类型及常用的语句如表 6-1 所示。

表 6-1 SQL 的语言类型及常用的语句

语言类型	功能描述	常用语句
数据定义语言（DDL）	用于创建、修改和删除数据库对象，这些数据库对象主要包括数据库、数据表、视图、索引、函数、存储过程、触发器等	Create 语句用于创建对象，Alter 语句用于修改对象，Drop 语句用于删除对象
数据操纵语言（DML）	用于操纵和管理数据表和视图，包括查询、插入、更新和删除数据表中的数据	Select 语句用于查询数据表或视图中的数据，Insert 语句用于向数据表或视图中插入数据，UpDate 语句用于更新数据表或视图中的数据，Delete 语句用于删除数据表或视图中的数据
数据控制语言（DCL）	用于设置或者更改数据库用户的权限	Grant（授予）用于授予用户某个权限，Revoke（撤销）用于撤销用户某个权限，Deny 用于拒绝给当前数据库中的用户或角色授予权限，并防止用户或角色通过组或角色成员继承权限

【任务 6-1】使用 Navicat 图形管理工具实现查询操作

【任务描述】

在 Navicat for MySQL 图形化环境中创建、运行查询，查询"用户信息"数据表中所有的记录，要求将该表各个字段的别名设置为"用户 ID""用户编号""用户名称""密码"。

【任务实施】

（1）启动图形管理工具 Navicat for MySQL，打开连接"MallConn"，打开数据库"MallDB"。

（2）单击【Navicat for MySQL】窗口工具栏中的【查询】按钮，显示查询对象。

（3）单击【新建查询】按钮，显示【查询编辑器】选项卡，如图 6-1 所示。

微课 6-1

使用 Navicat 图形管理工具实现查询操作

图 6-1 【查询编辑器】选项卡

在【查询编辑器】选项卡的工具栏中单击【查询创建工具】按钮，弹出【查询创建工具】窗口，该窗口左侧为数据库中的数据表列表，中部上方为数据表或视图显示区域，中部下方提供了创建查询语句的模板，右侧为 SQL 语句显示区域，如图 6-2 所示。

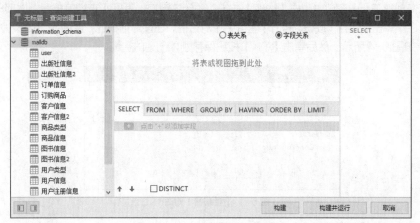

图 6-2 【查询创建工具】窗口

（4）选择创建查询的数据表及其字段。

在【查询创建工具】窗口左侧数据表列中双击数据表"用户信息"，弹出可供选择的"用户信息"数据表字段，这里依次选择"UserID""UserNumber""Name"和"UserPassword"，同时窗口右侧区域自动生成了对应的 SQL 语句，如图 6-3 所示。

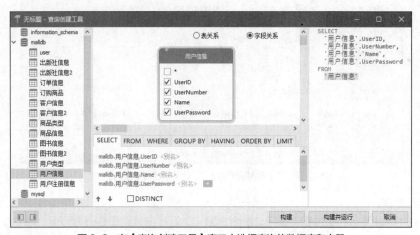

图 6-3 在【查询创建工具】窗口中选择查询的数据表和字段

（5）在查询语句模板区域设置别名。

"用户信息"数据表的字段名称为英文名，如果需要设置中文名，可以在【查询创建工具】窗口的查询语句模板区域单击"<别名>"，在弹出的文本框中输入中文别名，然后单击【确定】按钮关闭文本框，这里分别输入"用户 ID""用户编号""用户名称"和"密码"。查询"用户信息"的 SQL 语句如下：

```
Select
    '用户信息'.UserID As '用户 ID',
    '用户信息'.UserNumber As '用户编号 ',
    '用户信息'.'Name' As '用户名称',
    '用户信息'.UserPassword As '密码'
```

> From
> '用户信息'

（6）保存创建的查询。

在【查询创建工具】窗口中单击【构建】按钮，关闭该窗口，返回【查询编辑器】选项卡。

在工具栏中单击【保存】按钮，打开【查询名】对话框，在该对话框的"查询名"文本框中输入"查询0601"，如图6-4所示，然后单击【OK】按钮保存刚才创建的查询。

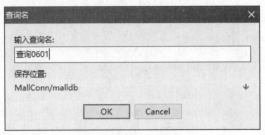

图6-4 【查询名】对话框

（7）在【查询编辑器】选项卡中查看SQL语句。

在工具栏中单击【解释】按钮，显示【解释1】选项卡，完整的SQL语句与【解释1】选项卡如图6-5所示。

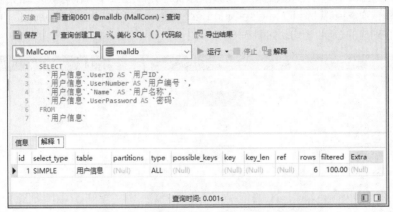

图6-5 在【查询编辑器】选项卡中查看SQL语句

（8）运行查询。

在工具栏中单击【运行】按钮，运行"查询0601"，运行结果如图6-6所示。

用户ID	用户编号	用户名称	密码
1	u00001	肖海雪	123456
2	u00002	李波兴	123456
3	u00003	肖娟	888
4	u00004	钟耀刚	666
5	u00005	李玉强	123
6	u00006	苑俊华	456

SELECT : 0.039s　第 1 条记录（共 6 条）

图6-6 "查询0601"的运行结果

【任务 6-2】查询时选择与设置字段

微课 6-2

查询时选择与
设置字段

Select 语句使用通配符 "*" 选择数据表中所有的字段，使用 All 关键字选择所有记录，All 一般省略不写。Select 关键字与第一个字段名称之间使用半角空格分隔，可以使用多个半角空格，其效果等效于一个半角空格。SQL 语句中各部分之间必须使用空格分隔，SQL 语句中的空格必须是半角空格，如果输入全角空格，则会出现错误提示信息。

Select 语句中，在 Select 关键字后面指定要查询的字段名称，字段列表中不同字段名称之间使用半角逗号 "," 分隔开，最后一个字段后面不能加半角逗号。语法格式如下：

Select 字段名称 1，字段名称 2，…，字段名称 n From 数据表名称；

> **注意** SQL 查询语句中尽量避免使用 "*" 表示输出所有的字段，其原因是使用 "*" 输出所有的字段不利于代码的维护。该语句并没有表明，哪些字段正在被使用，这样当数据库的模式发生改变时，用户不容易知道已编写的代码将会怎样改变。所以明确地列出要在查询中使用的字段可以增强代码的可读性，并且代码更易维护。当对数据表的结构不太清楚，或要快速查看表中的记录时，使用 "*" 表示输出所有字段是很方便的。

使用 Select 语句查询时，返回结果中的列标题与数据表或视图中的字段名称相同。查询时可以使用 As 关键字来为查询中的字段或表达式指定标题名称，这些名称既可以用来改善查询输出的外观，也可以用来为一般情况下没有标题名称的表达式分配名称（该名称称为别名）。使用 As 为字段或表达式分配标题名称时，只改变输出结果中的列标题的名称，对该列显示的内容没有影响。

具体语法格式如下：

Select 字段名称 1 As 别名 1，字段名称 2 As 别名 2，…，字段名称 n As 别名 n
From 数据表名称；

其中字段名称为数据表中字段真实的名称，别名为输出结果的列标题名称，As 为可选项，省略 As 时显示结果相同。

使用 As 为字段和表达式分配的标题名称相当于实际的列名，是可以再被其他的 SQL 语句使用的。在查询中经常需要对查询结果数据进行再次计算处理，在 MySQL 中允许直接在 Select 子句中对列进行计算。运算符主要包括+（加）、-（减）、×（乘）、/（除）等。计算列并不存在于数据表中，它是通过对某些列的数据进行计算得到的。

Select 语句中 Select 关键字后面可以使用表达式作为检索对象，表达式可以出现在检索的字段列表的任何位置。如果表达式是数学表达式，则显示的结果是数学表达式的计算结果。例如要求计算每一种商品的总金额，可以使用表达式 "价格*数量" 计算，并且使用 "金额" 作为输出结果的列标题。如果没有为计算列指定列名，则返回的结果是看不到列标题的。

【任务 6-2-1】查询所有字段

【任务描述】

查询 "用户类型" 数据表中所有的字段。

【任务实施】

首先打开 Windows 操作系统下的【命令提示符】窗口，登录 MySQL 数据库服务器，然后使用 "Use MallDB；" 语句选择数据库 "MallDB"。

查询对应的 SQL 语句如下：

Select * From 用户类型 ；

查询的运行结果如图6-7所示。

用户类型ID	用户类型名称	用户类型说明
1	个人用户	包括国内与国外个人用户
2	国内企业用户	指国内注册的企业
3	国外企业用户	指国外注册的企业

图6-7 【任务6-2-1】查询的运行结果

明确指定字段名称的查询SQL语句如下：

Select 用户类型ID，用户类型名称，用户类型说明 From 用户类型 ；

查询的运行结果如图6-7所示。

【任务6-2-2】查询指定字段

在Select子句后面输入相应的字段名称，就可以把指定的字段值从数据表中检索出来。当目标字段不止一个时，使用半角逗号"，"隔开。

【任务描述】

查询"用户注册信息"数据表中所有的记录，查询结果只包含"用户编号""用户名称"和"密码"3列数据。

【任务实施】

查询对应的SQL语句如下：

用户编号	用户名称	密码
u00001	肖海雪	123456
u00002	李波兴	123456
u00003	肖娟	888
u00004	钟耀刚	666
u00005	李玉强	123
u00006	苑俊华	456

Select 用户编号，用户名称，密码 From 用户注册信息 ；

查询的运行结果如图6-8所示。

图6-8 【任务6-2-2】查询的运行结果

【任务6-2-3】查询经过计算后的字段

【任务描述】

从"订购商品"数据表中查询订单商品应付金额，查询结果包含"订单编号""商品编号""购买数量""优惠价格""优惠金额"和"应付金额"。其中"应付金额"为计算字段，计算公式为"购买数量*优惠价格-优惠金额"。

【任务实施】

查询对应的SQL语句如下：

Select 订单编号，商品编号，购买数量，优惠价格，优惠金额，
        购买数量*优惠价格-优惠金额 As 应付金额 From 订购商品 ；

查询的运行结果如图6-9所示。

订单编号	商品编号	购买数量	优惠价格	优惠金额	应付金额
104117376996	12631631	1	37.70	0.00	37.70
112140713889	11537993	1	28.30	0.00	28.30
112140713889	12325352	1	35.60	0.00	35.60
112140713889	12366901	1	43.90	0.00	43.90
112140713889	12482554	1	33.70	0.00	33.70
112148145580	12520987	4	62.80	20.00	231.20
112148145580	12528944	2	63.20	10.00	116.40
112148145580	12563157	1	53.80	0.00	53.80
127768559124	100003688077	1	8499.00	0.00	8499.00
127769119516	100013232838	1	3999.00	200.00	3799.00
127770170589	100009177424	1	4499.00	0.00	4499.00
132577605708	12728744	3	39.60	10.00	108.80
132577605718	11537993	5	28.30	10.00	131.50
132577605718	12303883	1	28.40	0.00	28.40
132577605718	12634931	1	31.40	0.00	31.40

图6-9 【任务6-2-3】查询的运行结果

【任务 6-2-4】查询时为查询结果指定别名

【任务描述】

查询"用户信息"数据表中全部用户数据，查询结果只包含"UserNumber""Name"和"UserPassword"3 列数据，要求这 3 个字段输出时分别以"用户编号""用户名称"和"密码"作为标题。

【任务实施】

查询对应的 SQL 语句如下：

```
Select   UserNumber As 用户编号，Name As  用户名称，UserPassword As 密码
From   用户信息；
```

查询的运行结果如图 6-10 所示。

```
+----------+-----------+--------+
| 用户编号  | 用户名称   | 密码   |
+----------+-----------+--------+
| u00001   | 肖海雪     | 123456 |
| u00002   | 李波兴     | 123456 |
| u00003   | 肖娟       | 888    |
| u00004   | 钟耀刚     | 666    |
| u00005   | 李玉强     | 123    |
| u00006   | 苑俊华     | 456    |
+----------+-----------+--------+
```

图 6-10 【任务 6-2-4】查询的运行结果

对应的 SQL 语句中的 As 可以省略，即可以写成以下形式：

```
Select   UserNumber 用户编号，Name  用户名称，UserPassword  密码
From   用户信息；
```

该语句查询的运行结果如图 6-10 所示。

【任务 6-3】查询时选择行

Where 子句后面是一个逻辑表达式表示的条件，用来限制 Select 语句检索的记录，即查询结果中的记录都应该是满足该条件的记录。使用 Where 子句并不会影响所要检索的字段，Select 语句要检索的字段由 Select 关键字后面的字段列表决定。数据表中所有的字段都可以出现在 Where 子句的表达式中，不管它是否出现在要检索的字段列表中。

微课 6-3

查询时选择行

Where 子句后面的逻辑表达式中可以使用以下运算符。

（1）比较运算符。

SQL 语句中的比较运算符如表 6-2 所示。

表 6-2 比较运算符

序号	运算符	说明
1	=	等于
2	<>	不等于
3	!=	不等于
4	<	小于
5	!<	不小于
6	>	大于
7	!>	不大于
8	<=	小于或等于
9	>=	大于或等于

比较运算符"="就是比较两个值是否相等，若相等，则表达式的计算结果为"逻辑真"。当比较运算符连接的数据类型不是数字时，要用半角单引号把比较运算符后面的数据引起来，并且运算符两边表达式的数据类型必须保持一致。

（2）逻辑运算符（And 或&&、Or 或||、Not 或!、Xor）。

逻辑与（And）表示多个条件同时为真时才返回结果，逻辑或（Or）表示多个条件中有一个条件为真就返回结果，逻辑非（Not）表示当表达式不成立时才返回结果。

And 运算符的语法格式如下：

条件表达式 1　And　条件表达式 2　[And 条件表达式 *n*]

Or 运算符的语法格式如下：

条件表达式 1　Or　条件表达式 2　[Or 条件表达式 *n*]

Not 运算符的语法格式如下：

Not 条件表达式

Or 运算符也可以与 And 运算符一起使用，当两者一起使用时，And 的优先级要比 Or 高。

（3）模糊匹配运算符（Like、Not Like）。

在 Where 子句中，使用模糊匹配运算符 Like 或 Not Like 可以把表达式与字符串进行比较，从而实现模糊查询。所谓模糊查询，就是查找数据表中与用户输入关键字相近或相似的记录信息。模糊匹配运算符通常与通配符一起使用，使用通配符时必须将字符串和通配符都用半角单引号引起来。

模糊匹配运算符的使用语法格式如下：

[Not]　Like　'带通配符的字符串'

字符串必须加上半角单引号或双引号，字符串中可以包含"%""_"通配符。

MySQL 提供了表 6-3 所示的模糊匹配的通配符。

表 6-3　模糊匹配的通配符

通配符	含义	示例
%	表示0~*n*个任意字符	'XY%': 匹配以 XY 开始的任意字符串。'%X': 匹配以 X 结束的任意字符串。'X%Y': 匹配包含 XY 的任意字符串
_	表示单个任意字符	'_X': 匹配以 X 结束的两个字符的字符串。'X_Y': 匹配以字母 X 开头，字母 Y 结尾的 3 个字符组成字符串

（4）范围运算符（Between And 、Not Between And 、In、Not In）。

Where 子句中可以使用范围运算符指定查询范围，当要查询的条件是某个值的范围时，可以使用 Between And 关键字。该运算符需要两个参数，即范围的起始值和终止值，如果记录的字段值满足指定的范围查询条件时，则这些记录被返回。

Between And 关键字前可以加关键字 Not，表示取指定范围之外的值，如果字段值不满足指定范围内的值，则这些记录被返回。

在 Where 子句中，使用 In 关键字可以方便地限制检查数据的范围。灵活使用 In 关键字，可以使用简洁的语句实现结构复杂的查询。使用 In 关键字可以确定表达式的取值是否属于某一值列表，当表达式取值与值列表中的任一个数据匹配时，即返回 True，否则返回 False。同样，如果查询表达式不属于某一值列表，可使用 Not In 关键字。

（5）空值比较运算符（Is Null、Is Not Null）。

数据表创建时，可以指定某字段是否可以包含空值（Null），空值不同于 0，也不同于空字符串，空值一般表示数据未知、不适用或将在以后再添加。

在 Select 语句中使用 Is Null 子句可以查询某字段值为空的记录，使用 Is Not Null 子句可以查询字段值不为空的记录。

（6）子查询比较运算符（All、Any、Some）。

Where 子句后面的逻辑表达式中可以包含数字、货币、字符/字符串、日期/时间等类型的字段和常量。日期/时间类型的常量必须使用半角单引号（' '）作为标记，例如'1/1/2021'，字符/字符串类型的常量（即字符串）也必须使用半角单引号（''）作为标记，例如'人民邮电出版社'。

【任务 6-3-1】在 Where 子句中使用比较查询条件筛选记录

【任务描述】

（1）从"图书信息"数据表中检索作者为"陈承欢"的图书信息。

（2）从"图书信息"数据表中检索 2020 年之后出版的图书信息。

以上两项查询的结果只需包含"商品编号""图书名称""作者""出版日期"4 个字段。

【任务实施】

（1）从"图书信息"数据表中检索作者为"陈承欢"的图书信息对应的 SQL 查询语句如下：

```
Select 商品编号,图书名称,作者,出版日期 From 图书信息 Where 作者='陈承欢';
```

> **说明** 比较字符串数据时，系统将从两个字符串的第一个字符开始自左至右进行对比，直到对比出两个字符串的差别为止。

（2）从"图书信息"数据表中检索 2020 年之后出版的图书信息对应的 SQL 查询语句如下：

```
Select 商品编号,图书名称,作者,出版日期 From 图书信息
                   Where Year(出版日期)>2020 ;
```

查询语句中的函数 Year() 返回指定日期的"年"部分的整数。

【任务 6-3-2】查询时去除重复项

由于"商品信息"数据表中"商品类型"字段包含了大量的重复值，一种商品类型包含了多种商品，因此为了剔除查询结果中的重复项，值相同的记录只返回其中的第一条记录，可以使用 Distinct 关键字实现本查询要求。使用 Distinct 关键字时，如果数据表中存在多条值为 Null 的记录，那这些记录将作为重复值处理。

【任务描述】

从"商品信息"数据表中检索所有商品的商品类型，并去除重复项。

【任务实施】

查询时去除重复项对应的 SQL 语句如下：

```
Select Distinct 商品类型 From 商品信息 ;
```

查询的运行结果如图 6-11 所示。

图 6-11 【任务 6-3-2】查询的运行结果

由于"商品信息"数据表中只有 4 种不同类型的商品，所以该查询语句只返回 4 条记录。

【任务 6-3-3】使用 Limit 关键字查询限定数量的记录

查询数据时，可能会查询出很多的记录，而用户需要的记录可能只是很少的一部分，这时就需要限制查询结果的数量。Limit 是 MySQL 中的一个特殊关键字，通常放在 Select 语句后面，用来指定查询结果从哪一条记录开始显示，一共显示多少条记录。

Limit 关键字有两种使用方式。

（1）不指定初始位置。

Limit 关键字不指定初始位置时，记录从第 1 条开始显示，显示记录的数量由 Limit 关键字指定，语法格式如下：

Limit <记录数量>

其中，"记录数量"参数表示显示记录的数量。如果指定的"记录数量"的值小于数据表的总记录数，将会从第 1 条记录开始显示指定数量的记录。如果指定的"记录数量"的值大于数据表的总记录数，则会直接显示数据表中的所有记录。

（2）指定初始位置。

Limit 关键字可以指定从哪一条记录开始显示，并且还可以指定一共显示多少条记录，语法格式如下：

Limit <初始位置> , <记录数量>

其中，"初始位置"参数指定从哪一条记录开始显示，"记录数量"参数表示显示记录的数量。"初始位置"为 0 表示从第 1 条记录开始，"初始位置"为 1 表示从第 2 条记录开始，后面记录的顺序号依次类推。"Limit 0,2"与"Limit 2"的含义是等价的，都是显示前两条记录。

【任务描述】

（1）从"图书信息"数据表中检索前 5 种图书的数据。

（2）从"图书信息"数据表中检索前第 2 种至第 4 种图书的数据。

以上两项查询的结果只需包含"商品编号""图书名称"两个字段。

【任务实施】

（1）从"图书信息"数据表中检索前 5 种图书的数据对应的 SQL 语句如下：

Select 商品编号 , 图书名称 From 图书信息 Limit 5 ;

查询的运行结果如图 6-12 所示。

```
+----------+----------------------------+
| 商品编号 | 图书名称                   |
+----------+----------------------------+
| 12631631 | HTML5+CSS3网页设计与制作实战 |
| 12303883 | MySQL数据库技术与项目应用教程 |
| 12634931 | Python数据分析基础教程      |
| 12528944 | PPT设计从入门到精通         |
| 12563157 | 给Python点颜色 青少年学编程  |
+----------+----------------------------+
```

图 6-12 查询"图书信息"数据表中前 5 种图书的数据的运行结果

（2）从"图书信息"数据表中检索前第 2 种至第 4 种图书的数据对应的 SQL 语句如下：

Select 商品编号, 图书名称 From 图书信息 Limit 1 , 3 ;

查询的运行结果如图 6-13 所示。

```
+----------+----------------------------+
| 商品编号 | 图书名称                   |
+----------+----------------------------+
| 12303883 | MySQL数据库技术与项目应用教程 |
| 12634931 | Python数据分析基础教程      |
| 12528944 | PPT设计从入门到精通         |
+----------+----------------------------+
```

图 6-13 查询"图书信息"数据表中第 2 种至第 4 种图书的数据的运行结果

由于记录的初始位置"0"表示第 1 条记录，所以第 2 种图书的位置序号为"1"。

【任务 6-3-4】使用 Between And 创建范围查询

【任务描述】

从"图书信息"数据表中检索出版日期在"2019-10-01"和"2021-05-01"之间的图书信息，查询结果只需包含"商品编号""图书名称"和"出版日期"3 个字段。

【任务实施】

使用 Between And 创建范围查询对应的 SQL 语句如下：

Select 商品编号，图书名称，出版日期 From 图书信息
　　　Where 出版日期 Between '2019-10-01' And '2021-05-01' ；

查询条件中的表达式"出版日期 Between '2019-10-01' And '2021-05-01'"也可以用表达式"出版日期 >='2019-10-01' And 出版日期<='2021-05-01'"代替。

使用日期作为范围条件时，应用使用半角单引号引起来，使用的日期格式一般是"年-月-日"。

查询的运行结果如图 6-14 所示。

商品编号	图书名称	出版日期
12631631	HTML5+CSS3网页设计与制作实战	2019-11-01
12303883	MySQL数据库技术与项目应用教程	2018-02-01
12634931	Python数据分析基础教程	2020-03-01
12366901	教学设计、实施的诊断与优化	2018-05-01
12325352	Python程序设计	2018-03-01
12728744	财经应用文写作	2019-10-01

图6-14 【任务6-3-4】查询的运行结果

> **说明** 从图 6-14 所示的运行结果可以看出，查询结果中包括"2019-10-01"起始值和"2021-5-01"终止值，这也说明，Between And 关键字指定的查询范围，包括起始值和终止值。

【任务6-3-5】使用 In 关键字创建查询

【任务描述】

从"图书信息"数据表中检索出"陈承欢""王振世"和"王斌会"3 位作者编写的图书信息，查询结果要求包含"商品编号""图书名称"和"作者"3 个字段。

【任务实施】

使用 In 关键字查询对应的 SQL 语句如下：

Select 商品编号,图书名称,作者 From 图书信息
　　　Where 作者 In ('陈承欢','王振世','王斌会') ；

查询条件中的表达式"作者 In ('陈承欢','王振世','王斌会')"也可以用表达式"(作者='陈承欢') Or (作者='王振世') Or (作者='王斌会')"代替，但使用 In 关键字时表达式简且可读性更高。在 Where 子句中使用 In 关键字时，如果值列表有多个，则使用半角逗号分隔，并且值列表中不允许出现 Null。

【任务6-3-6】使用 Like 创建模糊查询

【任务描述】

（1）从"图书信息"数据表中检索出作者姓"郑"的图书信息。

（2）从"图书信息"数据表中检索出作者不姓"陈"的图书信息。

（3）从"图书信息"数据表中检索出作者姓名只有 3 个汉字并且姓"王"的图书信息。

查询结果要求只需包含"商品编号""图书名称"和"作者"3 个字段。

【任务实施】

（1）从"图书信息"数据表中的检索作业姓"郑"的图书信息对应的 SQL 查询语句如下：

Select 商品编号，图书名称，作者 From 图书信息 Where 作者 Like '郑%' ；

该查询语句的查询条件表示匹配"作者"字段第 1 个字符是"郑"，长度为任意个字符。

（2）从"图书信息"数据表中检索作者不姓"陈"的图书信息对应的 SQL 查询语句如下：

Select 商品编号，图书名称，作者 From 图书信息 Where 作者 Not Like '陈%'；

该查询语句的查询条件表示匹配"作者"字段第1个字符不是"陈"，长度为任意个字符。

（3）从"图书信息"数据表中检索作者姓名只有3个汉字且姓"王"的图书信息对应的 SQL 查询语句如下：

Select 商品编号，图书名称，作者 From 图书信息 Where 作者 Like '王__'；

作者姓名为3个汉字，使用3个"_"通配符。由于要求查询结果包含姓"王"的作者，所以第1个字符使用汉字"王"，后面只需要两个"_"通配符即可。

【任务6-3-7】创建搜索空值的查询

【任务描述】

从"图书信息"数据表中检索"版次"不为空的图书信息，查询结果只包括"商品编号""图书名称"和"版次"3个字段。

【任务实施】

在 Where 子句中使用 Is Null 条件可以查询数据表中值为 Null 的数据，使用 Is Not Null 可以查询数据表中值不为 Null 的数据。

查询数据表"图书信息"中"版次"不为空的图书信息对应的 SQL 语句如下：

Select 商品编号，图书名称，版次 From 图书信息 Where 版次 Is Not Null；

【任务6-3-8】使用聚合函数查询

聚合函数用于对一组数据值进行计算并返回单一值，所以也被称为组合函数。Select 子句中可以使用聚合函数进行计算，计算结果作为新列出现在查询结果集中。聚合运算的表达式可以包括字段名称、常量以及由运算符连接起来的函数。常用的聚合函数如表6-4所示。

在使用聚合函数时，可以使用 Distinct 关键字，以保证计算时不包含重复的行。

表6-4 常用的聚合函数

函数名	功能	函数名	功能
Count(*)	统计数据表中的总记录数，包含字段值为空值的记录	Count(字段名称)	统计指定字段的记录数，忽略字段值为空值的记录
Avg(字段名称)	计算指定字段值的平均值	Sum(字段名称)	计算指定字段值的总和
Max(字段名称)	计算指定字段的最大值	Min(字段名称)	计算指定字段的最小值

【任务描述】

（1）从"图书信息"数据表中查询价格在"20元"至"45元"之间的图书种数。

（2）从"订购商品"数据表中查询商品的种类数量。

（3）从"图书信息"数据表中查询图书的最高价、最低价和平均价格。

（4）从"订购商品"数据表中查询商品的总购买数量。

【任务实施】

（1）查询"图书信息"数据表中价格在"20元"至"45元"之间的图书种数对应的 SQL 语句如下：

Select Count(*) As 图书种数 From 图书信息 Where 价格 Between 20 And 45；

查询语句中使用 Count(*)统计数据表中符合条件的记录数。

查询的运行结果如图6-15所示。

图6-15 从"图书信息"数据表中查询价格在"20元"至"45元"之间的图书种数的运行结果

（2）查询"订购商品"数据表中商品种类的数量对应的 SQL 语句如下：

Select Count(Distinct(商品编号)) As 商品种类 From 订购商品 ;

查询语句中利用函数 Count()计算数据表特定字段中值的数量，还利用 Distinct 关键字控制计算结果不包含重复的行。

查询的运行结果如图 6-16 所示。

图 6-16　从"订购商品"数据表中查询无重复的商品种类的数量的运行结果

（3）查询"图书信息"数据表中图书的最高价、最低价和平均价格对应的 SQL 语句如下：

Select Max(价格) As 最高价格 , Min(价格) As 最低价格 , Avg(价格) As 平均价格
From 图书信息 ;

查询语句中利用 Max()函数计算最高价，利用 Min()函数计算最低价，利用 Avg()函数计算平均价格。

查询的运行结果如图 6-17 所示。

最高价格	最低价格	平均价格
79.00	29.80	47.809091

图 6-17　从"图书信息"数据表中查询图书的最高价、最低价和平均价的运行结果

（4）查询"订购商品"数据表中商品的总购买数量对应的 SQL 语句如下：

Select Sum(购买数量) As 总购买数量 From 订购商品 ;

查询语句利用函数 Sum(购买数量)计算总购买数量。

查询的运行结果如图 6-18 所示。

图 6-18　从"订购商品"数据表中查询商品的总购买数量的运行结果

【任务 6-3-9】使用 And 创建多条件查询

【任务描述】

从"图书信息"数据表中检索作者为"陈承欢"，并且出版日期在"2020"年之后的图书信息，查询结果只需包含"商品编号""图书名称""作者"和"出版日期"4 个字段。

【任务实施】

使用 And 创建多条件查询对应的 SQL 语句如下：

Select 商品编号 , 图书名称 , 作者 , 出版日期
　　From 图书信息
　　Where 作者='陈承欢' And Year(出版日期)>2020 ;

该查询语句必须在两个简单查询条件同时成立时才返回结果。

【任务 6-3-10】使用 Or 创建多条件查询

【任务描述】

从"图书信息"数据表中检索作者为"陈承欢"或者出版日期在"2020-5-01"之后的图书信息，查询结果只需包含"商品编号""图书名称""作者"和"出版日期"4 个字段。

【任务实施】

使用 Or 创建多条件查询对应的 SQL 语句如下：

```
Select 商品编号，图书名称，作者，出版日期
     From 图书信息
     Where 作者='陈承欢' Or 出版日期>'2020-05-01';
```

该查询语句的两个简单查询条件有一个成立或者两个都成立时返回结果。

【任务 6-3-11】将查询结果保存到另一张数据表中

【任务描述】

对"订购商品"数据表中各个购买出版社图书的订单的购买数量、金额进行统计，并将出版社名称、数量合计、金额合计和图书名称列表等数据存储到数据表"图书汇总信息"中。

【任务实施】

创建一张数据表"图书汇总信息"，对应的 SQL 语句如下：

```
Create Table 图书汇总信息( 出版社名称 varchar(16)，数量合计 int，
                金额合计 decimal(10,2)，图书名称列表 varchar(100));
```

然后向数据表"图书汇总信息"中插入查询语句的执行结果，对应的 SQL 语句如下：

```
Insert Into 图书汇总信息
     Select 出版社信息.出版社名称，
          Sum(订购商品.购买数量)，
          Sum(订购商品.购买数量*订购商品.优惠价格-优惠金额)，
          Group_Concat(图书信息.图书名称)
     From   订购商品，图书信息，出版社信息
     Where  订购商品.商品编号=图书信息.商品编号
          And 图书信息.出版社=出版社信息.出版社 ID
     Group By 出版社信息.出版社名称；
```

这里使用 Insert Into 语句将数量合计、金额合计的统计结果和对应的图书名称列表插入数据表"图书汇总信息"中。由于"订购商品"数据表中只有购买数量、优惠价格而没有商品名称，而"图书信息"数据表中只有出版社 ID 而没有出版社名称，所以需要使用多表连接，统计各个出版社购买图书的数量合计和金额合计。

【任务 6-4】对查询结果进行排序

从数据表中查询数据时，结果是按照数据被添加到数据表时的物理顺序显示的。在实际编程中，有时需要按照指定的字段进行排序显示，这就需要对查询结果进行排序。

使用 Order By 子句可以对查询结果集的相应列进行排序，排序方式分为升序排列和降序排列。Asc 关键字表示升序，Desc 关键字表示降序，默认情况下为 Asc，即按升序排列。Order By 子句可以同时对多个列进行排序。当有多个排序列时，每个排序列之间用半角逗号分隔，而且每个排序列后可以跟一个排序方式关键字。多列进行排序时，会先按第 1 列进行排序，然后使用第 2 列对前面排序结果中相同的值再进行排序。具体语法格式如下：

```
Order By 字段名称 1，字段名称 2，…，字段名称 n [ Asc | Desc ]
```

> **说明** 使用 Order By 子句查询时，若字段值包含 Null，按照升序排列时值为 Null 的记录在最后显示，按照降序排列时则在最前面显示。

【任务描述】

（1）从"图书信息"数据表中检索价格在 45 元（不包含 45 元）以上的图书信息，要求按价格的升序输出。

（2）从"图书信息"数据表中检索 2019-9-1 以后出版的图书信息，要求按出版日期的降序输出。

（3）从"图书信息"数据表中检索所有的图书信息，要求按出版日期的升序输出，出版日期相同时按价格的降序输出。

查询结果只包括"商品编号""图书名称""作者""价格""出版日期"5 个字段。

【任务实施】

（1）检索"图书信息"数据表中价格在 45 元（不包含 45 元）以上的图书信息对应的 SQL 查询语句如下：

```
Select 商品编号，图书名称，作者，价格，出版日期 From 图书信息
      Where 价格>45 Order By 价格 ;
```

该 Order By 子句省略了排序关键字，表示按升序排列，也就是价格低的图书排在前面，价格高的图书排在后面。

（2）检索"图书信息"数据表中 2019-9-1 以后出版的图书信息，并按降序输出对应的 SQL 查询语句如下：

```
Select 商品编号，图书名称，作者，价格，出版日期 From 图书信息
      Where 出版日期> '2019-09-01' Order By 出版日期 Desc ;
```

该 Order By 子句中排序关键字为 Desc，也就是按出版日期的降序排列，即出版日期晚的排在前面，出版日期早的排在后面，例如"2021-05-01"排在"2021-02-01"之前。

（3）按出版日期升序，价格降序输出"图书信息"数据表中的所有图书信息对应的 SQL 查询语句如下：

```
Select 商品编号，图书名称，作者，价格，出版日期 From 图书信息
      Order By 出版日期 Asc，价格 Desc ;
```

该 Order By 子句中第 1 个排序关键字为 Asc，第 2 个排序关键字为 Desc，表示先按"出版日期"的升序排列，即出版日期早的排在前面，出版日期晚的排在后面；当出版日期相同时，价格高的排在前面，价格低的排在后面。

【任务 6-5】分组进行数据查询

一般情况下，使用统计函数返回的是所有行数据的统计结果。如果需要按某一列数据值进行分组，在分组的基础上再进行查询，就要使用 Group By 子句。如果要对分组或聚合指定查询条件，则可以使用 Having 子句，该子句用于限定于对统计组的查询。一般与 Group By 子句一起使用，对分组数据进行过滤。

具体语法格式如下：

```
Group By 字段名称 [ Having < 条件表达式 > ] [ With Rollup ]
```

其中 Group By 关键字后面的字段名称表示要对字段值进行分组的字段，"Having < 条件表达式 >"用于限制分组后输出结果，只有满足条件表达式的结果才能显示。如果使用 With Rollup 关键字，将会在所有记录的最后加上一条记录，该记录为数据表各条记录的总和。

Group By 关键字还可以和 Group_Concat()函数一起使用，Group_Concat()函数把每个分组中指定字段值都显示出来。

【任务描述】

（1）在"图书信息"数据表中统计各出版社出版图书的平均定价和图书种数，并使用 With Rollup

关键字再加上一条新的记录，显示全部记录的平均价格和图书总种数。

（2）在"图书信息"数据表中查询图书平均定价高于30元，并且图书种数在5种（不包含5种）以上的出版社信息，查询结果按平均定价降序排列。

（3）在"图书信息"数据表中统计各出版社出版图书的平均定价，并使用Group_Concat()函数将每家出版社所出版图书的价格显示出来。

【任务实施】

（1）在"图书信息"数据表中统计各出版社出版图书的平均定价和图书种数，并使用With Rollup关键字显示全部记录的平均价格和图书总种数对应的SQL查询语句如下：

```
Select   出版社 , Avg(价格)  As   平均定价 , Count(*)  As  图书种数
         From  图书信息
         Group By  出版社
         With Rollup ;
```

该查询语句先对图书按出版社信息进行分组，然后计算各组的平均价格，统计各组的图书种数。

（2）在"图书信息"数据表中查询图书平均定价高于30元，图书种数在5种（不包含5种）以上的出版社信息，并按平均定价降序排列对应的SQL查询语句如下：

```
Select 出版社 , Avg(价格)  As   平均定价 , Count(*) As  图书种数
       From  图书信息
       Group By  出版社
       Having Avg(价格)>30   And   Count(*)>5
       Order By  平均定价  Desc ;
```

从逻辑上来看，该查询语句的执行顺序如下。

第1步，执行"From 图书信息"，把图书信息数据表中的数据全部检索出来。

第2步，对上一步获取的数据使用"Group By 出版社"进行分组，计算每一组的平均价格和图书种数。

第3步，执行"Having Avg(价格)>30 And Count(*)>5"子句，对上一步中的分组数据进行过滤，只有平均价格高于30元并且图书种数超过5种的数据才能出现在最终的结果集中。

第4步，对上一步获得的结果进行降序排列。

第5步，按照Select子句指定的字段输出结果。

（3）使用各出版社出版图书的平均定价和Group_Concat()函数查看每家出版社所出版图书的价格对应的SQL查询语句如下：

```
Select   出版社 , Avg(价格)  As   平均定价  , Group_Concat(价格)
         From  图书信息
         Group By  出版社 ;
```

对应的查询结果如图6-19所示。

```
+--------+-----------+--------------------------------------------------+
| 出版社 | 平均定价  | Group_Concat(价格)                               |
+--------+-----------+--------------------------------------------------+
|      1 | 45.250000 | 47.10,35.50,39.30,79.00,59.80,41.70,29.80,29.80  |
|      2 | 34.700000 | 39.60,29.80                                      |
|      3 | 42.150000 | 48.80,35.50                                      |
|      4 | 82.900000 | 69.80,96.00                                      |
+--------+-----------+--------------------------------------------------+
```

图6-19　查询结果

从图6-19所示的查询结果可以看出，结果分为4组，对应4家出版社，每家出版社所出版图书的价格都显示出来了，这说明Group_Concat()函数可以很好地把分组情况显示出来。

6.2 创建多表连接查询

前面主要介绍了在一张数据表中进行查询的情况。在实际查询中，例如，查询图书的详细清单，包括图书名称、商品编号、出版社名称、类型名称、价格和出版日期等信息，就需要在 3 张数据表之间进行查询，使用连接查询实现。因为"图书信息"数据表中只有"出版社 ID"和"类型编号"，不包括"出版社名称"和"类型名称"，"出版社名称"在"出版社信息"数据表中，"类型名称"在"商品类型"数据表中。

实现从两张或两张以上的数据表中查询数据且结果集中出现的字段来自两张或两张以上的数据表的检索操作称为连接查询。连接查询实际上是通过各张数据表之间的共同字段的相关性来查询数据的，首先要在这些数据表中建立连接，然后再从数据表中查询数据。

连接的类型分为内连接、外连接和交叉连接。其中外连接包括左外连接、右外连接和全外连接 3 种。

连接查询的格式有如下两种。

格式一：

```
Select <输出字段或表达式列表>
From <数据表 1> , <数据表 2>
[Where <数据表 1.列名> <连接操作符> <数据表 2.列名>]
```

连接操作符可以是"="、"<>"、"!="、">"、"<"、"<="或">="，当操作符是"="时表示等值连接。

格式二：

```
Select <输出字段或表达式列表>
From <数据表 1> <连接类型> <数据表 2> [On (<连接条件>)]
```

连接类型用于指定所执行的连接类型，内连接为 Inner Join，外连接为 Out Join，交叉连接为 Cross Join，左外连接为 Left Join，右外连接为 Right Join，全外连接为 Full Join。

在"<输出字段或表达式列表>"中使用多张数据表来源且有同名字段时，就必须明确定义字段所在的数据表名称。

交叉连接又称为笛卡儿积，返回的结果集的行数等于第 1 张数据表的行数乘以第 2 张数据表的行数。假如，"商品类型"数据表共有 23 条记录，"图书信息"数据表共有 100 条记录，那么交叉连接的结果集会有 2300（23×100）条记录。交叉连接使用 Cross Join 关键字来创建。交叉连接只用于测试一个数据库的执行效率，在实际应用中使用机会较少。

【任务 6-6】创建基本连接查询

基本连接操作就是在 Select 语句的字段名称或表达式列表中引用多张数据表的字段，其 From 子句中用半角逗号","将多张数据表的名称分隔。使用基本连接操作时，一般使从表中的外键字段与主表中的主键字段保持一致，以保持数据的参照完整性。

【任务描述】

（1）在数据库"MallDB"中，从"图书信息"和"出版社信息"两张数据表中查询"人民邮电出版社"所出版图书的详细信息。要求查询结果中包含"商品编号""图书名称""出版社名称""出版日期"等字段。

（2）在数据库"MallDB"中，从"订购商品""图书信息"和"出版社信息"3 张数据表中查询购买数量超过两本的图书的详细信息。要求查询结果中包含"订单编号""商品编号""图书名称""出版社名称""购买数量"等字段。

【任务实施】

1. 两张数据表之间的连接查询

两张数据表之间的连接查询对应的 SQL 查询语句如下：

```
Select   图书信息.商品编号，图书信息.图书名称，
         出版社信息.出版社名称，图书信息.出版日期
 From    图书信息，出版社信息
 Where   图书信息.出版社信息 = 出版社信息.出版社 ID
         And 出版社信息.出版社名称='人民邮电出版社'；
```

在上述的 Select 语句中，Select 子句列表中的每个字段名称前都指定了源表的名称，以确定每个字段的来源。From 子句中列出了两张源表的名称"图书信息"和"出版社信息"，使用半角逗号","隔开，Where 子句中创建了一个等值连接。

为了简化 SQL 查询语句，增强可读性，可以在 Select 语句中使用 As 关键字为数据表指定别名，当然也可以省略 As 关键字。这里设置"图书信息"的别名为"b"，"出版社信息"的别名为"p"，使用别名的 SQL 查询语句如下所示，其查询结果与前一条查询语句完全相同：

```
Select   b.商品编号, b.图书名称, p.出版社名称, b.出版日期
 From    图书信息 As b，出版社信息 As p
 Where   b.出版社信息 = p.出版社 ID   And  p.出版社名称='人民邮电出版社'；
```

由于"图书信息"和"出版社信息"两张数据表没有同名字段，上述查询语句各个字段名称之前的表名也可以省略，不会产生歧义，查询结果也相同。省略表名的查询语句如下：

```
Select 商品编号，图书名称，出版社名称，出版日期
 From    图书信息，出版社信息
 Where   图书信息.出版社 = 出版社信息.出版社 ID
         And 出版社名称='人民邮电出版社'；
```

为了增强 SQL 查询语句的可读性，避免产生歧义，多表查询时最好保留字段名称前面的表名。

2. 多表连接查询

在多张数据表之间创建连接查询与在两张数据表之间创建连接查询相似，只是在 Where 子句中需要使用多个 And 关键字连接两个连接条件。

多张数据表之间的连接查询对应的 SQL 查询语句如下：

```
Select   订购商品.订单编号，订购商品.商品编号，图书信息.图书名称，
         出版社信息.出版社名称，订购商品.购买数量
 From    订购商品，图书信息，出版社信息
 Where   订购商品.商品编号 = 图书信息.商品编号
         And 图书信息.出版社 = 出版社信息.出版社 ID   And  购买数量>2；
```

在上述的 Select 语句中，From 子句中列出了 3 张源表，Where 子句中包含了两个等值连接条件和一个查询条件，当这两个连接条件都为 True 时，才返回结果。

如果只需查询"人民邮电出版社"所出版的购买数量超过两本（不包含两本）的图书信息，所涉及的 SQL 查询语句如下：

```
Select   订购商品.订单编号，订购商品.商品编号，图书信息.图书名称，
         出版社信息.出版社名称，订购商品.购买数量
 From    订购商品，图书信息，出版社信息
 Where   订购商品.商品编号 = 图书信息.商品编号
         And 图书信息.出版社 = 出版社信息.出版社 ID
         And 购买数量>2
         And 出版社信息.出版社名称='人民邮电出版社'；
```

Where 子句中包含了两个等值连接条件和两个查询条件。

【任务 6-7】创建内连接查询

内连接是组合两张数据表的常用方法。内连接使用比较运算符进行多张源表之间数据的比较，并返回这些源表中与连接条件相匹配的数据记录。一般使用 Join 或者 Inner Join 关键字实现内链接。内连接执行连接查询后，要从查询结果中删除在其他数据表中没有匹配行的所有记录，所以使用内连接可能不会显示数据表的所有记录。

内连接可以分为等值连接、非等值连接和自然连接。在连接条件中使用的比较运算符为"="时，该连接操作称为等值连接。在连接条件使用其他运算符（包括"<"">""<="">=""<>""!>""!<""Between"等）的内连接称为非等值连接。当等值连接中的连接字段相同，并且在 Select 语句中去除了重复字段时，该连接操作称为自然连接。

【任务描述】

（1）从"客户信息"和"订单信息"两张数据表中查询购买了商品的客户信息，要求查询结果显示客户姓名、订单编号、订单状态。

（2）从"图书信息"和"商品类型"两张数据表中查询 2020 年 1 月 1 日到 2021 年 10 月 1 日之间出版的价格在 30 元（不包含 30 元）以上的类型为"图书"的商品信息，要求查询结果显示"图书名称""价格""出版日期""商品类型"名称 4 列数据。

【任务实施】

（1）查询购买了商品的客户信息对应的 SQL 查询语句如下：

```
Select  客户信息.客户姓名 , 订单信息.订单编号 , 订单信息.订单状态
From   客户信息  Inner Join  订单信息
On   客户信息.客户 ID =订单信息.客户 ;
```

有关客户的数据存放在"客户信息"数据表中，有关订单的数据存放在"订单信息"数据表中。本查询语句涉及"客户信息"和"订单信息"两张数据表，这两张数据表之间通过共同的字段"客户 ID"连接起来，所以 From 子句为" From 客户信息 Inner Join 订单信息 On 客户信息.客户 ID =订单信息.客户 "。由于查询的字段来自不同的数据表，因此需在 Select 子句中写明源表名。

（2）查询 2020 年 1 月 1 日到 2021 年 10 月 1 日之间出版的价格在 30 元（不包含 30 元）以上的图书信息对应的 SQL 查询语句如下：

```
Select  图书信息.图书名称, 图书信息.出版日期, 图书信息.价格, 商品类型.类型名称
From    图书信息 Inner Join  商品类型
        On  图书信息.商品类型 = 商品类型.类型编号
        And  图书信息.出版日期 Between '2020-01-01' And '2021-10-01'
        And  图书信息.价格>30
        And  商品类型.类型名称='图书'  ;
```

由于"出版日期"数据存放在"图书信息"数据表中，"类型名称"数据存放在"商品类型"数据表中，本查询需要涉及两张数据表，On 关键字后的连接条件使用了"Between"范围运算符和">"运算符。

【任务 6-8】创建外连接查询

在内连接中，只有在两张数据表中匹配的记录才能在结果集中出现。而在外连接中可以只限制一张数据表，而对另一张数据表不加限制（即所有的记录都出现在结果集中）。

外连接分为左外连接、右外连接和全外连接。只包括左表的所有记录，不包括右表的不匹配记录的

外连接称为左外连接；只包括右表的所有记录，不包括左表的不匹配记录的外连接称为右外连接；既包括左表不匹配的记录，又包括右表不匹配的记录的连接称为全外连接。

【任务描述】

（1）创建左外连接查询。

从"商品类型"和"图书信息"两张数据表中查询所有商品类型的图书信息，要求查询结果显示"类型名称""图书名称""价格"3列数据。

（2）创建右外连接查询。

从"订单信息"和"客户信息"两张数据表中查询所有客户的购买商品情况，要求查询结果显示"客户ID""客户姓名""订单编号""应付总额"4列数据。

【任务实施】

1. 创建左外连接查询

在左外连接查询中，左表就是主表，右表就是从表。左外连接返回关键字 Left Join 左边的表中所有的行，但是这些行必须符合查询条件。如果左表的某些数据记录没有在右表中找到相应的匹配数据记录，则结果集中右表的对应位置填入 Null。

创建左外连接查询对应的 SQL 查询语句如下：

```
Select   商品类型.类型名称 , 图书信息.图书名称 , 图书信息.价格
From    商品类型 left Join 图书信息
On      商品类型.类型编号 = 图书信息.商品类型 ;
```

在上面的 Select 语句中，"商品类型"数据表为主表，即左表，"图书信息"数据表为从表，即右表，On 关键字后面是左外连接的条件。由于要查询所有的商品类型，所以所有商品类型都会出现结果集中，同一种商品类型在"图书信息"表中有多条记录的，商品类型会重复出现多次。

2. 创建右外连接查询

在右外连接查询中，右表就是主表，左表就是从表。右外连接返回关键字 Right Join 右边表中所有的行，但是这些行必须符合查询条件。右外连接是左外连接的反向，如果右表的某些数据记录没有在左表中找到相应匹配的数据记录，则结果集中左表的对应位置填入 Null。

创建右外连接查询对应的 SQL 查询语句如下：

```
Select 订单信息.订单编号, 订单信息.应付总额, 客户信息.客户 ID, 客户信息.客户姓名
From    订单信息 Right Join 客户信息
On 订单信息.客户 = 客户信息.客户 ID ;
```

在上面的 Select 语句中，"客户信息"是主表，"订单信息"是从表，On 关键字后面的是右外连接的条件。由于要查询所有客户的购买商品情况，所以采用右外连接查询。

【任务 6-9】使用 Union 语句创建多表联合查询

联合查询是指将多个不同的查询结果连接在一起组成一组新数据的查询方式。联合查询使用 Union 关键字连接各个 Select 子句，联合查询不是对两张数据表中的字段进行连接查询，而是组合两张数据表中的记录。使用 Union 关键字进行联合查询时，应保证联合的数据表中具有相同数量的字段，并且对应的字段应具有相同的数据类型，或者系统可以自动将其转换为相同的数据类型。在自动转换数据类型时，对于数值类型，系统会将低精度的数据类型转换为高精度的数据类型。

Union 语句的语法格式如下：

```
Select  语句 1
     Union  |  Union All
Select   语句 2
```

```
      Union  |  Union All
Select  语句 n  ;
```

使用 Union 运算符将两个或多个 Select 语句的结果组合成一个结果集时，可以使用关键字 All，指定结果集中将包含所有记录而不删除重复的记录。如果省略 All，将从结果集中删除重复的记录。

使用 Union 关键字进行联合查询时，结果集的字段名称与 Union 运算符中第 1 个 Select 语句的结果集中的字段名称相同，其他 Select 语句的结果集的字段名称将被忽略。

【任务描述】

数据库"MallDB"的"订购商品"数据表中的数据主要包括"商品"和"图书"两大类，"MallDB"数据库中已有"商品信息"数据表和"图书信息"数据表，其中两张数据表包括 4 个公共字段，分别为"商品编号""名称""商品类型"和"价格"。使用联合查询将两张数据表的数据合并（商品数据在前，图书数据在后），联合查询时增加一个新列"商品分类"，其值分别为"非图书商品"和"图书"。

【任务实施】

对应的 SQL 查询语句如下：

```
Select 商品编号，商品名称，商品类型 As 商品类型编号，价格，
       '非图书商品' As 商品分类
From   商品信息
Union   All
Select  商品编号，图书名称，商品类型 As 商品类型编号，价格，'图书'
From   图书信息 ;
```

6.3 创建嵌套查询和子查询

在实际应用中，经常要用到多层查询。在 SQL 语句中，将一条 Select 语句作为另一条 Select 语句的一部分的情况称为嵌套查询，也可以称子查询。外层的 Select 语句称为外部查询，内层的 Select 语句称为内部查询。

嵌套查询是按照逻辑顺序由里向外执行的，即先处理内部查询，然后将结果用于外部查询的查询条件。SQL 允许使用多层嵌套查询，即子查询中还可以嵌套其他子查询。

【任务 6-10】创建单值嵌套查询

单值嵌套就是通过子查询返回一个单一的数据值。当子查询返回的结果是单个值时，可以使用比较运算符（包括"<"">""<="">="和"<>"等）参与相关表达式的运算。

【任务描述】

（1）查找图书《HTML5+CSS3 网页设计与制作实战》是由哪一家出版社出版的。

（2）向"图书信息"数据表中添加表 6-5 所示的两条图书记录。

表 6-5　添加的两条图书记录

商品编号	图书名称	商品类型	价格	出版社	ISBN	作者	版次	开本	出版日期
12462164	Python 程序设计基础教程	t1301	29.80 元	1	9787115488107	薛景	1	16 开	2020-09-16
33026249	大数据分析与挖掘	t1301	37.10 元	1	9787115483058	石胜飞	1	16 开	2020-09-16

然后从"图书信息"数据表中查找价格最低并且出版日期最晚的图书信息。

【任务实施】

（1）查找图书《HTML5+CSS3 网页设计与制作实战》是由哪一家出版社出版的。

由于"图书信息"数据表中只存储了"商品名称"和"出版社 ID"，没有存储"出版社名称"，有关出版社信息的数据存储在"出版社信息"数据表中，所以分两步完成查询。

第 1 步，从"图书信息"数据表中查询《HTML5+CSS3 网页设计与制作实战》对应的出版社 ID，并记下其值，查询语句如下：

Select 图书名称，出版社 From 图书信息
Where 图书名称='HTML5+CSS3 网页设计与制作实战';

执行该查询语句，其查询结果如图 6-20 所示。由图可知，《HTML5+CSS3 网页设计与制作实战》对应的出版社 ID 为"1"。

```
+---------------------------------+-----------+
| 图书名称                        | 出版社    |
+---------------------------------+-----------+
| HTML5+CSS3网页设计与制作实战     |        1  |
+---------------------------------+-----------+
```

图 6-20 查询《HTML5+CSS3 网页设计与制作实战》对应的出版社 ID 的结果

第 2 步，从"出版社信息"数据表中查询出版社 ID 为"1"的出版社名称，查询语句如下：

Select 出版社 ID，出版社名称 From 出版社信息 Where 出版社 ID='1';

执行该查询语句，得到的查询的结果如图 6-21 所示。由图可知，《HTML5+CSS3 网页设计与制作实战》对应的出版社名称为"人民邮电出版社"。

```
+----------+------------------+
| 出版社ID | 出版社名称       |
+----------+------------------+
|        1 | 人民邮电出版社   |
+----------+------------------+
```

图 6-21 查询出版社 ID 为"1"的出版社名称的结果

也可以利用嵌套查询，将以上两个步骤的查询语句组合成一条查询语句，将步骤 1 的查询语句作为步骤 2 的查询语句的子查询，对应的 SQL 查询语句如下：

Select 出版社 ID，出版社名称
From 出版社信息
Where 出版社 ID=(Select 出版社 From 图书信息
                Where 图书名称='HTML5+CSS3 网页设计与制作实战') ;

（2）添加新记录后，从"图书信息"数据表中查找价格最低并且出版日期最晚的图书信息。

首先向"图书信息"数据表中添加表 6-5 所示的两条图书记录。

然后从"图书信息"数据表中查找价格最低并且出版日期最晚的图书信息。

将 Order By 与 Limit 关键字结合，输出商品编号、图书名称、出版日期、价格的 SQL 查询语句如下：

Select 商品编号，图书名称，出版日期，价格 From 图书信息
Where 价格=(Select Min(价格) From 图书信息)
Order By 出版日期 Desc Limit 1;

该 SQL 语句的运行结果如图 6-22 所示。

```
+----------+---------------------+------------+-------+
| 商品编号 | 图书名称            | 出版日期   | 价格  |
+----------+---------------------+------------+-------+
| 12462164 | Python程序设计基础教程 | 2020-09-16 | 29.80 |
+----------+---------------------+------------+-------+
```

图 6-22 从"图书信息"数据表中查找价格最低并且出版日期最晚的图书信息的运行结果

使用聚合函数 Max() 只输出出版日期和价格的 SQL 查询语句如下：

Select Max(出版日期) As 出版日期 , 价格 From 图书信息
    Where 价格=(Select Min(价格) From 图书信息) Group By 价格 ；

该查询语句包含了两层嵌套，内层的子查询 "Select Min(价格) From 图书信息" 获取 "图书信息" 数据表中的最低价格数据，然后作为外层子查询的条件，获取价格最低的图书中出版日期最晚的图书信息。

【任务 6-11】使用 In 关键字创建子查询

子查询的返回结果是多个值的嵌套查询称为多值嵌套查询。多值嵌套查询经常使用 In 关键字，In 关键字可以测试表达式的值是否与子查询返回结果集中的某一个值相等，如果字段值与子查询的结果一致或结果集中存在与之匹配的数据记录，则查询结果集中就包含该数据记录。

【任务描述】

（1）在 "客户信息" 数据表中添加一个客户，新增加客户对应的信息如下：客户 ID 为 9，客户姓名为江静，地址为深圳市深南大道 10000 号，联系电话为 38638328，邮政编码为 518057，该客户为新增客户，没有购买商品的记录。

然后查询所有 "订单信息" 数据表中有订单信息的客户信息（仅需包含客户 ID 和客户姓名）。

（2）查询由 "人民邮电出版社" 出版且已被购买过的图书信息。

【任务实施】

（1）添加新客户后，查询所有 "订单信息" 数据表中有订单信息的客户信息对应的 SQL 查询语句如下：

Select 客户 ID , 客户姓名 From 客户信息
Where 客户 ID In(Select 客户 From 订单信息)；

由于 "订单信息" 数据表中存放了有关订单信息的信息，若客户购买了商品，则此客户 ID 就会出现在 "订单信息" 数据表中。利用嵌套查询，在 "订单信息" 数据表中查询所有订购了商品的客户 ID，然后通过客户 ID 在 "客户信息" 数据表查询对应的客户信息。

（2）查询由人民邮电出版社出版且已被购买过的图书信息对应的 SQL 查询语句如下：

Select 商品编号 , 图书名称 ,'人民邮电出版社' As 出版社名称 From 图书信息
Where 出版社=(Select 出版社 ID From 出版社信息
        Where 出版社名称='人民邮电出版社')
    And 商品编号 In (Select 商品编号 From 订购商品)；

由于出版社信息数据存放在 "出版社信息" 数据表中，图书数据存放在 "图书信息" 数据表中，所以利用内层子查询获取由 "人民邮电出版社" 出版的图书。利用嵌套查询获取已被购买的图书，由于已被购买图书的图书编号存放在 "订购商品" 数据表中，所以使用内层子查询获取已被购买图书的图书编号。

【任务 6-12】使用 Exists 关键字创建子查询

使用 Exists 关键字创建子查询时，内层查询语句不返回查询的记录，而返回一个逻辑值。如果内层查询语句查询到满足条件的记录，就返回逻辑真（True），否则返回逻辑假（False）。当内层查询返回的值为 True 时，外层查询语句将进行查询，返回符合条件的记录。当内层查询返回的值为 False 时，外层查询语句将不进行查询或查询不出任何记录。

Exists 关键字还可以与 Not 结合使用，即 Not Exists，其返回值情况与 Exists 正好相反。子查询如果至少返回了一行记录，那么 Not Exists 的结果为 False，此时外层查询语句将不再进行查询。如果子查询没有返回任何记录，那么 Not Exists 返回的结果为 True，此时外层查询语句将进行查询。

【任务描述】

利用 Exists 关键字查询所有购买了商品的客户信息（仅需包含客户 ID 和客户姓名）。

【任务实施】

利用 Exists 关键字查询所有购买了商品的客户信息对应的 SQL 查询语句如下：

```
Select 客户ID, 客户姓名 From 客户信息
Where Exists( Select * From 订单信息
            Where 订单信息.客户=客户信息.客户ID );
```

由于"订单信息"数据表中存放了订单信息的数据，若客户购买了商品，则该客户 ID 就会出现在"订单信息"数据表中。利用相关子查询，在"订单信息"数据表中查询所有已购买了商品的客户 ID，然后根据客户 ID 在"客户信息"数据表中查询对应信息。

上面的查询语句中使用了 Exists 关键字，如果子查询中能够返回数据记录，即查询成功，则子查询外层的查询也能成功；如果子查询失败，那么外层的查询也会失败。这里 Exists 连接的子查询可以理解为外层查询的触发条件。

如果使用 Not Exists，则当子查询返回空行或查询失败时，外层查询成功；而子查询成功或返回非空时，外层查询失败。例如，查询所有没有购买商品的客户信息的查询语句如下：

```
Select 客户ID, 客户姓名 From 客户信息
Where Not Exists(Select * From 订单信息
            Where 订单信息.客户=客户信息.客户ID);
```

【任务 6-13】使用 Any 关键字创建子查询

Any 关键字表示满足其中任一条件。使用 Any 关键字时，表达式只要与子查询结果集中的某个值满足比较的关系，就返回 True，否则返回 False。只要内层查询语句返回结果中的任何一个数据满足条件，就可以执行外层查询语句。Any 关键字通常与比较运算符一起使用，例如">Any"表示大于 Any 后面子查询中的最小值，"<Any"表示小于 Any 后面子查询中的最大值，"=Any"表示等于 Any 后面子查询中的任何一个值。

【任务描述】

首先在"图书信息"数据表中添加一本图书的信息，新增加图书对应的信息如下：商品编号为12482257，图书名称为人工智能与大数据技术导论，商品类型编号为 t1301，价格为 96.00，出版社ID 为 4，ISBN 为 9787302517986，作者为杨正洪、郭良越、刘玮，版次为 1，开本为 16 开，出版日期为 2018-12-01。

使用 Any 关键字从"图书信息"数据表中查询价格不低于"高等教育出版社"所出版图书的最低价格的图书信息，查询结果包括"商品编号""图书名称""出版社 ID"和"价格"4 个字段。

【任务实施】

查询对应的 SQL 语句如下：

```
Select 商品编号, 图书名称, 出版社, 价格  From  图书信息
Where 价格>=Any(Select 价格 From 图书信息 Where 出版社=4 );
```

【任务 6-14】使用 All 关键字创建子查询

All 关键字表示满足所有条件。使用 All 关键字时，只有与内层查询语句返回的所有结果满足比较关系，才执行外层查询语句。All 关键字经常与比较运算符一起使用，例如">All"表示大于所有值，"<All"表示小于所有值。

All 关键字与 Any 关键字的使用方式相同，但二者有很大的区别。使用 Any 关键字时，只要与内层查询语句返回结果中的任何一个数据满足比较关系，就执行外层查询语句。而 All 关键字正好相反，只有与内层查询语句返回的所有查询结果满足比较关系，才执行外层查询语句。

【任务描述】

使用 All 关键字从"图书信息"数据表中查询价格比"人民邮电出版社"所出版图书的价格都要高的图书信息，查询结果包括"商品编号""图书名称""出版社 ID"和"价格"4 个字段。

【任务实施】

查询对应的 SQL 语句如下：

```
Select 商品编号，图书名称，出版社，价格  From  图书信息
        Where 价格>All(Select 价格 From 图书信息 Where 出版社=1）；
```

查询的运行结果如图 6-23 所示。

商品编号	图书名称	出版社	价格
12482257	人工智能与大数据技术导论	4	96.00

图 6-23　使用 All 关键字创建子查询的运行结果

课后练习

1. 选择题

（1）在 Select 语句中，使用（　　）关键字可以将重复行屏蔽。

    A. Order By   B. Having   C. Top   D. Distinct

（2）在 Select 语句中，可以使用（　　）子句对结果集中的记录根据选择字段的值进行逻辑分组，以便能汇总数据表内容的子集，即实现对每个组的聚集计算。

    A. Limit   B. Group by   C. Where   D. Order By

（3）以下关于语句"Select * From user limit 5,10；"的描述正确的是（　　）。

    A. 获取第 6 条到第 10 条记录   B. 获取第 5 条到第 10 条记录

    C. 获取第 6 条到第 15 条记录   D. 获取第 5 条到第 15 条记录

（4）Select 查询语句中的 Where 子句用来（　　）。

    A. 指定查询结果的分组条件   B. 限定结果集的排序条件

    C. 指定组或聚合的搜索条件   D. 限定返回记录的搜索条件

（5）使用（　　）关键字可以将返回的结果集数据按照指定条件进行排序。

    A. Group By   B. Having   C. Order By   D. Distinct

（6）在 MySQL 的 Select 语句中，可以使用（　　）函数统计数据表中包含的记录行总数。

    A. Count()   B. Sum()   C. Avg()   D. Max()

（7）如果想要对 MySQL 的 Select 语句查询结果进行分组显示，需要使用（　　）关键字一起限定查询条件。

    A. Group By 和 Having   B. Group By 和 Distinct

    C. Order By 和 Having   D. Order By 和 Distinct

（8）判断一个查询语句是否能够查询出结果使用的关键字是（　　）。

    A. In   B. Not   C. Exists   D. Is

2. 填空题

（1）SQL 查询子句的顺序为 Select、Into、From、Where、Group By、Having 和 Order By

等。其中（　　　　　）子句和（　　　　　）子句是必须的，其余的子句均可省略，而 Having 子句只能和（　　　　　）子句搭配起来使用。

（2）SQL 查询语句的 Order By 子句用于对查询结果按指定的字段进行排序。排序包括升序排列和降序排列。其中 Asc 表示记录按（　　　　　）序排列，Desc 表示记录按（　　　　）序排列，默认状态下，记录按（　　　　）序排列。

（3）在 SQL 查询语句的 Where 子句中，使用模糊匹配运算符（　　　）或（　　　　）可以把表达式与字符串进行比较，从而实现模糊查询。

（4）在 SQL 查询语句的 Where 子句中，可以使用范围运算符指定查询范围。当要查询的条件是某个值的范围时，可以使用（　　　　）或（　　　　）关键字。

（5）SQL 查询语句可以使用（　　　　）关键字，指定查询结果从哪一条记录开始显示，以及一共显示多少条记录。

（6）在 Select 查询语句中，使用（　　　）关键字可以消除重复记录。

（7）在 Select 查询语句的 Where 子句中，使用模糊匹配运算符查询时，通配符（　　　）可以表示任意多个字符。

（8）在 Select 查询语句中，为字段名称指定别名时，有时为了方便，可以将（　　　）关键字省略掉。

（9）内连接是组合两张数据表的常用方法。内连接使用（　　　　）运算符进行多个源表之间数据的比较，并返回这些源表中与连接条件相匹配的数据记录。一般使用（　　　　）或者（　　　　）关键字实现内链接。

（10）联合查询是指（　　　　　　　　　　）的查询方式。联合查询使用（　　　　）关键字连接各个 Select 子句。

（11）在 MySQL 中，左外连接在 Join 语句前使用（　　　）关键字。

（12）在 MySQL 中，合并查询结果的关键字是（　　　）。

模块 7
用视图方式操作MySQL数据表

07

视图是数据库中常用的一种对象，它将查询结果以虚拟表的形式存储。视图的结构和内容是建立在对数据表的查询基础上的。与数据表一样，视图也包含多条记录和多个字段，这些记录的数据来源于所引用的数据表，并且在引用过程中动态生成。

 重要说明

（1）本模块的各项任务是在模块 6 的基础上进行的，模块 6 在数据库"MallDB"中保留了以下数据表：user、出版社信息、出版社信息 2、商品信息、商品类型、图书信息、图书信息 2、图书汇总信息、客户信息、客户信息 2、用户信息、用户注册信息、用户类型、订单信息、订购商品。

（2）本模块在数据库"MallDB"中的数据表与模块 6 相同，没有变化。

（3）本模块在数据库"MallDB"中保留了以下视图：view_人邮社 0701、view_人邮社 0702。

（4）完成本模块所有任务后，参考模块 9 中介绍的备份方法对数据库"MallDB"进行备份，备份文件名为"MallDB07.sql"

例如：

```
Mysqldump -u root -p --databases MallDB> D:\MySQLData\MyBackup\MallDB07.sql
```

 操作准备

（1）打开 Windows 操作系统下的【命令提示符】窗口。

（2）如果数据库"MallDB"或者该数据库中的数据表被删除了，可参考模块 9 中介绍的还原备份的方法将模块 6 中创建的备份文件"MallDB06.sql"予以还原。

例如：

```
Mysql -u root -p MallDB < D:\MySQLData\MallDB06.sql
```

（3）登录 MySQL 数据库服务器。

在【命令提示符】窗口的命令提示符后输入命令"mysql -u root -p"，按【Enter】键后，输入正确的密码，这里输入"123456"。当窗口中命令提示符变为"mysql>"时，表示已经成功登录 MySQL 数据库服务器。

（4）选择需要进行相关操作的数据库"MallDB"。

在命令提示符"mysql>"后面输入选择数据库的语句：

```
Use MallDB ;
```

（5）启动 Navicat for MySQL，打开已有连接"MallConn"，打开数据库"MallDB"。

（6）分别设置"图书信息""出版社信息"和"商品类型"等数据表的主键，主键字段分别为"商品编号""出版社 ID"和"类型编号"。

7.1 认知视图

7.1.1 视图的定义

视图是一种常用的数据库对象，可以把它看成从一张或几张源表导出的虚表或存储在数据库中的查询。对于视图所引用的源表来说，视图的作用类似于筛选。筛选的数据可以来自当前或其他数据库的一张或多张表，也可以来自其他视图。视图与数据表不同，数据库中只存放视图的定义，即 SQL 语句，而不存放视图对应的数据，数据存放在源表中。当源表中的数据发生变化时，从视图中查询出的数据也会随之改变。对视图进行操作时，系统会根据视图的定义去操作与视图相关联的数据表。

视图一经定义后，就可以像源表一样被查询、修改和删除。视图为查看和存取数据提供了另外一种途径，对于直接查询数据表能完成的大多数操作，使用视图一样可以完成；使用视图还可以简化数据操作；当通过视图修改数据时，相应的源表的数据也会发生变化；同时，若源表的数据发生变化，则这种变化也会自动地同步反映到视图中。

7.1.2 视图的优点

视图是在源表或者视图基础上重新定义的虚拟表，可以从源表中选取用户所需的数据，屏蔽那些对用户没有用或者用户没有权限了解的数据，这样做既使应用简单化，也保证了数据安全。

视图具有以下优点。

（1）简化操作。

视图大大简化了用户对数据的操作。如果一个查询非常复杂，需要跨越多张数据表，那么可以将这个复杂查询定义为视图，这样在每一次执行相同的查询操作时，只要一条简单的查询视图语句就可以了。视图向用户隐藏了表与表之间复杂的连接操作。

（2）提高数据安全性。

视图能创建一种可以控制的环境，为不同的用户定义不同的视图，使每个用户只能看到他有权看到的部分数据。那些没有必要的、敏感的或不合适的数据都从视图中排除了，用户只能查询和修改视图中显示的数据。

（3）屏蔽数据库的复杂性。

用户不必了解数据库中复杂的表结构，视图将数据库设计的复杂性和用户的使用方式屏蔽了。数据库管理员可以在视图中将那些难以理解的字段名称替换成数据库用户容易理解和接受的名称，从而为用户的使用提供极大便利，并且数据库中表的更改也不会影响用户对数据库的使用。

（4）数据即时更新。

当视图所基于的数据表发生变化时，视图能够即时更新，提供与数据表一致的数据。

（5）便于数据共享。

各用户不必都定义和存储自己所需的数据，可共享数据库的数据，这样同样的数据只需存储一次。

7.2 创建视图

7.2.1 创建视图的语法格式

创建视图可以使用 Create View 语句，该语句完整的语法格式如下：

```
Create
    [ Or Replace ]
    [ <算法选项> ]
    [ <视图定义者> ]
    [ <安全性选项> ]
View <视图名> [ <视图的字段名称列表> ]
As   <Select 语句>
    [ 检查选项 ]
```

说明 （1）创建视图语句的关键字包括 Create、View、As。

（2）可选项"Or Replace"表示如果存在已有的同名视图，则覆盖同名视图，相当于对原有视图进行修改。

（3）可选项"算法选项"表示视图选择的算法，其语法格式为：Algorithm = { Undefined | Merge | Temptable }。

算法选项 Algorithm 有 3 个可选值：Undefined、Merge、Temptable。其中 Undefined 表示自动选择算法；Merge 一般为首选项，因为 Merge 更有效率；Temptable 不支持更新操作。Merge 表示将视图的定义和查询视图的语句合并处理，使视图定义的某一部分取代语句的对应部分。Merge 算法要求视图中的行和源表中的行具有一对一的关系，如果不具有该关系，则必须使用临时表取而代之。Temptable 表示将视图查询的结果保存到临时表，而后在该临时表的基础上执行语句。

如果没有 Algorithm 子句，默认算法为 Undefined。

（4）可选项"视图定义者"的语法格式为：Definer = { User | Current_User }。如果没有 Definer 子句，视图的默认定义者为 Current_User，即当前用户。当然，创建视图时也可以指定不同的用户作为创建者（或者叫视图所有人）。

（5）可选项"安全性选项"的语法格式为：Sql Security { Definer | Invoker }。该选项指定视图查询数据时的安全验证方式。其中 Definer 表示在创建视图时验证用户是否有权限访问视图所引用的数据，只要创建视图的用户有权限，那么就可以创建成功，而且所有有权限查询该视图的用户也能够成功执行查询语句，不管是否拥有该视图所引用对象的权限；Invoker 表示在查询视图时验证查询的用户是否拥有权限访问视图及视图所引用的对象，当然创建时也会判断，如果创建的用户没有视图所引用表对象的访问权限，那创建都会失败。

（6）视图名必须唯一，不能出现重名的视图。视图的命名必须遵循 MySQL 中标识符的命名规则，不能与数据表同名。此外，对每个用户，视图名必须是唯一的，即对不同用户，即使是定义相同的视图，也必须使用不同的名称。默认情况下是在当前数据库中创建视图，如果想在指定数据库中创建视图，创建时应将视图名称指定为"<数据库名>.<视图名>"。

（7）可选项"视图的字段名称列表"可以为视图的字段定义明确的名称，多个名称由半角逗号","分隔，这里所列的字段名数目必须与后面的 Select 语句中检索的字段数相等。如果使用与源表或视图中相同的字段名，则可以省略该选项。

（8）用于创建视图的 Select 语句为必选项，可以在 Select 语句中查询多张数据表或视图。

（9）可选项"检查选项"的语法格式为：With [Cascaded | Local] Check Option。该选项指出在可更新视图上所进行的修改都要符合 Select 语句所指定的限制条件，这样可以确保数据修改后，仍可通过视图查看修改的数据。当视图根据另一个视图定义时，参数 Cascaded 表示更新视图时要满足所有相关视图和数据表的条件，参数 Local 表示更新视图时只需满足该视图本身定义的条件即可。如果没有指定任一个关键字，则默认值为 Cascaded。

视图在数据库中是作为一个对象来存储的。用户创建视图前，要保证自己已被数据库所有者授权可以使用 Create View 语句，并且有权操作视图所涉及的数据表或其他视图。

7.2.2 创建视图的注意事项

创建视图的注意事项如下。

（1）定义视图的用户必须对所参照的源表或视图有查询的权限（即可执行 Select 语句），运行创建视图的语句需要用户具有创建视图（Crate View）的权限，若添加了"Or Replace"选项，还需要用户具有删除视图（Drop View）的权限。

（2）Select 语句不能包含 From 子句中的子查询。

（3）Select 语句不能引用系统或用户变量。

（4）Select 语句不能引用预处理语句参数。

（5）在存储子程序内，不能引用子程序参数或局部变量。

（6）在定义中引用的数据表或视图必须存在。但是在创建了视图后，能够舍弃定义引用的数据表或视图。要想检查视图定义时引用的数据表或视图是否存在这类问题，可使用 Check Table 语句。

（7）在定义中不能引用临时表，不能创建临时视图。

（8）在视图定义中命名的数据表必须已存在，如果引用的不是当前数据库的数据表或视图，要在数据表或视图前加上数据库的名称。

（9）不能将默认值或触发器与视图关联在一起。

（10）在视图定义中允许使用 Order By，但是，如果从特定视图进行选择，而该视图使用了具有自己 Order By 的语句，则它将被忽略。

（11）不能在视图上建立任何索引，包括全文索引。

7.3 查看视图相关信息

1. 使用 Describe 语句查看视图的结构定义

如果只需要了解视图各个字段的简单信息，可以使用 Describe 语句查看视图的结构定义，与查询数据表的结构一样；通常情况下，可以使用 Desc 代替 Describe 关键字。

语法格式如下：

```
Describe  <视图名称> ;
```

2. 使用 Show Table Status 语句查看视图的基本信息

在 MySQL 中，可以使用 Show Table Status 语句查看视图的基本信息，其语法格式如下：

```
Show Table Status Like < 视图名称 >;
```

该语句执行结果中列"Comment"的值为"VIEW"，表示视图，其他列为 NULL 说明这是一个虚表。

3. 使用 Show Create View 语句查看视图的定义信息

在 MySQL 中，可以使用 Show Create View 语句查看视图的定义信息，其语法格式如下：

```
Show Create View  <视图名称> ;
```

微课 7-1

【任务 7-1】使用 Create View 语句创建单源表视图

【任务描述】

创建一个名为"view_人邮社 0701"的视图，该视图包括"人民邮电出版社"出版的所有图书信息，视图中包括数据表"图书信息"中的商品编号、图书名称、出版社、商品类型等数据，已知"人民邮电出版社"的"出版社 ID"字段的值为 1。

使用 Create View 语句创建单源表视图

【任务实施】

1. 创建视图

创建视图对应的 SQL 语句如下：

```
Create  Or  Replace
    View   view_人邮社 0701
    As
        Select  商品编号，图书名称，出版社，商品类型  From   图书信息
        Where   出版社=1；
```

2. 使用 Select 语句查看视图的记录数据

使用 Select 语句查看视图的记录数据的语句如下：

```
Select * From view_人邮社 0701；
```

查看视图的记录数据的部分结果如图 7-1 所示。

```
+----------+------------------------------+--------+----------+
| 商品编号  | 图书名称                      | 出版社 | 商品类型 |
+----------+------------------------------+--------+----------+
| 12631631 | HTML5+CSS3网页设计与制作实战   |   1    | t1301    |
| 12303883 | MySQL数据库技术与项目应用教程  |   1    | t1301    |
| 12634931 | Python数据分析基础教程        |   1    | t1301    |
| 12528944 | PPT设计从入门到精通           |   1    | t1301    |
| 12563157 | 给Python点颜色 青少年学编程    |   1    | t1301    |
| 12728744 | 财经应用文写作                |   1    | t1301    |
| 33026249 | 大数据分析与挖掘             |   1    | t1301    |
| 12462164 | Python程序设计基础教程        |   1    | t1301    |
+----------+------------------------------+--------+----------+
```

图 7-1　查看视图的记录数据的部分结果

3. 使用 Desc 语句查看视图的结构定义

使用 Desc 语句查看视图的结构定义的语句如下：

```
Desc view_人邮社 0701；
```

查看视图的结构定义的结果如图 7-2 所示。

```
+----------+--------------+------+-----+---------+-------+
| Field    | Type         | Null | Key | Default | Extra |
+----------+--------------+------+-----+---------+-------+
| 商品编号  | varchar(12)  | NO   |     | NULL    |       |
| 图书名称  | varchar(100) | NO   |     | NULL    |       |
| 出版社    | int          | NO   |     | NULL    |       |
| 商品类型  | varchar(9)   | NO   |     | NULL    |       |
+----------+--------------+------+-----+---------+-------+
```

图 7-2　查看视图的结构定义的结果

图 7-2 所示的视图的结构定义显示了视图的字段名称、数据类型、是否允许包含 Null、是否为主/外键、默认值和其他信息。

4. 使用 Show Table Status 语句查看视图的基本信息

使用 Show Table Status 语句查看视图的基本信息的语句如下：

```
Show Table Status Like 'view_人邮社 0701'；
```

5. 使用 Show Create View 语句查看视图的定义信息

使用 Show Create View 语句查看视图的定义信息的语句如下：

```
Show Create View view_人邮社 0701  ；
```

按【Enter】键，在该语句的执行结果中，对应的 Create View 语句如下：

```
Create
    Algorithm=Undefined
    Definer='Root'@'Localhost'
    Sql Security Definer
View 'View_人邮社 0701'
```

```
As   Select   '图书信息'.'商品编号' As ' 商品编号',
          '图书信息'.'图书名称' As '图书名称',
          '图书信息'.'价格' As '价格',
          '图书信息'.'出版社' As '出版社',
          '图书信息'.'商品类型' As '商品类型'
      From '图书信息'
      Where (('图书信息'.'出版社' = 1)   And   ('图书信息'.'价格' > 40))
```

【任务 7-2】使用 Navicat 图形管理工具创建多源表视图

多源表视图指的是视图的数据来源有两张或多张数据表，这种视图在实际应用中使用得更多一些。

微课 7-2

【任务描述】

创建一个名为"view_人邮社 0702"的视图，该视图包括"人民邮电出版社"出版的所有图书信息，视图中包括数据表"图书信息"中的商品编号、图书名称，数据表"出版社信息"中的出版社名称，数据表"商品类型"中的类型名称等数据。

使用 Navicat 图形管理工具创建多源表视图

【任务实施】

（1）启动图形管理工具 Navicat for MySQL，打开连接"MallConn"，打开数据库"MallDB"。

（2）单击【Navicat for MySQL】窗口工具栏中的【视图】按钮，显示"视图"对象，如图 7-3 所示。

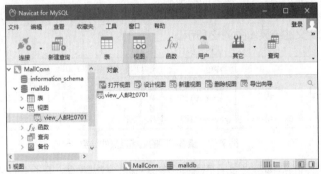

图 7-3   在【Navicat for MySQL】窗口中显示"视图"对象

（3）单击【新建视图】按钮，显示【定义】、【高级】和【SQL 预览】多个选项卡，如图 7-4 所示。

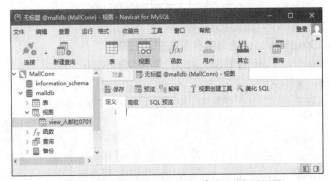

图 7-4   在【Navicat for MySQL】窗口中新建视图

在【视图】工具栏中单击【视图创建工具】按钮，打开【视图创建工具】窗口，窗口左侧为数据库"MallDB"中的数据表列表，中部提供了查询语句的生成模板，右侧为显示 SQL 语句的区域，如图 7-5 所示。

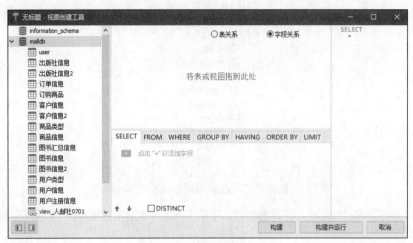

图 7-5 【视图创建工具】窗口

（4）选择创建视图的数据表与创建关联关系。

在【视图创建工具】窗口左侧数据表列表中双击数据表"图书信息""出版社信息""商品类型"，在中部上方弹出"图书信息""出版社信息"和"商品类型"数据表可供选择的字段。

在"出版社信息"字段列表中单击字段名"出版社 ID"，并按住鼠标左键将其拖曳到"图书信息"数据表的"出版社"字段位置，松开鼠标左键，即完成"出版社信息"与"图书信息"数据表之间的关联关系的创建。

以同样的方法，创建"商品类型"与"图书信息"数据表之间的关联关系。

（5）从已选的数据表中选择所需的字段。

分别从"图书信息"字段列表中选择"商品编号"和"图书名称"，从"出版社信息"字段列表中选择"出版社名称"，从"商品类型"字段列表中选择"类型名称"，同时 SQL 语句区域会自动生成对应的 SQL 语句，如图 7-6 所示。

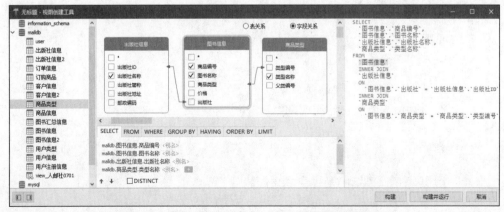

图 7-6 在【视图创建工具】窗口中选择要查询的数据表和字段

（6）设置查询条件。

在【视图创建工具】窗口中切换到【WHERE】选项卡，单击【+】按钮，出现"<值>=<值>"的

条件输入标识，单击"="左侧的"<值>"，在弹出的对话框中切换到【标识符】选项卡，然后在 3 张
数据表的字段列表中单击字段"出版社名称"，如图 7-7 所示。

图 7-7　在字段列表中选择所需的字段名"出版社名称"

单击"="右侧的"<值>"，在弹出的对话框的【编辑】文本框中输入"'人民邮电出版社'"，如
图 7-8 所示。

图 7-8　在【编辑】文本框中输入"人民邮电出版社"

在【视图创建工具】窗口中单击【构建】按钮，关闭该窗口并返回 Navicat for MySQL 的"视图"
定义区域。

设置好字段、数据表及关联条件、Where 条件的查询语句如下：

```
Select
        '图书信息'.'商品编号',
        '图书信息'.'图书名称',
        '出版社信息'.'出版社名称',
        '商品类型'.'类型名称'
From
        '图书信息'
        Inner Join
        '出版社信息'
        On
            '图书信息'.'出版社' = '出版社信息'.'出版社 ID'
        Inner Join
        '商品类型'
        On
            '图书信息'.'商品类型' = '商品类型'.'类型编号'
Where
        '出版社信息'.'出版社名称' = '人民邮电出版社'
```

在【视图】工具栏中单击【保存】按钮，在弹出的【视图名】对话框中输入视图名"view_人邮社
0702"，如图 7-9 所示，然后单击【确定】按钮保存创建的视图。

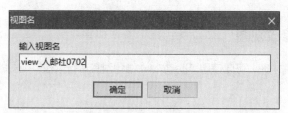

图 7-9 【视图名】对话框

切换到【高级】选项卡，查看高级选项设置，如图 7-10 所示。"算法"为"UNDEFINED"，即 MySQL 自动选择算法；"定义者"为"root@localhost"；"安全性"为"DEFINER"；"检查选项"这里未设置。

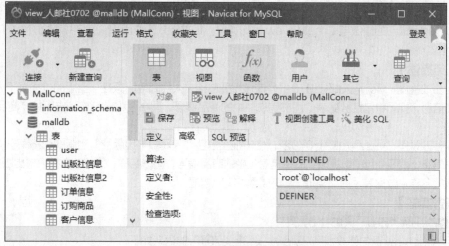

图 7-10 查看视图的高级选项设置

在【视图】工具栏中单击【预览】按钮，切换到【定义】选项卡中查看视图对应的 Select 语句和运行结果，如图 7-11 所示。

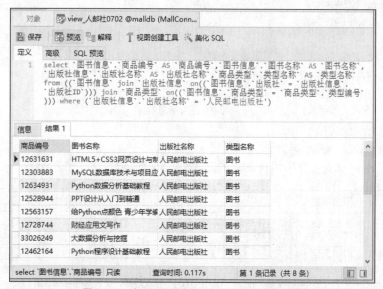

图 7-11 查看视图对应的 Select 语句和运行结果

【任务 7-3】修改视图

当视图不符合使用需求时，可以使用 Alter View 语句对其进行修改，视图的修改与创建相似，其语法格式如下：

```
Alter
    ［<算法选项>］
    ［<视图定义者>］
    ［<安全性选项>］
View <视图名>
As   <Select 语句>
    ［检查选项］
```

Alter View 语句的语法与 Create View 语句类似，相关参数的作用和含义详见前面介绍的 Create View 语句。

【任务描述】

（1）修改视图"view_人邮社 0701"，使该视图包括"人民邮电出版社"出版的价格高于 40 元的所有图书信息，视图中包括数据表"图书信息"中的商品编号、图书名称、价格、出版社、商品类型等数据。

（2）修改视图"view_人邮社 0702"，使该视图包括"人民邮电出版社"出版的价格高于 40 元的所有图书信息，视图中包括数据表"图书信息"中的商品编号、图书名称、价格，数据表"出版社信息"中的出版社名称，数据表"商品类型"中的类型名称等数据。

【任务实施】

1. 修改视图"view_人邮社 0701"

使用 Alter View 语句修改视图"view_人邮社 0701"的语句如下：

```
Alter
        Algorithm=Undefined
        Definer=root@localhost
        Sql Security Definer
View view_人邮社 0701 As
    Select
            图书信息.商品编号 ，图书信息.图书名称 ，图书信息.价格 ，
            图书信息.出版社   ，图书信息.商品类型
        From  图书信息
        Where   图书信息.出版社 = 1   And   图书信息.价格 > 40；
```

查看视图的记录数据的语句如下：

```
Select * From view_人邮社 0701；
```

查看视图"view_人邮社 0701"修改后的记录数据的全部结果如图 7-12 所示。

```
+----------+------------------------------+-------+--------+----------+
| 商品编号  | 图书名称                       | 价格  | 出版社  | 商品类型  |
+----------+------------------------------+-------+--------+----------+
| 12631631 | HTML5+CSS3网页设计与制作实战    | 47.10 | 1      | t1301    |
| 12528944 | PPT设计从入门到精通             | 79.00 | 1      | t1301    |
| 12563157 | 给Python点颜色 青少年学编程      | 59.80 | 1      | t1301    |
| 12728744 | 财经应用文写作                  | 41.70 | 1      | t1301    |
+----------+------------------------------+-------+--------+----------+
```

图 7-12 查看视图"view_人邮社 0701"修改后的记录数据的全部结果

2. 修改视图"view_人邮社 0702"

使用 Alter View 语句修改视图"view_人邮社 0702"的语句如下：

```
Alter
        Algorithm=Undefined
        Definer=root@localhost
        Sql Security Definer
View view_人邮社 0702 As
        Select
                图书信息.商品编号，图书信息.图书名称，图书信息.价格,
                出版社信息.出版社名称，商品类型.类型名称
        From  图书信息
        Inner Join  出版社信息
                On  图书信息.出版社= 出版社信息.出版社 ID
        Inner Join  商品类型
                On  图书信息.商品类型= 商品类型.类型编号
        Where  出版社信息.出版社名称 = '人民邮电出版社' And  图书信息.价格 ＞40；
```

查看视图的记录数据的语句如下：

```
Select * From view_人邮社 0702；
```

查看视图"view_人邮社 0702"修改后的记录数据的全部结果如图 7-13 所示。

商品编号	图书名称	价格	出版社名称	类型名称
12631631	HTML5+CSS3网页设计与制作实战	47.10	人民邮电出版社	图书
12528944	PPT设计从入门到精通	79.00	人民邮电出版社	图书
12563157	给Python点颜色 青少年学编程	59.80	人民邮电出版社	图书
12728744	财经应用文写作	41.70	人民邮电出版社	图书

图 7-13 查看视图"view_人邮社 0702"修改后的记录数据的全部结果

【任务 7-4】利用视图查询与更新数据表中的数据

更新视图是指通过视图来插入（Insert）、更新（Update）和删除（Delete）数据表中的数据。因为视图是一张虚拟表，其中没有数据，所以视图进行更新时，都是转换到源表来更新的。更新视图时，只能更新权限范围内可以更新的数据，超出权限范围则无法更新。

【任务描述】

（1）创建一个名为"view_用户注册 0703"的视图，该视图包括所有的用户注册信息。

（2）利用视图"view_用户注册 0703"查询"权限等级"为"C"的用户注册信息。

（3）利用视图"view_用户注册 0703"新增一个注册用户，"用户 ID"为"7"，"用户编号"为"u00007"，"用户名称"为"测试用户"，"密码"为"todayBetter"，"权限等级"为"A"，"手机号码"为"18074198678"，"用户类型"为"2"。

（4）利用视图"view_用户注册 0703"修改前一步新增的用户注册信息，将其权限等级修改为"C"，用户类型修改为"1"。

（5）利用视图"view_用户注册 0703"删除前面新增的用户"测试用户"。

【任务实施】

1. 创建视图

创建视图"view_用户注册 0703"对应的语句如下：

```
Create   Or Replace
  View   view_用户注册 0703
  As
  Select 用户 ID，用户编号，用户名称，密码，权限等级，手机号码，用户类型
  From 用户注册信息 ；
```

2. 利用视图查询数据

利用视图查询指定权限等级的用户对应的语句如下：

```
Select * From view_用户注册 0703 Where 权限等级='C' ;
```

3. 利用视图向数据表中插入记录

通过视图插入记录与在基本数据表中插入记录的操作相同，都是通过使用 Insert 语句来实现的。插入记录对应的语句如下：

```
Insert Into view_用户注册 0703 Values(7 , 'u00007 ' , ' 测试用户', 'todayBetter ' , 'A' , '18074198678 ' , 2 ) ;
```

> **说 明**　如果视图所依赖的源表有多张，则不能向该视图中插入数据。

4. 利用视图修改数据表中的数据

与修改基本数据表一样，可以使用 Update 语句来修改视图中的数据。修改数据对应的语句如下：

```
Update view_用户注册 0703   Set 权限等级="C" , 用户类型=1
Where   用户编号="u00007" ;
```

> **说 明**　如果一个视图依赖多张源表，则修改一次该视图只能变动一张源表的数据。

5. 利用视图删除数据表中的数据

使用 Delete 语句也可以删除视图中的数据，视图中数据被删除的同时源数据表中的数据也同步被删除，对应的语句如下：

```
Delete From view_用户注册 0703 Where   用户编号="u00007" ;
```

> **说 明**　对于依赖多张源表的视图，不能使用 **Delete** 语句一次性删除多张源表中的数据。

【任务 7-5】删除视图

删除视图是指删除数据库中已存在的视图。删除视图时，只会删除视图的定义，而不会删除源表的数据。在 MySQL 中，使用 Drop View 语句来删除视图时，用户必须拥有 Drop 权限。

删除视图的语句的语法格式如下：

```
Drop View [ if exists ] <视图名列表> [ Restrict | Cascade ] ;
```

使用 Drop View 语句一次可以删除多个视图，各个视图名之间使用半角逗号 "，" 分隔。如果使用 "If Exists" 选项，要删除的视图不存在的话，也不会出现错误提示信息。

【任务描述】

删除【任务 7-4】中创建的视图 "view_用户注册 0703"。

【任务实施】

删除视图 "view_用户注册 0703" 的语句如下：

```
Drop View view_用户注册 0703 ;
```

课后练习

1. 选择题

（1）在 MySQL 中，不可对视图执行的操作有（　　）。

    A. Select   B. Insert

    C. Delete   D. Create Indes

（2）With Check Option 子句对视图的作用是（　　）。

    A. 进行权限检查   B. 进行删除监测   C. 进行更新监测   D. 进行插入监测

（3）在 MySQL 中，视图是一张虚表，它是从（　　）导出的数据表。

    A. 一张基本数据表   B. 多张基本数据表

    C. 一张或多张基本数据表   D. 以上都不对

（4）在 MySQL 中，当（　　）时，可以通过视图向基本数据表中插入记录。

    A. 视图所依赖的基本数据表有多张   B. 视图所依赖的基本数据表只有一张

    C. 视图所依赖的基本数据表只有两张   D. 视图所依赖的基本数据表最多有两张

（5）以下关于视图的描述中错误的是（　　）。

    A. 视图中的数据全部来源于数据库中存在的数据表

    B. 使用视图可以方便查询数据

    C. 视图通常被称为"虚表"

    D. 不能通过视图向基本数据表插入记录

（6）下面关于操作视图的描述中正确的是（　　）。

    A. 不能向视图中插入数据

    B. 可以向任意视图中插入数据

    C. 只能向由一张基本数据表构成的视图中插入数据

    D. 可以向由两张基本数据表构成的视图中插入数据

（7）以下关于删除视图"view_用户表"的语句中正确的是（　　）。

    A. Renew View If Exists　view_用户表

    B. Drop View If Exists　view_用户表

    C. Drop View If Not Exists　view_用户表

    D. Alter View If Exists　view_用户表

2. 填空题

（1）在 MySQL 中，创建视图的关键字是（　　）。

（2）查询视图中的数据与查询数据表中的数据一样，都是使用（　　）语句来查询。

（3）视图与数据表不同，数据库中只存放视图的（　　　　），即（　　　　），而不存放视图对应的数据，数据存放在（　　　　）中。

（4）使用视图可以简化数据操作。当通过视图修改数据时，相应的（　　　　）的数据也会发生变化；同时，若源表的数据发生变化，则这种变化也会自动地同步反映到（　　　　）中。

（5）在 MySQL 中，使用（　　）语句查看视图的结构定义，使用（　　）语句查看视图的基本信息。

（6）在 MySQL 中，可以使用（　　）语句查看视图的定义信息。

模块 8
用程序方式获取与处理 MySQL表数据

MySQL 提供了 Begin...End、If...Then...Else、Case、While、Repeat、Loop 等多个特殊关键字，这些关键字用于控制 SQL 语句、语句块、存储过程以及用户定义函数的执行顺序。如果不使用控制语句，则各个 SQL 语句按其出现的先后顺序分别执行。

存储过程（Stored Procedure）是一组为了完成特定功能的 SQL 语句集。用户通过存储过程可以将经常使用的 SQL 语句封装起来，这样可以避免重复编写相同的 SQL 语句。使用存储过程可以大大增强 SQL 语言的功能和灵活性，可以完成复杂的判断和运算，能够提升数据库的访问速度。为了满足用户特殊情况下的需要，MySQL 允许用户自定义函数，补充和扩展系统支持的内置函数。用户自定义函数可以实现模块化程序设计，并且执行速度更快。为了方便用户对结果集中单独的数据行进行访问，MySQL 提供了一种特殊的访问机制：游标。为了保证数据的完整性和强制使用业务规则，MySQL 除了提供约束之外，还提供了另外一种机制：触发器（Trigger）。使用事务可以将一组相关的数据操作捆绑成一个整体，一起执行或一起取消。

 重要说明

（1）本模块的各项任务是在模块 7 的基础上进行的，模块 7 在数据库"MallDB"中保留了以下数据表：user、出版社信息、出版社信息 2、商品信息、商品类型、图书信息、图书信息 2、图书汇总信息、客户信息、客户信息 2、用户信息、用户注册信息、用户类型、订单信息、订购商品。模块 7 已创建了以下视图：view_人邮社 0701、view_人邮社 0702。

（2）本模块在数据库"MallDB"中保留了以下数据表：user、出版社信息、出版社信息 2、商品信息、商品库存、商品类型、图书信息、图书信息 2、图书汇总信息、客户信息、客户信息 2、用户信息、用户注册信息、用户类型、订单信息、订购商品、购物车商品。

（3）完成本模块所有任务后，参考模块 9 中介绍的备份方法将数据库 MallDB 进行备份，备份文件名为"MallDB08.sql"。

例如：

Mysqldump -u root -p --databases MallDB> D:\MySQLData\MyBackup\MallDB08.sql

 操作准备

（1）打开 Windows 操作系统下的【命令提示符】窗口。

（2）如果数据库"MallDB"或者该数据库中的数据表被删除了，可参考模块 9 中介绍的还原备份的方法将模块 7 中创建的备份文件"MallDB07.sql"予以还原。

例如：

Mysql -u root -p MallDB < D:\MySQLData\MallDB07.sql

（3）登录 MySQL 数据库服务器。

在【命令提示符】窗口的命令提示符后输入命令"mysql -u root -p"，按【Enter】键后，输入正确的密码，这里输入"123456"。当窗口中命令提示符变为"mysql>"时，表示已经成功登录 MySQL 数据库服务器。

（4）选择需要进行相关操作的数据库"MallDB"。

在命令提示符"mysql>"后面输入选择数据库的语句：

```
Use MallDB;
```

（5）启动 Navicat for MySQL，打开已有连接"MallConn"，打开数据库"MallDB"。

8.1 执行多条语句获取 MySQL 表数据

MySQL 语句可以包含常量、变量、运算符、表达式、函数、流程控制语句和注释等语言元素，每条 SQL 语句都以半角分号结束，并且 SQL 处理器会忽略空格、制表符和回车符等。

8.1.1　MySQL 的常量

常量是指在 SQL 语句或程序运行过程中，其值不会改变的量。

1. 数值常量

在 SQL 语言中，数值常量包括整数和小数，并且使用时不需要使用引号，例如 3.14、5、–56.7 等。正数可以不加正号"+"表示，例如 3.5，也可以添加正号"+"表示，例如+3.5。负责必须添加负号"–"表示，例如–6.7。数值常量的各位之间不添加逗号，例如 123456 这个数字不能表示为：123,456。

2. 字符串常量

在 SQL 语言中，字符串常量必须使用半角单引号（''）或半角双引号（""）引起来，可以包括大小写字母、数字以及!、@、#等特殊字符。

3. 日期和时间常量

在 SQL 语言中，日期和时间常量必须使用半角单引号（' '）或半角双引号（""）引起来，例如 "2020-10-25 11:13:08"。日期是按照年、月、日的顺序来表示的，中间使用分隔符"–"，也可以使用"/"。日期和时间常量的值必须符合日期和时间的标准，例如一月没有 32 号、二月没有 30 号等。

4. 布尔常量

在 MySQL 中，布尔常量包含两个值，分别为 True 和 False。其中 True 表示逻辑真，通常表示一个表达式或条件成立，对应数字值"1"；False 表示逻辑假，通常表示一个表达式或条件不成立，对应数字值"0"。

5. Null

Null 通常用来表示"值不确定""无数据"等情况，并且不同于数字类型的"0"或字符串类型的空字符串。

8.1.2　MySQL 的变量

变量是指在程序运行过程中其值可以改变的量。变量可以保存查询结果，也可以在查询语句中使用，其值还可以被插入数据表中，MySQL 中变量的使用非常灵活方便。变量名称不能与 MySQL 中的命令或已有的函数名称相同。

1. 用户变量

用户可以在表达式中使用自己定义的变量，这样的变量称为用户变量。用户可以先在用户变量中保存值，然后在以后的语句中引用该值，这样可以将值从一条语句传递到另一条语句，用户变量在整个会话期都有效。

用户变量在使用前必须定义和初始化。如果使用没有初始化的变量，其值为 Null。用户变量与当前连接有关，也就是说，一个客户端定义的变量不能被其他客户端使用。当客户端退出时，该客户端连接的所有变量将自动释放。

定义和初始化一个用户变量可以使用 Set 语句，其语法格式如下：

Set @<变量名称 1>=<表达式 1>[,@<变量名称 2>=<表达式 2>,...]；

定义和初始化用户变量的规则如下。

（1）用户变量以"@"开头，形式为"@变量名称"，以便将用户变量和字段名区分开。变量名称必须符合 MySQL 标识符的命名规则，即变量可以由当前字符集的字符、数字、"."、"_"和"$"组成。如果变量名称中需要包含一些特殊字符（例如空格、#等），可以使用半角双引号或半角单引号将整个变量名称引起来。

（2）"<表达式>"的值是要给变量赋值的值，可以是常量、变量或表达式。

（3）用户变量的数据类型是根据其所赋予的值的数据类型自动定义的，例如：

Set @name="admin"；

此时变量 name 的数据类型也为字符串类型，如果重新给变量 name 赋值，例如：

Set @name=2；

此时变量 name 的数据类型则为整型，即变量 name 的数据类型随所赋的值而改变。

（4）定义用户变量时变量的值可以是一个表达式，例如：

Set @name=@name +3；

（5）一条定义语句中可以同时定义多个变量，中间使用半角逗号分隔，例如：

Set @name,@number,@sex；

（6）对于 Set 语句，可以使用"="或":="作为赋值符给每个用户变量赋值，被赋值的类型可以为整型、小数、字符串或 Null。

可以用其他 SQL 语句代替 Set 语句为用户变量赋值。在这种情况下，赋值符必须为":="，而不能使用"="，因为在非 Set 语句中"="被视为比较运算符。

（7）可以使用查询结果给用户变量赋值，例如：

Set @name=(Select 用户名称 From 用户注册信息 Where 用户编号='u00003')；

（8）在一个用户变量被定义后，它可以以一种特殊形式的表达式用于其他 SQL 语句中，变量名称前面也必须加上符号"@"。

例如，使用 Select 语句查询前面所定义的变量 name 的值：

Select @name；

该语句的执行结果如图 8-1 所示。

```
+--------+
| @name  |
+--------+
| 肖娟   |
+--------+
```

图 8-1　语句"Select @name ;"的执行结果

例如，从"用户注册信息"数据表中查询"用户名称"为用户变量 name 中所存储的值的用户注册信息，对应的语句如下：

Select * From 用户注册信息 Where 用户名称=@name；

该语句的执行结果如图 8-2 所示。

由于在 Select 语句中，表达式的值要发送到客户端后才能进行计算，这说明在 Having、Group By 或 Order By 子句中，不能使用包含用户变量的表达式。

```
+--------+----------+----------+--------+----------+--------------+----------+
| 用户ID | 用户编号 | 用户名称 | 密码   | 权限等级 | 手机号码     | 用户类型 |
+--------+----------+----------+--------+----------+--------------+----------+
|      3 | u00003   | 肖娟     | 888    | B        | 13907336688  |        1 |
+--------+----------+----------+--------+----------+--------------+----------+
```

图 8-2　语句"Select * From 用户注册信息 Where 用户名称=@name；"的执行结果

2. 系统变量

MySQL 有一些特定的设置，当 MySQL 数据库服务器启动的时候，这些设置会被读取来决定下一步骤，这些设置就是系统变量。系统变量在 MySQL 数据库服务器启动时就被引入并初始化为默认值。

系统变量一般以"@@"为前缀，例如"@@Version"返回 MySQL 的版本。但某些特定的系统变量可以省略"@@"，例如 Current_Date（系统日期）、Current_Time（系统时间）、Current_Timestamp（系统日期和时间）和 Current_User（当前用户名）。

查看这些系统变量的值的语句如下：

Select @@Version , Current_Date , Current_Time , Current_Timestamp , Current_User ;

该语句的执行如果如图 8-3 所示。

```
+-----------+--------------+--------------+---------------------+----------------+
| @@Version | Current_Date | Current_Time | Current_Timestamp   | Current_User   |
+-----------+--------------+--------------+---------------------+----------------+
| 8.0.21    | 2020-10-24   | 16:40:09     | 2020-10-24 16:40:09 | root@localhost |
+-----------+--------------+--------------+---------------------+----------------+
```

图 8-3　查看多个系统变量值的语句的执行结果

在 MySQL 中，有些系统变量的值是不可改变的，例如 Version 和系统日期。而有些系统变量的值可以通过 Set 语句来修改。

更改系统变量值的语法格式如下：

Set 　<系统变量名称>=<表达式>
　　 | 　[Global | Session] 　<系统变量名称>=<表达式>
　　 | 　@@[Global.|Session.]<系统变量名称>=<表达式> 　；

系统变量可以分为全局系统变量和会话系统变量两种类型。在为系统变量设定新值的语句中，使用 Global 或"@@global."关键字的是全局系统变量，使用 Session 和"@@session."关键字的是会话系统变量。Session 和"@@session"的同义词为 Local 和"@@local."。如果在使用系统变量时不指定关键字，则默认为会话系统变量。只有具有 super 权限的用户才可以设置全局系统变量。

显示所有系统变量的语句为：

Show Variables ;

显示所有全局系统变量的语句为：

Show Global Variables ;

显示所有会话系统变量的语句为：

Show Session Variables ;

要显示与样式匹配的变量名称或名称列表，需使用 Like 子句和通配符"%"，例如：

Show Variables Like 'character%' ;

（1）全局系统变量。

当 MySQL 数据库服务器启动的时候，全局系统变量就被初始化了，并应用于每个启动的会话。全局系统变量对所有客户端有效，其值能应用于当前连接，也能应用于其他连接，直到服务器重新启动为止。

（2）会话系统变量。

会话系统变量对当前连接的客户端有效，只适用于当前的会话。会话系统变量的值是可以改变的，但是其新值仅适用于正在运行的会话，不适用于其他会话。

163

例如，对于当前会话，把会话系统变量 SQL_Select_Limit 的值设置为 10。该变量决定了 Select 语句的结果集中返回的最大行数，对应的语句如下：

```
Set @@Session.SQL_Select_Limit=10 ;
Select @@Session.SQL_Select_Limit ;
```

语句的执行结果如图 8-4 所示。

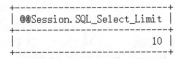

图 8-4　改变会话系统变量的值的语句的执行结果

这里在系统变量的名称前面使用了关键字 Session（使用 Local 也可以），明确地表示会话系统变量 SQL_Select_Limit 和 Set 语句指定的值保持一致。但是，同名的全局系统变量的值仍然不变。同样，如果改变了全局系统变量的值，同名的会话系统变量的值也保持不变。

MySQL 中的大多数系统变量都有默认值，当数据库服务器启动时，就使用这些默认值。如果要将一个系统变量的值设置为 MySQL 的默认值，可以使用 Default 关键字。

例如，将会话系统变量 SQL_Select_Limit 的值恢复为 MySQL 的默认值的语句如下：

```
Set @@Session.SQL_Select_Limit=Default ;
```

3. 局部变量

局部变量是可以保存单个特定类型数据值的变量，其有效作用范围为存储过程和自定义函数的 Begin 到 End 语句块之间。在 Begin…End 语句块运行结束之后，局部变量就消失了，其他语句块中不可以使用该局部变量，但 Begin…End 语句块内所有语句都可以使用该局部变量。

MySQL 中的局部变量必须先定义后使用。使用 Declare 语句定义局部变量的语法格式如下：

```
Declare　<变量名称>　<数据类型>　[ Default <默认值> ] ;
```

Default 子句用于给变量指定一个默认值，如果不指定则默认为 Null。

局部变量的名称必须符合 MySQL 标识符的命名规则，局部变量前面不使用"@"符号。该定义语句无法单独执行，只能在存储过程和自定义函数中使用。

例如：

```
Declare name varchar(30) ;
```

可以使用一条语句同时声明多个变量，变量之间使用半角逗号分隔。例如：

```
Declare name varchar(20) , number int , sex char(1)　;
```

可以使用 Set 语句为局部变量赋值，Set 语句也是 SQL 本身的一部分，其语法格式如下：

```
Set　<局部变量名称 1>=<表达式 1> , <局部变量名称 2>=<表达式 2> , …… ;
```

例如：

```
Set　name='安翔' , number=2 , sex='男' ;
```

注意　局部变量在赋值之前必须使用 **Declare** 关键字予以定义。

也可以使用 Select…Into 语句将获取的字段值赋给局部变量，并且返回的结果只能有一条记录值，其语法格式如下：

```
Select <字段名> [ , …]　Into <局部变量名称> [ , …]　[From 子句] [Where 子句] ;
```

例如：

```
Select　Sum(应付金额)　Into　number　From　订单信息 ;
```

使用 Select 语句给变量赋值时,如果省略了 From 子句和 Where 子句,就等同于使用 Set 语句给变量赋值。如果有 From 子句和 Where 子句,并且 Select 语句返回多个值,则只将返回的最后一个值赋给局部变量。

8.1.3 MySQL 的运算符与表达式

1. 运算符

运算符是一种符号,用来指定要在一个或多个表达式中执行的操作,MySQL 中的运算符主要有如下类型。

(1)算术运算符。

算术运算符用于对两个表达式进行数学运算,这两个表达式可以是任何数值类型。

MySQL 中的算术运算符有:+(加)、-(减)、*(乘)、/(除)、%(取模)。

"+"运算符用于获得两个或多个值的和,"-"运算符用于从一个值中减去另一个值。"+"和"-"运算符还可用于对日期时间值进行算术运算,例如计算年龄。"*"运算符用于获得两个或多个值的乘积。"/"运算符用于获得一个值除以另一个值的商,并且除数不能为零。"%"运算符用来获得一个或多个除法运算的余数,并且除数不能为零。

进行算术运算时,用字符串表示的数字会自动转换为数值类型。当执行转换时,如果字符串的前几个字符或全部字符是数字,那么它将被转换为对应数字的值,否则被转换为零。

(2)赋值运算符。

=(等号)是 MySQL 中的赋值运算符,可以用于将表达式的值赋给一个变量。

(3)比较运算符(又称为关系运算符)。

比较运算符用于对两个表达式进行比较,可以用于比较数字和字符串。数字作为浮点值进行比较,字符串以不区分大小写的方式进行比较(除非使用特殊的 Binary 关键字),例如大写字母"A"和小写字母"a"比较,其结果为相等。

比较的结果为 1(True)或 0(False),即表达式成立,结果为 1,表达式不成立则结果为 0。

MySQL 中的比较运算符有:=(等于)、>(大于)、<(小于)、>=(大于等于)、<=(小于等于)、<>(不等于)、!=(不等于)、<=>(相等或都等于空,可以用来判断是否为 Null)。

(4)逻辑运算符。

逻辑运算符用于对某些条件进行测试,以获得其真假情况。逻辑运算符和比较运算符一样,运行结果是 1(True)或 0(False)。

MySQL 中的逻辑运算符有:And 或者&&(如果两个表达式都为 True,并且不是 Null,则结果为 True,否则结果为 False)、Or 或者||(如果两个表达式中的任何一个为 True,并且不是 Null,则结果为 True,否则结果为 False)、Not 或!(对任何其他运算符的结果取反,True 变为 False,False 变为 True)、Xor(如果表达式一个为 True,而另一个为 False 并且不是 Null,则结果为 True,否则结果为 False)。

(5)位运算符。

位运算符用于对两个表达式进行二进制位操作,这两个表达式可以是整型或与整型兼容的数据类型(如字符型,但不能为 image 类型)。

MySQL 中的位运算符有:&(位与)、|(位或)、^(位异或)、~(位取反)、>>(位右移)、<<(位左移)。

(6)一元运算符。

一元运算符只对一个表达式进行操作,该表达式可以是数值类型中的任何一种数据类型。MySQL 中的一元运算符有:+(正)、-(负)和~(位取反)。

除了以上的运算符，MySQL 还提供了其他一些运算符，例如 All、Any、Some、Between、In、Is Null、Is Not Null、Like、Regexp 等运算符，这些运算符在前面单元已介绍过，这里不赘述。

2. 表达式

表达式是常量、变量、字段值、运算符和函数的组合，MySQL 可以对表达式求值以获取结果，一个表达式通常可以得到一个值。与常量和变量一样，表达式的值也是某种数据类型，例如字符类型、数值类型、日期时间类型等。根据表达式的值的数据类型，表达式可分为字符型表达式、数值表达式和日期表达式。

3. 运算符的优先级

当一个复杂的表达式有多个运算符时，运算符优先级决定运算执行的先后次序。执行的顺序有时会影响所得到的运算结果。MySQL 运算符的优先级如表 8-1 所示，在一个表达式中，按运算符优先级先高（优先级数字小的）后低（优先级数字大的）的顺序进行运算。

表 8-1　MySQL 运算符的优先级

优先级	运算符	优先级	运算符
1（最高）	!	8	|（位或）
2	+（正）、-（负）、~（位取反）	9	=、<>、!=、<、<=、>、>=、<=>、Is、Like、In（比较运算）
3	^（位异或）	10	Between、Case、While、Then、Else
4	*、/、%	11	Not
5	+（加）、-（减）	12	And、&&
6	<<、>>	13	Or、||
7	&（位与）	14（最低）	=、:=（赋值运算）

当一个表达式中的两个运算符有相同的优先级时，根据它们在表达式中的位置进行运算。一般情况下，一元运算符按从右到左（即右结合性）的顺序进行运算，二元运算符按从左到右（即左结合性）的顺序进行运算。

表达式中可以使用括号改变运算符的执行顺序，先对括号内的表达式求值，再对括号外的运算符进行运算。如果表达式中有嵌套的括号，则先对嵌套最深的表达式求值，再对外层括号中的表达式求值。

8.1.4　MySQL 的控制语句

1. Begin...End 语句

MySQL 中 Begin...End 语句用于将多个 SQL 语句组合为一个语句块，相当于一条语句，达到一起执行的目的。

Begin...End 语句的语法格式如下：

```
Begin
        <语句 1>；
        <语句 2>；
        …
        <语句 n>；
End
```

MySQL 中允许嵌套使用 Begin...End 语句。

2. If...Then...Else 语句

If...Then...Else 语句用于进行条件判断，实现程序的选择结构。根据是否满足条件，将执行不同的语句，其语法格式如下：

```
If  <条件表达式 1>  Then  <语句块 1>
```

```
[ Elseif  <条件表达式 2>  Then  <语句块 2>]
[ Else  <语句块 3>]
End If;
```

其中，语句块可以是单条或多条 SQL 语句。

If 语句的执行过程为：如果条件表达式的值为 True，则执行对应的语句块；如果所有的条件表达式的值为 False，并且有 Else 子句，则执行 Else 子句对应的语句块。在 If...Then...Else 语句中允许嵌套使用 If...Else 语句。

3. Case 语句

Case 语句用于计算列表并返回多个可能结果表达式中的一个，可用于实现程序的多分支结构。虽然使用 If...Then...Else 语句也能够实现多分支结构，但是使用 Case 语句的程序的可读性更强，一条 Case 语句经常可以充当一条 If...Then...Else 语句。

在 MySQL 中，Case 语句有以下两种形式。

（1）简单 Case 语句。

简单 Case 语句用于将某个表达式与一组简单表达式进行比较以确定其返回值，其语法格式如下：

```
Case  <条件表达式>
      When  <表达式 1>  Then  <SQL 语句 1>
      When  <表达式 2>  Then  <SQL 语句 2>
      ...
      When  <表达式 n>  Then  <SQL 语句 n>
      [ Else  <其他 SQL 语句> ]
End  Case;
```

简单 Case 语句的执行过程是将"条件表达式"与各个 When 子句后面的"表达式"进行比较，如果相等，则执行对应的"SQL 语句"，然后跳出 Case 语句，不再执行后面的 When 子句；如果 When 子句中没有与"条件表达式"相等的"表达式"，如果指定了 Else 子句，则执行 Else 子句后面的"其他 SQL 语句"；如果没有指定 Else 子句，则没有执行 Case 语句内任何一条 SQL 语句。

（2）搜索 Case 语句。

搜索 Case 语句用于计算一组逻辑表达式以确定返回结果，其语法格式如下：

```
Case
      When  <逻辑表达式 1>  Then  <SQL 语句 1>
      When  <逻辑表达式 2>  Then  <SQL 语句 2>
      ...
      When  <逻辑表达式 n>  Then  <SQL 语句 n>
      [ Else  <其他 SQL 语句> ]
End Case;
```

搜索 Case 语句的执行过程是先计算第 1 个 When 子句后面的"逻辑表达式 1"的值，如果值为 True，则 Case 语句执行对应的"SQL 语句"；如果为 False，则按顺序计算 When 子句后面的"逻辑表达式"的值，且执行计算结果为 True 的第 1 个"逻辑表达式"对应的 "SQL 语句"；在所有的"逻辑表达式"的值都为 False 的情况下，如果指定了 Else 子句，则执行 Else 子句后面的"其他 SQL 语句"；如果没有指定 Else 子句，则没有执行 Case 语句内任何一条 SQL 语句。

4. While 循环语句

While 循环语句用于实现循环结构，是有条件控制的循环语句，当满足某种条件时执行循环体内的语句。

While 循环语句的语法格式如下：

```
[ 开始标注: ]
```

```
While   <逻辑表达式>   Do
    <语句块>
End While [结束标注]；
```

While 循环语句的执行过程说明如下。

首先判断逻辑表达式的值是否为 True，为 True 则执行"语句块"中的语句，然后再次进行判断，为 True 则继续循环，为 False 则结束循环。"开始标注："和"结束标注"是 While 循环语句的标注，除非"开始标注："存在，否则"结束标注"不能出现，并且如果两者都出现，它们的名称必须是相同的。"开始标注："和"结束标注"通常都可以省略。

5. Repeat 循环语句

Repeat 循环语句是有条件控制的循环语句，当满足特定条件时，就跳出循环语句。

Repeat 循环语句的语法格式如下：

```
[ 开始标注: ]
Repeat   <语句块>
Until   <逻辑表达式>
End Repeat [结束标注]；
```

Repeat 循环语句的执行过程说明如下。

首先执行语句块中的语句，然后判断逻辑表达式的值是否为 True，为 True 则停止循环，为 False 则继续循环。Repeat 循环语句也可以被标注。Repeat 循环语句与 While 循环语句的区别在于：Repeat 循环语句是先执行语句，后进行条件判断；而 While 循环语句则是先进行条件判断，条件为 True 才执行语句。

6. Loop 循环语句

Loop 循环语句可以使某些语句重复执行，实现一些简单的循环。但是 Loop 循环语句本身没有停止循环的机制，必须遇到 Leave 语句才能停止循环。

Loop 循环语句的语法格式如下：

```
[ 开始标注: ]
Loop   <语句块>
End Loop [结束标注]  ；
```

Loop 循环语句允许某特定语句或语句块重复执行，以实现一些简单的循环结构。在循环体内的语句一直重复执行直到循环被强迫终止，通常使用 Leave 语句终止循环。

7. Leave 语句

Leave 语句主要用于跳出循环控制，经常和循环语句一起使用，其语法格式如下：

```
Leave <标注名>；
```

使用 Leave 语句可以退出被标注的循环语句，标注名是自定义的。

8. Iterate 语句

Iterate 语句用于跳出本次循环，然后直接进入下一次循环，其语法格式如下：

```
Iterate   <标注名>；
```

Iterate 语句与 Leave 语句都是用来跳出循环语句的，但两者的功能不一样：Leave 语句用来跳出整个循环，然后执行循环语句后面的语句；而 Iterate 语句用来跳出本次循环，然后进行下一次循环。

8.1.5 MySQL 的注释符

MySQL 的注释符有以下 3 种：

（1）#<注释文本>；

（2）-- <注释文本>（注意"--"后面有一个空格）；

（3）/*<注释文本>*/。

> **注意** 以 "/*!" 开头，以 "*/" 结尾的语句为可执行的 MySQL 注释，这些语句可以被 MySQL 执行，但在其他数据库管理系统中将被当作注释忽略，这样可以提高数据库的可移植性。

【任务 8-1】在【命令提示符】窗口中编辑与执行多条 SQL 语句

【任务描述】

在【命令提示符】窗口中编辑与执行多条 SQL 语句，实现以下功能：

（1）为用户变量 name 赋值 "人民邮电出版社"。

（2）从数据表 "出版社信息" 中查询 "人民邮电出版社" 的 "出版社 ID" 字段的值，并且将该值存储在用户变量 id 中。

（3）从数据表 "图书信息" 中查询 "人民邮电出版社" 出版的图书种类数量，并且将图书种类数量存储在用户变量 num 中。

（4）显示用户变量 name、id 和 num 的值。

【任务实施】

在命令提示符后输入以下语句：

```
Use MallDB ;
Set   @name="人民邮电出版社" ;                       -- 给变量 name 赋值
Set   @id=( Select 出版社 ID From 出版社信息
            Where 出版社名称= "人民邮电出版社" ) ;   -- 给变量 id 赋值
Set   @num=( Select Count(*) From 图书信息 Where 出版社=@id ) ;
Select @name , @id , @num ;
```

语句 "Select @name , @id , @num ;" 的输出结果如图 8-5 所示。

```
+---------------------------+------+------+
| @name                     | @id  | @num |
+---------------------------+------+------+
| 人民邮电出版社             |   1  |   8  |
+---------------------------+------+------+
```

图 8-5 语句 "Select @name , @id , @num ;" 的输出结果

8.2 使用存储过程和游标获取与处理 MySQL 表数据

在 MySQL 中，存储过程是一系列为了完成特定功能而编写的 SQL 语句组成的程序，经过编译后保存在数据库中。存储过程要比普通 SQL 语句的执行效率更高，且可以被多次重复调用。存储过程还可以接收输入、输出参数，并可以返回一个或多个查询结果集和返回值，以便满足各种不同需求。

8.2.1 MySQL 的存储过程

1. 存储过程概念

存储过程（Stored Procedure）是一组为了完成特定功能的 SQL 语句集合。用户通过存储过程可以将经常使用的 SQL 语句封装起来，这样可以避免重复编写相同的 SQL 语句。存储过程可以由声明式 SQL 语句（如 Create、Update、Select 等）和过程式 SQL 语句（如 If...Then...Else 语句）组成。另外，存储过程一般是经过编译后存储在数据库中的，所以执行存储过程要比执行存储过程中封装的 SQL 语句效率更高。存储过程还可以接收输入参数、输出参数等，可以返回单个或多个结果集。存储过

程可以由程序、触发器或者另一个存储过程来调用，从而激活它，实现代码段中 SQL 语句的功能。

存储过程主要有以下优点。

（1）执行速度快：存储过程比普通 SQL 语句功能更强大，而且能够实现功能性编程。存储过程执行成功后会被存储在数据库服务器中，并允许客户端直接调用，而且存储过程可以提高 SQL 语句的执行效率。

（2）封装复杂的操作：存储过程中允许包含一条或多条 SQL 语句，并利用这些 SQL 语句实现一个或者多个逻辑功能。对于调用者来说，存储过程封装了 SQL 语句，调用者无须考虑逻辑功能的具体实现过程，直接调用即可。

（3）很强的灵活性：存储过程可以用流程控制语句编写，可以完成较复杂的判断和运算。

（4）使数据独立：程序可以调用存储过程来替代执行多条 SQL 语句。这种情况下，存储过程把数据同用户隔离开来，其优点是当数据表的结构发生改变时，调用者不用修改程序，只需要重新编写存储过程即可。

（5）可以提高安全性：存储过程可被作为一种安全机制来充分利用，系统管理员通过限制存储过程的访问权限，可以实现相应数据的访问权限限制，避免了非授权用户对数据的访问，保证了数据的安全性。

（6）可以提高性能：复杂的功能往往需要多条 SQL 语句，并且客户端需要多次连接并发送 SQL 语句到服务器才能实现。如果利用存储过程，则可以将这些 SQL 语句放入存储过程中，存储过程被成功编译后就存储在数据库服务器中，以后客户端可以直接调用，这样所有的 SQL 语句将在服务器中执行。

（7）可以减少网络流量：针对同一个数据库对象的操作，如果这一操作所涉及的 SQL 语句被组织成存储过程，那么当在客户端上调用该存储过程时，网络中传送的只是对应的调用语句，大大降低了网络负载。

2. Delimiter 命令

Delimiter 命令用于更改 MySQL 语句的结束符，例如将默认结束符"；"更改为"$$"，以避免与 SQL 语句默认结束符相冲突。其语法格式如下：

```
Delimiter  <自定义的结束符>
```

例如：

```
Delimiter $$
```

用户自定义的结束符可以是一些特殊的符号，例如"$$""##""//"等，但应避免使用反斜杠"\"字符，因为"\"是 MySQL 的转义字符。

恢复使用 MySQL 的默认结束符"；"的命令如下：

```
Delimiter ;
```

3. 创建存储过程

创建存储过程的语法格式如下：

```
Create Procedure  <存储过程名>([<参数列表>])
    [<存储过程的特征设置>]
        <存储过程体>
```

说明（1）存储过程的名称应符合 MySQL 的命名规则，尽量避免使用与 MySQL 的内置函数相同的名称，否则会产生错误。通常存储过程默认在当前数据库中创建，如果需要创建在特定的数据库中，则要在存储过程名前面加上数据库的名称，其格式为：<数据库名>.<存储过程名>。

（2）存储过程可以不使用参数，也可以带一个或多个参数。当存储过程无参数时，存储过程名称后面的括号不可省略。如果有多个参数，各个参数之间使用半角逗号分隔。参数的定义格式如下：

[In | Out | InOut] <参数名> <参数类型>

MySQL 的存储过程支持 3 种类型的参数：输入参数、输出参数和输入/输出参数。关键字分别使用 In、Out、InOut，默认的参数类型为 In。输入参数使数据可以传递给存储过程；存储过程使用输出参数，把存储过程内部的数据传递给调用者；输入/输出参数既可以充当输入参数又可以充当输出参数，既可以把数据传入存储过程中，又可以把存储过程中的数据传递给调用者。存储过程的参数名不要使用数据表中的字段名，否则 SQL 语句会将参数看作字段名，从而引发不可预知的结果。

（3）存储过程特征设置的格式如下：

Language SQL

| [Not] Deterministic

| { Contains SQL | No SQL | Reads SQL Data | Modifies SQL Data }

| SQL Security { Definer | Invoker }

| Comment <注释信息内容>

各参数的含义说明。

① Language SQL：表明编写该存储过程的语言为 SQL。目前，MySQL 存储过程还不能使用其他编程语言来编写，该选项可以不指定。

② Deterministic：每次执行存储过程时结果是确定的，使存储过程对同样的输入参数产生相同的结果。

③ Not Deterministic：每次执行存储过程时结果是不确定的，对同样的输入参数可能会产生不同的结果，为默认设置。

④ Contains SQL：表示存储过程包含 SQL 语句，但不包含读或写数据的语句。如果没有明确指定存储过程的特征，默认为 Contains SQL，即表示存储过程不包含读或写数据的语句。

⑤ No SQL：表示存储过程不包含 SQL 语句。

⑥ Reads SQL Data：表示存储过程包含读数据的语句，但不包含写数据的语句。

⑦ Modifies SQL Data：表示存储过程包含写数据的语句。

⑧ SQL Security：用来指定谁有权限来执行该存储过程，Definer 表示只有该存储过程的定义者才能执行，Invoker 表示拥有权限的调用者可以执行。默认情况下，系统指定为 Definer。

⑨ Comment <注释信息内容>：注释信息可以用来描述存储过程。

（4）存储过程体是存储过程的主体部分，其内容包含了可执行的 SQL 语句，这些语句总是以 Begin 开始，以 End 结束。当然，当存储过程中只有一条 SQL 语句时可以省略 Begin…End 语句。

存储过程体中可以使用所有类型的 SQL 语句，包括 DDL、DCL 和 DML 语句。当然，过程式语句也是被允许的，包括变量的定义和赋值语句。

4. 查看存储过程

查看存储过程状态的语法格式如下：

Show Procedure Status [Like <存储过程名的模式字符>] ;

例如：

Show Procedure Status Like "proc%" ;

其中，"%"为通配字符，""proc%""表示所有名称以 proc 开头的存储过程。

查看存储过程定义的语法格式如下：

Show Create Procedure <存储过程名>；

例如：

Show Create Procedure proc0501；

MySQL 中存储过程的信息存储在 information_schema 数据库下的 Routines 表中，可以通过查询该数据表的记录来查询存储过程的信息，例如从 Routines 表中查询名称为"proc0501"的存储过程的信息的语句如下：

Select * From information_schema.Routines Where Routine_name="proc0501"；

其中，Routine_name 字段中存储的是存储过程的名称。由于 Routines 数据表也存储了函数的信息，如果存储过程和自定义函数名称相同，则需要同时指定 Routine_Type 字段表明查询的是存储过程（值为 Procedure）还是函数（值为 Function）。

5. 调用存储过程

存储过程创建完成后，可以在程序、触发器或者其他存储过程中被调用。其语法格式如下：

Call <存储过程名>（[<参数列表>]）；

如果需要调用某个特定数据库的存储过程，则需要在存储过程名前面加上对应数据库的名称。如果定义存储过程时使用了参数，那么调用存储过程时也要使用参数，并且参数的个数和顺序要与创建存储过程时的对应。

6. 修改存储过程

可以使用 Alter Procedure 语句修改存储过程的某些特征，其语法格式如下：

Alter Procedure <存储过程名> [<存储过程的特征设置>]；

存储过程的特征设置与创建存储过程时类似，这里不赘述。修改存储过程时，MySQL 会覆盖以前定义的存储过程。

例如，修改存储过程 proc0501 的定义，将其读写权限修改为 Modifies SQL Data，并指定调用者有执行权限的语句如下：

Alter Procedure proc0501 Modifies SQL Data SQL Security Invoker；

说 明 Alter Procedure 语句主要用于修改存储过程的某些特征，不能直接修改存储过程的名称。如果要修改存储过程的内容，可以先删除原存储过程，再以相同的名称创建新的存储过程；如果要修改存储过程的名称，可以间接实现修改，即先删除原存储过程，再以不同的名称创建新的存储过程。

7. 删除存储过程

在【命令提示符】窗口中删除存储过程的语法格式如下：

Drop Procedure [If Exists] <存储过程名>；

其中，If Exist 子句可以防止在存储过程不存在时出现警告信息。

注意 在删除存储过程之前，必须确认该存储过程没有任何依赖关系，否则将导致其他与之关联的存储过程无法执行。

8.2.2 MySQL 的游标

为了方便用户对结果集中单条记录进行访问，MySQL 提供了一种特殊的访问机制：游标。游标主要包括游标结果集和游标位置两部分。游标结果集是指由定义游标的 Select 语句所返回的记录集合。游标相当于指向这个结果集中某一行的指针。

查询语句可能查询出多条记录，在存储过程和函数中可以使用游标来逐条读取查询结果集中的记录。游标的使用包括声明游标、打开游标、使用游标和关闭游标。游标一定要在存储过程或函数中使用，不能单独在查询中使用。

1. 声明游标

在 MySQL 中，声明游标的语法格式如下：

```
Declare <游标名> Cursor For <Select 语句>
```

游标的名称必须符合 MySQL 标识符的命名规则，Select 语句返回一行或多行记录数据，但不能使用 Into 子句。该语句声明一个游标，也可以在存储过程中声明多个游标，但是每个游标都有自己唯一的名称。

2. 打开游标

声明游标后，要使用游标从游标结果集中提取数据，就必须先打开游标。在 MySQL 中，可以使用 Open 语句打开游标，其语法格式如下：

```
Open <游标名> ;
```

在程序中，一个游标可以打开多次。由于其他的用户或程序本身已经更新了数据表，所以每次打开的结果可能不同。

3. 读取游标

游标打开后，可以使用 Fetch...Into 语句从中读取数据，其语法格式如下：

```
Fetch <游标名> Into <变量名称 1> [, <变量名称 2> , ...];
```

Fetch 语句将游标指向的一行记录的一个或多个数据赋给一个或多个变量，子句中变量的数目必须等于声明游标时 Select 子句中字段的数目。变量名称必须在声明游标之前就定义完成。

4. 关闭游标

游标使用完以后要及时关闭，相关语句的语法格式如下：

```
Close <游标名> ;
```

【任务 8-2】在【命令提示符】窗口中创建存储过程查看指定出版社出版的图书种类

【任务描述】

在【命令提示符】窗口中创建存储过程 proc0501，其功能是查看"图书信息"数据表中"人民邮电出版社"出版的图书种类。

【任务实施】

1. 在【命令提示符】窗口中创建存储过程 proc0501

登录 MySQL 数据库服务器，然后在命令提示符后输入以下语句：

```
Delimiter $$
Use MallDB ;
Create Procedure proc0501()
Begin
    Declare name varchar(16) ;
    Declare id int ;
    Declare num int ;
    Set  name="人民邮电出版社" ;              -- 给变量 name 赋值
    Set id=(Select 出版社 ID  From  出版社信息 Where 出版社名称= name) ;
    Select Count(*)  Into num From 图书信息 Where 出版社=id ;
    Select name , id , num ;
```

End $$

Delimiter ;

存储过程创建成功后会显示如下提示信息：

Query OK, 0 rows affected (0.00 sec)

2. 在【命令提示符】窗口中查看存储过程

在命令提示符后输入以下语句查看存储过程 proc0501：

Show Procedure Status Like "proc0501" ;

运行结果的前 7 列如图 8-6 所示。

```
+--------+----------+-----------+--------------+---------------------+---------------------+---------------+
| Db     | Name     | Type      | Definer      | Modified            | Created             | Security_type |
+--------+----------+-----------+--------------+---------------------+---------------------+---------------+
| malldb | proc0501 | PROCEDURE | root@localhost | 2020-10-24 16:50:00 | 2020-10-24 16:50:00 | DEFINER       |
+--------+----------+-----------+--------------+---------------------+---------------------+---------------+
```

图 8-6　查看存储过程 proc0501 的运行结果的前 7 列

3. 在【命令提示符】窗口中调用存储过程 proc0501

在命令提示符后输入以下语句调用存储过程 proc0501：

Call proc0501 ;

调用存储过程 proc0501 的结果如图 8-7 所示。

```
+------------------+----+-----+
| name             | id | num |
+------------------+----+-----+
| 人民邮电出版社   |  1 |   8 |
+------------------+----+-----+
```

图 8-7　调用存储过程 proc0501 的结果

【任务 8-3】在【命令提示符】窗口中创建有输入参数的存储过程

【任务描述】

【任务 8-2】出版社名称存储在局部变量 name 中，该存储过程只能查询一家出版社所出版的图书种类。如果需要查询不同出版社所出版的图书种类，可以将出版社名称作为存储过程的输入参数，通过输入参数传入不同的出版社名称，从而查询不同出版社的图书种类。

在【命令提示符】窗口中创建包含输入参数的存储过程 proc0502，其功能是根据输入参数 strName 的值（存储"出版社名称"）查看"图书信息"数据表中对应出版社出版的图书种类。

微课 8-1

在【命令提示符】窗口中创建有输入参数的存储过程

【任务实施】

1. 在【命令提示符】窗口中创建存储过程 proc0502

在命令提示符后输入以下语句：

```
Delimiter $$
Create Procedure proc0502( In strName varchar(16) )
Begin
    Declare id int ;
    Declare num int ;
    If (strName Is Not Null) Then
        Set id=(Select 出版社 ID From 出版社信息 Where 出版社名称=strName) ;
        Select Count(*)  Into num From 图书信息 Where 出版社=id ;
```

```
        End If ;
        Select   strName , id , num ;
End $$
Delimiter   ;
```

SQL 语句输入过程及结果如图 8-8 所示。

```
mysql> Delimiter $$
mysql> Create Procedure proc0502( In strName varchar(16) )
    -> Begin
    ->     Declare id int ;
    ->     Declare num int ;
    ->     If (strName Is Not Null) Then
    ->         Set id=(Select 出版社ID From  出版社信息 Where 出版社名称=strName) ;
    ->         Select Count(*)  Into num From 图书信息 Where 出版社=id ;
    ->     End If ;
    ->     Select  strName , id , num ;
    -> End $$
Query OK, 0 rows affected (0.03 sec)
```

图 8-8　存储过程 proc0502 中 SQL 语句的输入过程及结果

2. 在【命令提示符】窗口中调用存储过程 proc0502

在命令提示符后输入以下语句调用存储过程 proc0502：

```
Call proc0502("人民邮电出版社") ;
```

调用存储过程 proc0502 的结果如图 8-9 所示。

```
+------------------+------+------+
| strName          | id   | num  |
+------------------+------+------+
| 人民邮电出版社      |    1 |    8 |
+------------------+------+------+
```

图 8-9　调用存储过程 proc0502 的结果

【任务 8-4】使用 Navicat 图形管理工具创建有输入参数的存储过程

【任务描述】

使用 Navicat 图形管理工具创建包含输入参数的存储过程 proc0503，其功能是根据输入参数 strName 的值（存储"出版社名称"）查看"图书信息"数据表中对应出版社出版的图书种类。

微课 8-2

使用 Navicat 图形管理工具创建有输入参数的存储过程

【任务实施】

1. 查看数据库"MallDB"中已有的存储过程

启动 Navicat for MySQL，在窗口左侧双击打开连接"MallConn"，双击打开数据库"MallDB"，然后在工具栏中单击【函数】按钮，此时可以看到数据库"MallDB"中已有的存储过程，如图 8-10 所示。

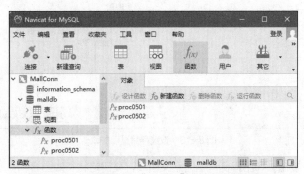

图 8-10　查看数据库"MallDB"中已有的存储过程

2. 新建存储过程

在【对象】选项卡的工具栏中单击【新建函数】按钮，打开【函数向导】对话框的第一个界面"请选择你要创建的例程类型"，在"名:"文本框中输入存储过程名称"proc0503"，在该界面中单击【过程】单选按钮，如图 8-11 所示。

图 8-11 【函数向导】对话框的第一个界面"请选择你要创建的例程类型"

单击【下一步】按钮，然后进入【函数向导】对话框的"请输入这个例程的参数"界面，在"模式"文本框单击 ∨ 按钮，在弹出的下拉列表中选择模式类型为"IN"，如图 8-12 所示。

图 8-12 模式类型下拉列表

在"名"文本框中输入"strName"，在"类型"文本框中输入"varchar(16)"，设置存储过程参数，如图 8-13 所示。

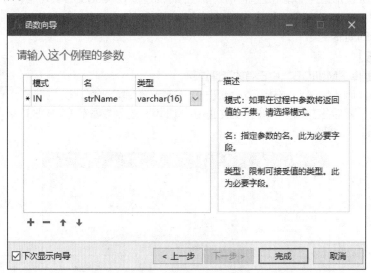

图 8-13 设置存储过程参数

然后单击【完成】按钮，弹出存储过程的定义窗口，其初始状态如图 8-14 所示。

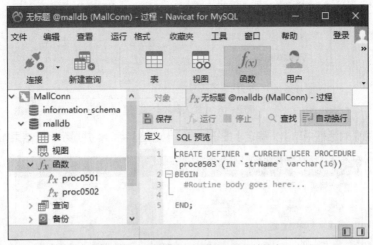

图 8-14 存储过程的定义窗口的初始状态

在存储过程的定义窗口中输入如下 SQL 语句：

```
Begin
    Declare id int ;
    Declare num int ;
    If (strName Is Not Null) Then
        Set id=(Select 出版社 ID From  出版社信息 Where 出版社名称=strName) ;
        Select Count(*) Into num From 图书信息 Where 出版社=id ;
    End If ;
    Select   strName , id , num ;
End
```

SQL 语句编辑完成后，单击工具栏中的【保存】按钮，按前面步骤指定的存储过程名称"proc0503"
进行保存，存储过程保存完成后，完整的存储过程定义如图 8-15 所示。

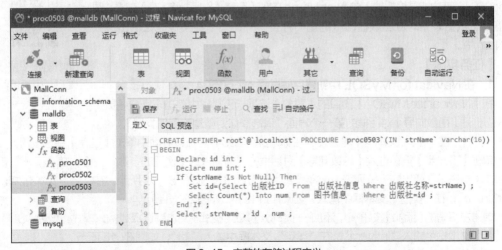

图 8-15 完整的存储过程定义

3. 运行存储过程

在工具栏中单击【运行】按钮，弹出【输入参数】对话框，在该对话框的参数输入文本框中输入"人
民邮电出版社"，如图 8-16 所示。

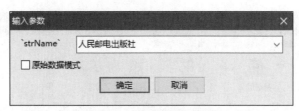

图 8-16 【输入参数】对话框

在【输入参数】对话框中单击【确定】按钮，打开【过程】窗口，并显示运行结果如图 8-17 所示。

图 8-17 存储过程 proc0503 的运行结果

【任务 8-5】使用 Navicat 图形管理工具创建有输入参数和输出参数的存储过程

【任务描述】

使用 Navicat 图形管理工具创建包含输入参数和输出参数的存储过程 proc0504，其功能是根据输入参数 strName 的值（存储"出版社名称"）查看"图书信息"数据表中对应出版社出版的图书种类，并将图书种类存储在输出参数 intNum 中。

微课 8-3

使用 Navicat 图形管理工具创建有输入参数和输出参数的存储过程

【任务实施】

1. 在 Navicat for MySQL 中新建存储过程 proc0504

在【Navicat for MySQL】窗口的【对象】选项卡工具栏中单击【新建函数】按钮，打开【函数向导】对话框的第一个界面"请选择你要创建的例程类型"，如图 8-11 所示，在"名："文本框中输入过程名称"proc0504"，在该界面中单击【过程】单选按钮。

单击【下一步】按钮进入【函数向导】对话框的"请输入这个例程的参数"界面，在"模式"文本框单击 按钮，在弹出的下拉列表中选择模式类型为"IN"，如图 8-12 所示。在"名"文本框中输入"strName"，在"类型"文本框中输入"varchar(16)"，如图 8-13 所示。

单击左下角的【添加】按钮 ➕，添加一个参数行，在"模式"文本框选择或输入模式类型为"OUT"，在"名"文本框中输入"intNum"，在"类型"文本框中输入"int"，如图 8-18 所示。

然后单击【完成】按钮，弹出存储过程的定义窗口。在存储过程的定义窗口中输入如下 SQL 语句：

```
Begin
    Declare id int ;
    If (strName Is Not Null) Then
```

```
        Set id=(Select 出版社 ID From 出版社信息 Where 出版社名称=strName);
        Select Count(*) Into intNum From 图书信息 Where 出版社=id;
    End If;
    Select strName as 出版社名称,id as 出版社 ID,intNum as 图书种数;
End
```

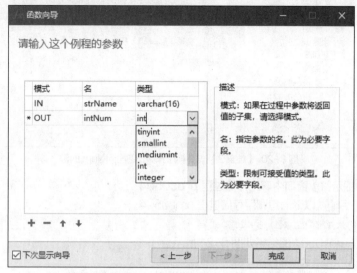

图 8-18　在"请输入这个例程的参数"界面中设置两个参数

SQL 语句编辑完成后,单击工具栏中的【保存】按钮,按前面步骤指定的存储过程名称"proc0504"
进行保存。

2. 在 Navicat for MySQL 中运行存储过程 proc0504

在工具栏中单击【运行】按钮,弹出【输入参数】对话框,在该对话框中的参数输入文本框中输入
参数的值"人民邮电出版社"。

在【输入参数】对话框中单击【确定】按钮,打开【结果 1】选项卡,并显示运行结果 1 如图 8-19
所示。

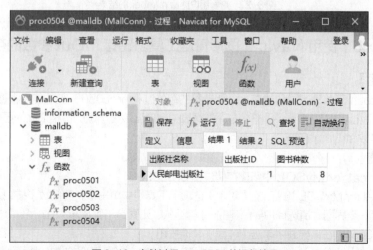

图 8-19　存储过程 proc0504 的运行结果 1

切换到【结果 2】选项卡,显示输出变量 intNum 的值如图 8-20 所示。

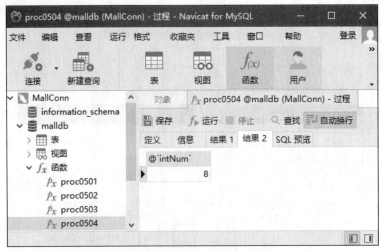

图 8-20 【结果 2】选项卡显示输出变量 intNum 的值

3. 在【命令提示符】窗口中调用存储过程 proc0504

在命令提示符后输入以下语句调用存储过程 proc0504：

```
Call proc0504('人民邮电出版社' , @number ) ;
```

调用存储过程 proc0504 的结果如图 8-21 所示。

```
+--------------+------------+------------+
| 出版社名称      | 出版社ID    | 图书种数     |
+--------------+------------+------------+
| 人民邮电出版社   |          1 |          8 |
+--------------+------------+------------+
```

图 8-21 在【命令提示符】窗口中调用存储过程 proc0504 的结果

使用"Select @number ;"语句查看用户变量 number 的结果如图 8-22 所示。

图 8-22 查看用户变量 number 的结果

【任务 8-6】使用 Navicat 图形管理工具创建有 InOut 参数的存储过程

【任务描述】

使用 Navicat 图形管理工具创建有 InOut 参数的存储过程 proc0505，其功能是根据参数 strName 的值（存储"出版社名称"）查看"图书信息"数据表中对应出版社出版的价格最高的图书名称，并将图书名称存储在参数 strName 中。

【任务实施】

1. 在 Navicat for MySQL 中新建存储过程 proc0505

在【Navicat for MySQL】窗口的【对象】选项卡工具栏中单击【新建函数】按钮，打开【函数向导】对话框的第一个界面"请选择你要创建的例程类型"，如图 8-11 所示，在"名："文本框中输入过程名称"proc0505"，在该界面中单击【过程】单选按钮。

单击【下一步】按钮进入【函数向导】对话框的"请输入这个例程的参数"界面，在"模式"文本框单击 ☑ 按钮，在弹出的下拉列表中选择模式类型为"INOUT"，在"名"文本框中输入"strName"，在"类型"文本框中输入"varchar(16)"。

然后单击【完成】按钮，弹出存储过程的定义窗口。在存储过程的定义窗口中输入如下 SQL 语句：

```
Begin
    Declare id int ;
    Declare maxPrice decimal( 8,2 ) ;
    If (strName Is Not Null) Then
        Set id=(Select 出版社 ID From 出版社信息 Where 出版社名称=strName) ;
        Select Max(价格) Into maxPrice From 图书信息 Where 出版社=id ;
        Select 图书名称 Into strName From 图书信息 Where 价格= maxPrice
                                        And   出版社=id;
    End If ;
    Select strName as 图书名称 , id as 出版社 ID , maxPrice as 价格 ;
End
```

SQL 语句编辑完成后，单击工具栏中的【保存】按钮，按前面步骤指定的存储过程名称"proc0505"进行保存。

> **说 明**　如果需要修改存储过程的代码，只需在【Navicat for MySQL】窗口中打开存储过程对应的定义窗口，直接修改代码然后保存即可。

2. 在【命令提示符】窗口中调用存储过程 proc0505

在命令提示符后输入以下语句调用存储过程 proc0505：

```
Delimiter ##
Set @name="人民邮电出版社" ;
Call proc0505(@name) ;
##
```

调用存储过程 proc0505 的结果如图 8-23 所示。

```
| 图书名称          | 出版社ID | 价格   |
| PPT设计从入门到精通 |       1 | 79.00 |
```

图 8-23　在【命令提示符】窗口中调用存储过程 proc0505 的结果

使用"Select @name ；"语句查看用户变量 name 的结果如图 8-24 所示。

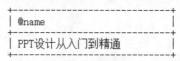

```
+------------------------------+
| @name                        |
+------------------------------+
| PPT设计从入门到精通           |
```

图 8-24　查看用户变量 name 的结果

3. 在 Navicat for MySQL 中调用存储过程 proc0505

创建另一个存储过程 proc050501，在该存储过程中调用存储过程 proc0505，代码如下：

```
Begin
    Set @name="人民邮电出版社";
    Call proc0505(@name);
End
```

运行存储过程 proc050501 的结果如图 8-25 所示。

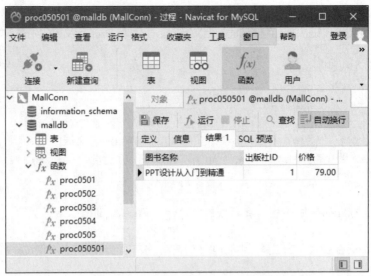

图 8-25　运行存储过程 proc050501 的结果

【任务 8-7】在【命令提示符】窗口中创建应用游标的存储过程

【任务描述】

在【命令提示符】窗口中创建应用游标的存储过程 proc0506，其功能是逐行浏览"图书信息"数据表的前 5 条记录。

【任务实施】

1. 在【命令提示符】窗口中创建存储过程 proc0506

在命令提示符后输入以下语句：

```
Delimiter $$
Create Procedure proc0506()
Begin
    Declare strName varchar(100);
    Declare price decimal( 8,2 ) ;
    Declare number int ;
    Declare cursorNum Cursor For Select 图书名称，价格 From 图书信息；
    Set number=1 ;
    Open cursorNum ;
    While number<6   Do
        Fetch cursorNum Into strName , price ;
        Select strName , price ;
        set number=number+1 ;
    End While ;
    Close cursorNum ;
End $$
Delimiter ;
```

SQL 语句输入过程及结果如图 8-26 所示。

```
mysql> Delimiter $$
mysql> Create Procedure proc0506()
    -> Begin
    ->    Declare strName varchar(100);
    ->    Declare price decimal( 8,2 ) ;
    ->    Declare number int ;
    ->    Declare cursorNum Cursor For Select 图书名称 , 价格 From 图书信息 ;
    ->    Set number=1 ;
    ->    Open cursorNum ;
    ->    While number<6  Do
    ->        Fetch cursorNum Into strName , price ;
    ->        Select strName , price ;
    ->        set number=number+1 ;
    ->    End While ;
    ->    Close cursorNum ;
    -> End $$
Query OK, 0 rows affected (0.06 sec)

mysql> Delimiter ;
```

图 8-26　存储过程 proc0506 中 SQL 语句的输入过程及结果

2. 在【命令提示符】窗口中调用存储过程 proc0506

在命令提示符后输入以下语句调用存储过程 proc0506：

Call proc0506();

调用存储过程 proc0506 的运行结果的前两条数据如图 8-27 所示。

```
+------------------------------------+--------+
| strName                            | price  |
+------------------------------------+--------+
| HTML5+CSS3网页设计与制作实战        | 47.10  |
+------------------------------------+--------+
1 row in set (0.01 sec)

+------------------------------------+--------+
| strName                            | price  |
+------------------------------------+--------+
| MySQL数据库技术与项目应用教程        | 35.50  |
+------------------------------------+--------+
1 row in set (0.01 sec)
```

图 8-27　调用存储过程 proc0506 的运行结果的前两条数据

8.3　使用函数获取与处理 MySQL 表数据

8.3.1　MySQL 系统定义的内置函数

MySQL 包含了 100 多个内置函数，包括字符串函数、数学函数等，MySQL 系统定义的内置函数如表 8-2 所示。这些函数的功能和用法请参考 MySQL 的帮助系统，这里不做具体介绍。

表 8-2　MySQL 系统定义的内置函数

函数类型	函数名称
字符串函数	Ascii()、Char()、Left()、Right()、Trim()、Ltrim()、Ttrim()、Rpad()、Lpad()、Replace()、Concat()、Substring()、Strcmp()、Char_Length()、Length()、Insert()
数学函数	Greatest()、Least()、Floor()、Geiling()、Round()、Truncate()、Abs()、Sign()、PI()、Sqrt()、Pow()、Sin()、Cos()、Tan()、Asin()、Acos()、Atan()、Bin()、Otc()、Hex()
日期和时间函数	Now()、Curtime()、Curdate()、Year()、Month()、Monthname()、Dayofyear()、Dayofweek()、Dayofmonth()、Dayname()、Week()、Yearweek()、Hour()、Minute()、Second()、Date_add()、Date_sub()、DateDiff()

续表

函数类型	函数名称
系统信息函数	Database()、Benchmark()、Charset()、Connection_ID()、Found_rows()、Get_lock()、Is_free_lock、Last_Insert()、Master_pos_wait()、Release_lock()、User()、System_user()、Version()
类型转换函数	Cast()
格式化函数	Format()、Date_format()、Time_format()、Inet_ntoa()、Inet_aton()
控制流函数	Ifnull()、Nullif()、If()
加密函数	Aes_encrypt()、Aes_decrypt()、Encode()、Decode()、Encrypt()、Password()

8.3.2 MySQL 的自定义函数

为了满足用户特殊情况下的需要，MySQL 允许用户自定义函数、补充和扩展系统定义的内置函数。用户自定义函数可以实现模块化程序设计，并且执行速度更快。

1. 自定义函数概述

MySQL 的自定义函数与存储过程相似，都是由 SQL 语句和过程式语句组成的代码片段，并且可以在应用程序中被调用。但是，它们也有一些区别。

（1）自定义函数不能拥有输出参数，因为函数本身就有返回值。

（2）不能使用 Call 语句调用函数。

（3）函数必须包含一条 Return 语句，而存储过程不允许使用该语句。

2. 自定义函数的定义

定义自定义函数的语法格式如下：

```
Create Function <函数名称>（[<输入参数名>  <参数类型> [, … ] ]）
    Returns <函数返回值类型>
    [ <函数的特征设置> ]
    <函数体>
```

> **说明**（1）定义函数时，函数的名称不能与 MySQL 的关键字、内置函数、已有的存储过程、已有的自定义函数同名。
>
> （2）自定义函数可以有输入参数，也可以没有输入参数；可以带一个输入参数，也可以带多个输入参数，带参数时必须规定参数名和类型（In 表示输入参数、Out 表示输出参数、InOut 表示既可以输入也可以输出）。
>
> （3）自定义函数必须有返回值，Returns 后面就是用于设置函数的返回值类型。
>
> （4）自定义函数的函数体可以包含流程控制语句、游标等，但必须包含 Retrun 语句，用于返回函数的值。
>
> （5）函数的特征设置与存储过程类似，这里不赘述。

3. 查看自定义函数

查看自定义函数状态的语法格式如下：

```
Show Function Status [ Like  <函数名的模式字符> ] ;
```

例如：

```
Show Procedure Status Like "func%" ;
```

其中，"%"为通配字符，""func%""表示所有名称以 func 开头的函数。

查看函数定义的语法格式如下：

```
Show Create Function <函数名称> ;
```

例如：

```
Show Create Function func0501 ;
```

4. 修改自定义函数

修改自定义函数的语法格式如下：

```
Alter Function <自定义函数名称> [ <函数的特征设置> ]  ;
```

例如修改自定义函数 func0501 的定义，将读写权限修改为"Reads SQL Data"的语句如下：

```
Alter Function func0501 Reads SQL Data ;
```

如果要修改自定义函数的函数体内容，可以采用先删除后重新定义的方法。

5. 删除自定义函数

删除自定义函数的语法格式如下：

```
Drop Function   [ if exists ] <自定义函数名称> ;
```

例如删除自定义函数 func0501 的语句如下：

```
Drop Function func0501 ;
```

8.3.3　调用 MySQL 的函数

在 MySQL 中，调用 MySQL 系统定义的内置函数与调用自定义函数的语法格式如下：

```
Select  函数名称([实参]) ;
```

【任务 8-8】在【命令提示符】窗口中创建自定义函数 getTypeName()

【任务描述】

在【命令提示符】窗口中创建一个自定义函数 getTypeName()，该函数的功能是从"商品类型"数据表中根据指定的"类型编号"获取"类型名称"。

【任务实施】

1. 在【命令提示符】窗口中创建自定义函数 getTypeName()

在命令提示符后输入以下语句：

```
Delimiter $$
Create Function getTypeName( strTypeNumber Varchar(9) )
      Returns Varchar(10)
Deterministic Begin
    Declare strTypeName Varchar(10) ;
    If ( strTypeNumber Is Not Null) Then
     Select  类型名称  Into strTypeName From  商品类型
            Where  类型编号= strTypeNumber ;
    End If ;
    Return strTypeName ;
End $$
Delimiter ;
```

SQL 语句输入过程及结果如图 8-28 所示。

说 明　**在创建存储过程、函数、触发器时，如果出现以下错误提示信息：**

ERROR 1418 (HY000): This function has none of DETERMINISTIC, NO SQL, or READS SQL DATA in its declaration and binary logging is enabled (you *might* want to use the less safe log_bin_trust_function_creators variable)

```
mysql> Delimiter $$
mysql> Create Function getTypeName( strTypeNumber Varchar(9) )
    ->       Returns Varchar(10)
    -> Deterministic Begin
    ->    Declare strTypeName Varchar(10) ;
    ->    If ( strTypeNumber Is Not Null) Then
    ->    Select 类型名称 Into strTypeName From 商品类型
    ->           Where 类型编号= strTypeNumber ;
    ->    End If ;
    ->    Return strTypeName ;
    -> End $$
Query OK, 0 rows affected (0.01 sec)

mysql> Delimiter ;
```

图8-28 自定义函数getTypeName()中SQL语句的输入过程及结果

解决办法有两种。第一种方法是在创建存储过程、函数、触发器时，声明为Deterministic、No SQL或Reads SQL Data中的一个，例如：

Deterministic Begin
    #Routine body goes here...
End ;

第二种方法是信任存储过程、函数、触发器的创建者，禁止创建、修改子程序时对Super权限的要求，设置log_bin_trust_routine_creators全局系统变量的值为1。

设置方法有以下3种。

（1）在客户端【命令提示符】窗口中执行语句"Set Global log_bin_trust_function_creators = 1；"。

（2）启动MySQL时，加上"--log-bin-trust-function-creators"选项，将参数设置为1。

（3）在MySQL配置文件"my.ini"或"my.cnf"中的"[mysqld]"段上加上"log-bin-trust-function-creators=1"。

2. 在【命令提示符】窗口中调用自定义函数getTypeName()

在命令提示符后输入以下语句调用自定义函数getTypeName()：

Select getTypeName("t1301") ;

调用自定义函数getTypeName()的结果如图8-29所示。

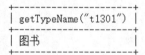

```
+----------------------+
| getTypeName("t1301") |
+----------------------+
| 图书                 |
+----------------------+
```

图8-29 调用自定义函数getTypeName()的结果

【任务8-9】使用Navicat图形管理工具创建带参数的函数 getBookNumber()

【任务描述】

创建一个自定义函数getBookNumber()，该函数的功能是从"图书信息"数据表中根据指定的"出版社名称"获取对应的图书种数。

【任务实施】

1. 新建自定义函数

在【对象】选项卡的工具栏中单击【新建函数】按钮，打开【函数向导】对话框的第一个界面"请选择你要创建的例程类型",在"名:"文本框中输入函数名称"getBookNumber",在该界面中单击【函数】单选按钮,如图 8-30 所示。

图 8-30　输入函数名称与单击【函数】单选按钮

单击【下一步】按钮进入【函数向导】对话框的"请输入这个例程的参数"界面,在"名"文本框中输入"strBookName",在"类型"输入框中输入"varchar(100)",设置函数参数如图 8-31 所示。

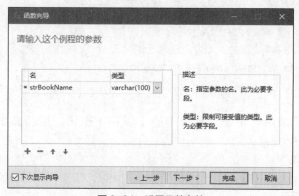

图 8-31　设置函数参数

然后单击【下一步】按钮,进入"请选择这个返回类型的属性"界面,在"返回类型"列表框中选择"int",如图 8-32 所示。

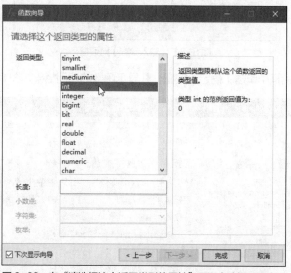

图 8-32　在"请选择这个返回类型的属性"界面中选择返回类型

然后单击【完成】按钮，弹出函数定义窗口，其初始状态如图 8-33 所示。

图 8-33　函数定义窗口的初始状态

在函数定义窗口中输入如下 SQL 语句：

Deterministic　Begin
　　Declare number int ;
　　Select Count(*) Into number
　　　　From 图书信息 Inner Join 出版社信息
　　　　　　On 图书信息.出版社 = 出版社信息.出版社 ID
　　　　　　　　And 出版社信息.出版社名称=strBookName ;
　　Return number;
End

SQL 语句编辑完成后，单击工具栏中的【保存】按钮，按前面步骤指定的函数名称
"getBookNumber"进行保存。

2. 调用自定义函数

在工具栏中单击【运行】按钮，弹出【输入参数】对话框，在该对话框的文本框中输入"人民邮电出版社"，如图 8-34 所示。

图 8-34　【输入参数】对话框

在【输入参数】对话框中单击【确定】按钮，并显示函数的调用结果如图 8-35 所示。

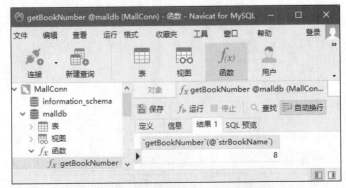

图 8-35　函数 getBookNumber()的调用结果

8.4 使用触发器获取与处理 MySQL 表数据

为了保证数据的完整性和强制使用业务规则，MySQL 除了提供约束之外，还提供了另外一种机制：触发器（Trigger）。当对数据表执行插入、删除或更新操作时，触发器会自动执行以检查数据表的完整性和约束性。

1. 触发器概述

触发器是一种特殊的存储过程，它与数据表紧密相连，可以看作数据表定义的一部分，用于数据表实施完整性约束。触发器建立在触发事件上，例如对数据表执行 Insert、Update 或者 Delete 等操作时，MySQL 会自动执行建立在这些操作上的触发器。触发器中包含了一系列用于定义业务规则的 SQL 语句，用来强制用户实现这些规则，从而确保数据的完整性。

存储过程可以使用 Call 命令调用，但触发器和存储过程不一样，触发器只能由数据库的特定事件来触发，并且不能接收参数。当满足触发器的触发条件时，数据库系统就会执行触发器中定义的程序语句。

2. 创建触发器

创建触发器的语法格式如下：

```
Create Trigger <触发器名>  Before | After <触发事件>
       On <数据表名称>
       For Each Row
    <执行语句>；
```

> **说 明** （1）触发器名称在当前数据库中必须具有唯一性，如果需要在指定的数据库中创建触发器，则需在触发器名称前加上数据库的名称。
> （2）"Before | After"表示触发器是在激活它的语句之前触发还是之后触发。
> （3）触发事件指明了激活触发程序的语句类型，通常为 Insert（新插入记录时激活触发器）、Update（更改记录数据时激活触发器）、Delete（从数据表中删除记录时激活触发器）。
> （4）与触发器相关的数据表名称指明了出现能激活触发器的触发事件的数据表。注意，同一张数据表不能拥有两个具有相同触发时刻和事件的触发器。例如，对于同一张数据表，它不能有两个 Before Update 触发器，但可以有一个 Before Update 触发器和一个 Before Insert 触发器，或一个 Before Update 触发器和一个 After Update 触发器。
> （5）"For Each Row"用于指定对于受触发事件影响的每一行，都要有激活触发器的动作。例如，使用一条语句向一张数据表中添加多条记录，触发器会对每一行执行相应的触发器动作。
> （6）执行语句为触发器激活时将要执行的语句。如果要执行多条语句，可以使用 Begin...End 复合语句，这样就能使用存储过程中允许的语句。

> **注意** 触发器不能返回任何结果到客户端，为了阻止从触发器返回结果，不要在触发器定义中包含 Select 语句。同样，也不能调用将数据返回客户端的存储过程。

在 MySQL 触发器中的 SQL 语句可以关联数据表中的任意字段，但不能直接使用字段名称，这样做系统会无法识别，因为激活触发器的语句可能已经修改、删除或添加了新字段名，而字段的原名称还同时存在。因此必须使用"New.<字段名称>"或"Old.<字段名称>"标识字段，"New.<字段名称>"用来引用新记录的一个字段，"Old.<字段名称>"用来引用更新或删除该字段之前原有的字段。对于 Insert 语句，只有 New 才可以使用；对于 Delete 语句，只有 Old 才可以使用；对 Update 语句 New

和 Old 都可以使用。

3. 查看触发器

查看触发器是指查看数据库中已存在的触发器的定义、状态和语法信息等，可以使用以下两种语句来查看已经创建的触发器。

（1）使用 Show Triggers 查看触发器。

（2）使用 Select 语句查看 Triggers 数据表中的触发器信息，其语法格式如下：

Select * From Information_Schema.Triggers Where Trigger_Name=<触发器名>;

4. 删除触发器

删除触发器的语法格式如下：

Drop Trigger [<数据库名>.]<触发器名>

如果省略了数据库名，则表示在当前数据库中删除指定的触发器。

【任务 8-10】创建 Insert 触发器

【任务描述】

创建一个名为"order_insert"的触发器，当向"订单信息"数据表中插入一条订单记录时，将用户变量 strInfo 的值设置为"在订单信息表中成功插入一条记录"。

【任务实施】

1. 在【命令提示符】窗口中创建触发器 order_insert

在命令提示符后输入以下语句：

```
Delimiter $$
Create Trigger order_insert After Insert   On 订单信息 For Each Row
Begin
    Set   @strInfo= "在订单信息表中成功插入一条记录";
End $$
Delimiter ;
```

SQL 语句输入过程及结果如图 8-36 所示。

```
mysql> Delimiter $$
mysql> Create Trigger order_insert After Insert
    -> On 订单信息 For Each Row
    -> Begin
    ->   Set @strInfo="在订单信息表中成功插入一条记录";
    -> End $$
Query OK, 0 rows affected (0.46 sec)

mysql> Delimiter ;
```

图 8-36　触发器 order_insert 中 SQL 语句的输入过程及结果

2. 在 Triggers 数据表中查看触发器信息

在命令提示符后输入以下 Select 语句查看触发器信息：

Select Trigger_Name,Event_Manipulation,Event_Object_Schema , Event_Object_Table
    From Information_Schema.Triggers Where Trigger_Name="order_insert";

使用 Select 语句查看触发器信息的结果如图 8-37 所示。

TRIGGER_NAME	EVENT_MANIPULATION	EVENT_OBJECT_SCHEMA	EVENT_OBJECT_TABLE
order_insert	INSERT	malldb	订单信息

图 8-37　使用 Select 语句查看触发器信息的结果

3. 应用触发器 order_insert

在命令提示符后直接输入"Select @strInfo；"语句查看用户变量 strInfo 的值，此时该变量的初始值为"0x"。

接下来，向"订单信息"数据表中插入一条记录，测试 Insert 触发器"order_insert"是否会被触发。对应的语句如下：

```
Insert Into 订单信息( 订单编号, 提交订单时间, 订单完成时间, 送货方式, 客户,
                收货人, 付款方式, 商品总额, 运费, 优惠金额, 应付总额, 订单状态 )
    Values("132577616584", "2020-10-25 11:13:08", "2020-10-28 15:31:12", "京东快递", 2,
        "陈芳", "货到付款", 268.80, 0.00, 10.00, 258.80, "已完成") ;
```

Insert 语句成功执行后，执行"Select @strInfo；"语句再一次查看用户变量"@strInfo"的值，此时该变量的值如图 8-38 所示。

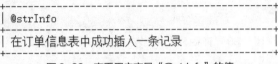

图 8-38　查看用户变量"@strInfo"的值

【任务 8-11】创建 Delete 触发器

【任务描述】

创建一个名为"commodityType_delete"的触发器，该触发器需实现的功能如下：限制用户删除"商品类型"数据表中的记录，当用户删除该类记录时抛出禁止删除记录的错误提示信息。

【任务实施】

1. 在【命令提示符】窗口中创建触发器 commodityType_delete

在命令提示符后输入以下语句：

```
Delimiter $$
Create Trigger commodityType_delete Before Delete
        On 商品类型 For Each Row
Begin
    Set @strDeleteInfo="商品类型数据表中的记录不允许删除" ;
    Delete From 商品类型 ;
End $$
Delimiter ;
```

> **说 明**　在"商品类型"数据表的触发器中添加 SQL 语句"Delete From 商品类型 ；"，其作用是抛出禁止删除记录的错误提示信息。由于 MySQL 没有直接抛出异常的语句，因此这里通过在触发器里面设置删除这张表的 SQL 语句，导致 MySQL 发生异常。发生异常时 MySQL 就会自动回滚掉删除数据的操作了。

2. 在 Navicat for MySQL 中查看触发器

在【Navicat for MySQL】窗口中打开数据表"商品类型"的【表设计器】，切换到【触发器】选项卡，该数据表中已创建的触发器及其定义如图 8-39 所示。

图 8-39　"商品类型"数据表中已创建的触发器及其定义

3. 应用触发器 commodityType_delete

在命令提示符后输入删除记录的语句，从"商品类型"数据表中删除一条记录，测试 Delete 触发器"commodityType_delete"是否会被触发。删除记录的语句如下：

```
Delete From 商品类型 Where 类型编号= "t01" ;
```

按【Enter】键后，可以发现该 SQL 语句并不能成功执行，会出现如下提示信息：

ERROR 1442 (HY000): Can't update table '商品类型' in stored function/trigger because it is already used by statement which invoked this stored function/trigger.

在【Navicat for MySQL】窗口中打开数据表"商品类型"的记录编辑窗口，然后删除一条记录。首先会弹出图 8-40 所示的【确认删除】对话框，在该对话框中单击【删除一条记录】按钮，接着会出现图 8-41 所示的错误提示信息对话框。

图 8-40　【确认删除】对话框

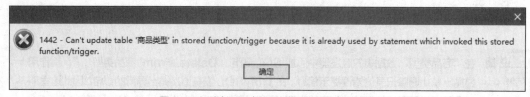

图 8-41　删除记录时出现的错误提示信息对话框

【任务 8-12】应用触发器同步更新多张数据表中的数据

【任务描述】

（1）创建"商品库存"数据表和"购物车商品"数据表。

"商品库存"数据表的结构数据如表 8-3 所示。

表 8-3　"商品库存"数据表的结构数据

字段名称	数据类型	字段长度	是否允许包含 Null
商品编号	varchar	12	否
商品名称	varchar	100	是
库存数量	int		否
最小库存数量	int		是

"购物车商品"数据表的结构数据如表 8-4 所示。

表 8-4　"购物车商品"数据表的结构数据

字段名称	数据类型	字段长度	是否允许包含 Null
客户 ID	int		否
商品编号	varchar	12	否
购买数量	smallint		否
优惠价格	decimal	8,2	是

（2）向"商品库存"数据表中添加 5 条商品记录。

向"商品库存"数据表中添加的商品记录如表 8-5 所示。

表 8-5　向"商品库存"数据表中添加的商品记录

商品编号	商品名称	库存数量	最小库存数量
100009177424	华为 Mate 30 5G	100	5
100011351676	小米 10 Pro 双模 5G	100	5
100013232838	海尔 LU58J51	100	5
100013973228	美的 KFR-35GW/N8MJA3	100	5
100014512520	格力 KFR-72LW/NhAb3BG	100	5

（3）在"MallDB"数据库的"商品库存"数据表中创建一个触发器，当客户选购一件商品时，对应的"商品库存"数据表的"库存数量"字段值也同步减 1。

【任务实施】

1. 创建"商品库存"数据表

在命令提示符后输入以下语句：

```
Create Table  商品库存
(
      商品编号        varchar(12)        Not Null ,
      商品名称        varchar(100)       Null ,
      库存数量        int                Not Null ,
      最小库存数量    int                Null
);
```

按【Enter】键，执行以上语句，成功创建"商品库存"数据表。

2. 创建"购物车商品"数据表

在命令提示符后输入以下语句：

```
Create Table  购物车商品
(
      客户 ID      int                Not Null ,
      商品编号    varchar(12)        Not Null ,
      购买数量    smallint           Not Null ,
```

　　优惠价格　decimal(8,2)　　　Null
);

按【Enter】键，执行以上语句，成功创建"商品库存"数据表。

3. 向"商品库存"数据表中添加 5 条商品记录

在命令提示符后输入以下语句：

```
Insert Into 商品库存( 商品编号, 商品名称, 库存数量, 最小库存数量 )
            Values( "100009177424", "华为 Mate 30 5G", 100, 5 ),
                  ( "100011351676", "小米 10 Pro 双模 5G", 100, 5 ),
                  ( "100013232838", "海尔 LU58J51", 100, 5 ),
                  ( "100013973228", "美的 KFR-35GW/N8MJA3", 100, 5 ),
                  ( "100014512520", "格力 KFR-72LW/NhAb3BG", 100, 5 );
```

按【Enter】键，执行以上语句，成功向"商品库存"数据表中添加 5 条商品记录。

4. 使用 Navicat 图形管理工具显示"购物车商品"数据表的【触发器】选项卡

在【Navicat for MySQL】窗口中打开数据表"购物车商品"的【表设计器】，然后切换到【触发器】选项卡。

5. 使用 Navicat 图形管理工具创建触发器 stock_gradation

单击【添加触发器】按钮，然后在"名"列的单元格中输入触发器名称"stock_gradation"，在"触发"列的单元格中输入或选择"AFTER"，在"插入"列的单元格中勾选复选框。

在窗口下方的"定义"选项卡中输入以下代码：

```
Begin
    Update 商品库存 Set 库存数量=库存数量-1 Where 商品编号=New.商品编号 ;
End
```

在【表设计器】的工具栏中单击【保存】按钮，保存新创建的触发器"stock_gradation"。新创建的触发器"stock_gradation"如图 8-42 所示。

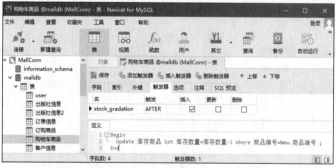

图 8-42　新创建的触发器"stock_gradation"

6. 应用触发器 stock_gradation

在命令提示符后输入语句查看"商品库存"数据表中商品编号为"100013232838"的商品现有库存数量，具体语句如下：

```
Select 商品编号 , 库存数量 From 商品库存  Where 商品编号="100013232838";
```

查询结果如图 8-43 所示。

```
+--------------+-----------+
| 商品编号      | 库存数量   |
+--------------+-----------+
| 100013232838 |       100 |
+--------------+-----------+
```

图 8-43　查询商品编号为"100013232838"的商品的库存数量的结果

接下来，向"购物车商品"数据表中插入一条记录，测试 Insert 触发器"stock_gradation"是否会被触发。对应的语句如下：

```
Insert Into  购物车商品（客户 ID, 商品编号, 购买数量）
            Values(3, "100013232838", 1)；
```

Insert 语句成功执行后，再一次查看"商品库存"数据表中商品编号为"100013232838"的商品现有库存数量，可以看出库存数量减少了 1，如图 8-44 所示。

```
+----------------+----------------+
|  商品编号      |   库存数量     |
+----------------+----------------+
|  100013232838  |            99  |
+----------------+----------------+
```

图 8-44　查看商品编号为"100013232838"的商品的库存数量变化

说 明　在【表设计器】的【触发器】选项卡中，单击工具栏中的【删除触发器】按钮可以删除当前处于选中状态的触发器，为了避免对后面操作任务产生影响，本任务操作完成后建议删除创建的触发器。

8.5　使用事务获取与处理 MySQL 表数据

使用事务可以将一组相关的数据操作捆绑成一个不可分割的整体，一起执行或一起取消。事务是单个的工作单元，事务中可以包含多条操作语句。如果对事务执行提交操作，则该事务中进行的所有操作均会被提交，成为数据库中的永久组成部分。如果事务中的一条语句遇到错误不能执行而被取消或回滚，则事务中的所有操作均会被清除，数据会恢复到事务执行前的状态。

1. 事务的主要特性

事务主要有以下 4 个特性，简称 ACID 特性。

（1）原子性（Atomicity）。

事务必须是不可分割的原子工作单元，对于其包含的数据修改操作，要么全都执行，要么全都不执行。

（2）一致性（Consistency）。

事务在完成时，会使所有的数据都保持一致状态。在相关数据库中，所有规则都必须应用于事务的修改，以保持所有数据的完整性。事务结束时，所有的内部数据结构都必须是正确的。

（3）隔离性（Isolation）。

由并发事务所做的修改必须与任何其他并发事务所做的修改隔离。

（4）持久性（Durability）。

事务完成之后，它对于系统的影响是永久的。

2. 事务控制语句

MySQL 主要提供了 4 条事务控制语句。

（1）开始事务。

Start Transaction 语句和 Begin Work 语句用于显式地启动一个事务。其语法格式如下：

```
Start Transaction | Begin Work
```

（2）结束事务。

Commit 语句标志一个成功执行的事务结束，用于提交事务，将事务所做的数据修改保存到数据库中。其语法格式如下：

```
Commit [Work] [And [No] Chain ] [ [No] Release ]
```

其中，可选项 And Chain 子句会在当前事务结束时立刻启动一个新事务，并且新事务与刚结束的事务有相同的隔离等级。Release 子句在终止当前事务后，会让服务器断开与当前客户端的连接。No 关键字可以阻止 Chain 或 Release 的完成。

（3）撤销事务。

Rollback 语句用于撤销事务所做的修改，并结束当前事务，其语法格式如下：

Rollback [Work] [And [No] Chain] [[No] Release]

（4）设置保存点。

Savepoint 语句用于在事务内设置保存点，其语法格式如下：

Savepoint <保存点名称>

（5）回滚事务。

Rollback To 语句用于将事务回滚到事务的起点或事务内的某个保存点，取消事务对数据所做的修改。Rollback To Savepoint 语句会向已命名的保存点回滚一个事务。如果在保存点被设置后，当前事务对数据进行了修改，则这些更改会在回滚中被撤销，其语法格式如下：

Rollback [Work] To Savepoint <保存点名称>

当事务回滚到某个保存点后，在该保存点之后设置的保存点将被删除。

Rollback Savepoint 语句会从当前事务的一组保存点中删除已命名的保存点，其语法格式如下：

Rollback Savepoint <保存点名称>

【任务 8-13】创建与使用事务

使用事务可以将一组相关的数据操作捆绑成一个整体，一起执行或一起取消。关于事务的一个典型案例就是银行转账操作。例如，需要从甲账户向乙账户转账 8000 元，这时，转账操作主要分为两步：第 1 步，从甲账户中减少 8000 元；第 2 步，向乙账户中增加 8000 元。既然是分为两步，那就说明这两个操作不是同步进行的，那么两个操作之间可能会出现中断，导致第 1 步操作成功执行，而第 2 步没有执行或执行失败；也有可能是第 1 步也没有成功执行，但是第 2 步却成功执行了。在实际应用中，上述问题是不允许出现的。为了解决这类问题，MySQL 提供了事务机制。

【任务描述】

在"MallDB"数据库的"购物车商品"数据表中插入一条商品记录，商品编号为"100014512520"，购买数量为 1，然后将"商品库存"数据表中对应商品的库存数量（初始库存数量为 100）同步减 1。应用事务实现以上操作。

【任务实施】

先将【任务 8-12】中创建的触发器 stock_gradation 删除，以避免影响本任务的完成。

然后在命令提示符后输入以下语句：

```
Start Transaction ;
Insert Into 购物车商品( 客户 ID, 商品编号, 购买数量 )
          Values(4, "100014512520", 1 ) ;
Select 客户 ID, 商品编号, 购买数量  From 购物车商品
                    Where 商品编号="100014512520";
Savepoint markpoint ;        -- 设置事务保存点
Select 商品编号, 库存数量 From 商品库存 Where 商品编号="100014512520" ;
Update 商品库存 Set 库存数量=库存数量-1 Where 商品编号="100014512520";
Select 商品编号, 库存数量 From 商品库存 Where 商品编号="100014512520";
Rollback To Savepoint markpoint ;   -- 回滚到保存点 markpoint
```

Commit ;

Select 商品编号, 库存数量 From 商品库存 Where 商品编号="100014512520";

在"设置事务保存点"之前的 SQL 语句的运行结果如图 8-45 所示。

```
mysql> Start Transaction ;
Query OK, 0 rows affected (0.00 sec)

mysql> Insert Into 购物车商品( 客户ID, 商品编号, 购买数量 )
    ->                     Values(4, "100014512520", 1 );
Query OK, 1 row affected (0.00 sec)

mysql> Select 客户ID, 商品编号, 购买数量  From 购物车商品
    ->                              Where 商品编号="100014512520";
+---------+--------------+--------------+
| 客户ID  | 商品编号      | 购买数量      |
+---------+--------------+--------------+
|      4  | 100014512520 |            1 |
+---------+--------------+--------------+
1 row in set (0.00 sec)
```

图 8-45　在"设置事务保存点"之前 SQL 语句的运行结果

"设置事务保存点"与"回滚到保存点 markpoint"之间的 SQL 语句的运行结果如图 8-46 所示。

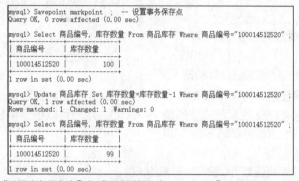

图 8-46　"设置事务保存点"与"回滚到保存点 markpoint"之间的 SQL 语句的运行结果

"回滚到保存点 markpoint"之后的 SQL 语句的运行结果如图 8-47 所示。

```
mysql> Rollback To Savepoint markpoint ;   -- 回滚到保存点markpoint
Query OK, 0 rows affected (0.00 sec)

mysql> Commit ;
Query OK, 0 rows affected (0.03 sec)

mysql> Select 商品编号, 库存数量 From 商品库存 Where 商品编号= "100014512520" ;
+--------------+-----------+
| 商品编号      | 库存数量   |
+--------------+-----------+
| 100014512520 |       100 |
+--------------+-----------+
1 row in set (0.00 sec)
```

图 8-47　"回滚到保存点 markpoint"之后的 SQL 语句的运行结果

由图 8-47 可以看出,"商品库存"数据表中商品编号为"100014512520"的库存数量初始数量为 100 件,添加到购物车操作完成后,库存数量减少 1 件,即为 99 件,回滚到保存点 markpoint 时,对"商品库存"数据表库存数量的更改被撤销,所以库存数量重新设置为 100。

课后练习

1. 选择题

（1）以下语句中属于 DML 语句的是（　　）。

　　A. Create　　　　B. Alter　　　　　C. Select　　　　　D. Drop

（2）在 MySQL 中,用户变量前面的字符是（　　）。

A. $ B. # C. & D. @

（3）在 MySQL 语句中，可以匹配 0 个或多个字符的通配符是（　　）。

A. * B. % C. ? D. @

（4）在 MySQL 中，单行注释语句可以使用（　　）字符开始的一行内容。

A. /* B. # C. { D. /

（5）在 MySQL 中，全局变量前面使用的字符是（　　）。

A. # B. @ C*. D. @@

（6）如果要计算数据表中数据的平均值，可以使用的函数是（　　）。

A. Sqrt() B. Avg() C. Count() D. Sum()

（7）触发器是一个特殊的（　　）。

A. 存储过程 B. 函数 C. 语句 D. 表达式

（8）在 MySQL 中，用于定义游标的语句是（　　）。

A. Create B. Declare
C. Declare … Cursor for … D. Show

（9）存储过程中不能使用的循环语句是（　　）。

A. Repeat B. While C. Loop D. For

（10）以下关于系统变量的描述错误的是（　　）。

A. 系统变量在所有程序中都有效 B. 用户不能自定义系统变量
C. 用户不能手动修改系统变量的值 D. 用户可以根据需要设置系统变量的值

（11）以下运算符中优先级最高的是（　　）。

A. ! B. % C. & D. &&

（12）使用（　　）系统函数可以获取字符串的长度。

A. Count() B. Len() C. Length() D. Lower()

（13）以下函数中不能用于返回当前的日期和时间的是（　　）。

A. Curtime() B. Now()
C. Current_Timestamp() D. Sysdate()

（14）在 MySQL 中，当需要创建多条执行语句的触发器时，触发器程序可以使用（　　）开始，使用 End 结束，中间可以包含多条语句。

A. Begin B. Start C. @@ D. ||

（15）在 MySQL 中，用于删除触发器的语句是（　　）。

A. Delete Trigger B. Close Trigger C. Drop Trigger D. 以上都不对

（16）在 MySQL 中，调用存储过程使用（　　）关键字。

A. Exit B. Create C. Alter D. Call

（17）在 MySQL 中，以下关于存储过程的描述中错误的是（　　）。

A. 创建存储过程时，可以不指定任何参数
B. 创建存储过程时，必须指定输入参数
C. 调用存储过程时，用户必须具有 Execute 的权限
D. 调用存储过程时，如果参数不符合条件，会给出"Empty set"提示信息

（18）MySQL 中，以下关于修改存储过程的描述中正确的是（　　）。

A. 删除后的存储过程可能被恢复
B. 一次只能删除一个存储过程
C. 使用 Alter 语句不能修改存储过程的名称

D．以上都不对

2. 填空题

（1）MySQL 语句中定义的用户变量与（　　　　）有关，在（　　　　）内有效，可以将值从一条语句传递到另一条语句。一个客户端定义的变量（　　　）被其他客户端使用，当客户端退出时，该客户端连接的所有变量将（　　　　）。

（2）可以使用（　　　　）语句定义和初始化一个用户变量，可以使用（　　　　）语句查询用户变量的值。

（3）用户变量以（　　　）开始，以便将用户变量和字段名区分开。系统变量一般以（　　　　）为前缀。

（4）系统变量可以分为（　　　　）和（　　　　）两种类型。为系统变量设定新值的语句中，使用 Global 或 "@@global." 关键字的是（　　　　），使用 Session 和 "@@session." 关键字的是（　　　）。

（5）显示所有系统变量的语句为（　　　　），显示所有全局系统变量的语句为（　　　　）。

（6）MySQL 中局部变量必须先定义后使用，使用（　　　　）语句定义局部变量，定义局部变量时使用（　　　）子句给变量指定一个默认值，如果不指定则默认为（　　　　）。

（7）局部变量是可以保存单个特定类型数据值的变量，其有效作用范围为（　　　）之间，在局部变量前面不使用 "@" 符号。该定义语句无法单独执行，只能在（　　　　）和（　　　　）中使用。

（8）在 MySQL 中，更改 MySQL 语句的结束符使用（　　　　）命令。

（9）查看名称以 "proc" 开头的存储过程状态的语句为（　　　　）。

（10）调用存储过程使用（　　　）语句，函数必须包含一条（　　　　）语句，而存储过程不允许使用该语句。

（11）触发器是一种特殊的（　　　　），它与数据表紧密相连，可以看作数据表定义的一部分，用于数据表实施完整性约束。触发器是建立在（　　　　）上的。

（12）存储过程可以使用 Call 命令调用，但触发器的调用和存储过程不一样，触发器只能由数据库的（　　　　）来触发，并且不能接收（　　　　）。

（13）创建存储过程使用关键字（　　　　），创建触发器使用关键字（　　　　），创建自定义函数使用关键字（　　　　）。

（14）创建触发器的语句中使用（　　　　）关键字指定对受触发事件影响的每一行都要有激活触发器的动作。

（15）查看触发器通常有两种方法，一种方法是使用（　　　　）查看触发器，另一种方法是使用 Select 语句查看（　　　　）数据表中的触发器信息。

（16）在 MySQL 中，用于提交事务的语句为（　　　　），使用（　　　　）语句结束当前事务。

（17）在 MySQL 中，根据数据类型，常量可以分为（　　　）、（　　　）、日期和时间常量、布尔常量和 NULL 等。

（18）在 MySQL 中，创建自定义函数的语句是（　　　　）。

（19）在 MySQL 中，（　　　）函数可以返回圆周率的值。

（20）在 MySQL 中，合并多个字符串时可以使用（　　　）和 Concat_Ws() 的函数。

（21）创建触发器时，触发程序的动作时间的值可以是（　　　）和 After 两个。

（22）触发器的触发条件，即激活触发程序的语句，其取值可以是（　　　）、Update 或（　　　）之一。

（23）在 MySQL 中，创建存储过程时需要使用（　　　）语句，删除存储过程可以使用（　　　）语句。

（24）在 MySQL 中，存储过程的参数有 3 种类型：分别 In、Out 和（　　　　）。

（25）在 MySQL 中，修改存储过程可以使用（　　　）语句，查看存储过程的定义使用（　　　）语句。

模块 9

安全管理与备份MySQL数据库

09

数据库管理系统除了对数据本身进行管理外，数据的安全管理也是很重要的部分。数据库中的安全管理主要涉及用户权限以及数据的备份和还原，权限可以有效地保证数据访问的安全性，备份数据则可以避免数据丢失和造成灾难性损失。数据库的安全性是指保护数据库数据，阻止被非法操作，以免造成数据泄漏、修改或丢失。MySQL 可以通过用户管理保证数据库的安全性。

　　MySQL 提供了许多语句来管理用户，这些语句可以用来进行登录和退出 MySQL 数据库服务器、创建用户、删除用户、管理密码和管理权限等内容。MySQL 默认使用的 root 用户是超级管理员，拥有所有权限，包括创建用户、删除用户和修改用户密码等。除 root 用户外，还可以创建拥有不同权限的普通用户。

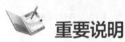 **重要说明**

　　（1）本模块的各项任务是在模块 8 的基础上进行的，模块 8 在数据库"MallDB"中保留了以下数据表：user、出版社信息、出版社信息 2、商品信息、商品库存、商品类型、图书信息、图书信息 2、图书汇总信息、客户信息、客户信息 2、用户信息、用户注册信息、用户类型、订单信息、订购商品、购物车商品。

　　（2）本模块在数据库"MallDB"中保留了以下数据表：user、出版社信息、出版社信息 2、商品信息、商品库存、商品类型、图书信息、图书信息 2、图书汇总信息、客户信息、客户信息 2、用户信息、用户注册信息、用户类型、订单信息、订购商品、购物车商品。

　　（3）完成本模块所有任务后，使用本模块中介绍的备份方法对数据库"MallDB"进行备份，备份文件名为"MallDB09.sql"。

　　例如：

```
Mysqldump -u root -p --databases MallDB> D:\MySQLData\MyBackup\MallDB09.sql
```

 操作准备

　　（1）打开 Windows 操作系统下的【命令提示符】窗口。

　　（2）如果数据库"MallDB"或者该数据库中的数据表被删除了，参考本模块将要介绍的还原备份的方法将模块 8 中创建的备份文件"MallDB08.sql"予以还原。

　　例如：

```
Mysql -u root -p MallDB < D:\MySQLData\MallDB08.sql
```

　　（3）登录 MySQL 数据库服务器。

　　在【命令提示符】窗口的命令提示符后输入命令"mysql -u root -p"，按【Enter】键后，输入正确的密码，这里输入"123456"。当窗口中的命令提示符变为"mysql>"时，表示已经成功登录 MySQL 数据库服务器。

（4）选择需要进行操作的数据库 MallDB。

在命令提示符"mysql>"后面输入选择数据库的语句：

Use MallDB；

（5）启动 Navicat for MySQL，打开已有连接"MallConn"，打开数据库"MallDB"。

9.1 登录与退出 MySQL 数据库服务器

9.1.1 登录与退出 MySQL 数据库服务器

MySQL 安装完成后会有用户名为"root"的超级用户存在，有了用户就可以登录 MySQL 数据库服务器了，登录 MySQL 数据库服务器需要服务器主机名、用户名、密码。在登录 MySQL 数据库服务器之前可以使用"MySQL --Help"或"MySQL -?"命令查看 MySQL 命令帮助信息，获取 MySQL 命令各个参数含义。

登录 MySQL 数据库服务器命令的语法格式如下：

MySQL [-h <主机名> | <主机 IP 地址>] [-P <端口号>] -u <用户名> -p[<密码>]

参数说明如下。

（1）MySQL 表示调用 MySQL 应用程序命令。

（2）"-h <主机名>"或"-h <主机 IP 地址>"为可选项，如果本机就是服务器，该选项可以省略不写。"-h"后面加空格然后接主机名称或主机 IP 地址，本机名默认为"localhost"，本机 IP 地址默认为"127.0.0.1"。该参数也可以替换成"--host=<主机名>"的形式，注意"host"前面有两条横杠。

（3）"-P <端口号>"为可选项，MySQL 服务的默认端口号为 3306，省略该参数时将自动连接到 3306 端口。"-P"（P 为大写）后面加空格然后接端口号，通过该参数连接一个指定端口号。

（4）"-u <用户名>"为必选项，"-u"后面接用户名，默认用户名为"root"。"-u"与用户名之间可以加空格，也可以不加。该参数也可以替换成"--user=<用户名>"的形式，注意"user"前面有两条横杠。

（5）"-p[<密码>]"用于指定登录密码。如果在"-p"（p 为小写）后面指定了密码，则使用该密码直接登录服务器，这种方式密码是可见的，安全性不高。注意："-p"与密码字符串之间不能有空格，如果有空格，那么将提示输入密码。如果"-p"后面没有指定密码，则登录时会提示输入密码。该参数也可以替换成"--password=<密码>"的形式，注意"password"前面有两条横杠。

登录 MySQL 数据库服务器的命令还可以指定数据库名称，如果没有指定数据库名称，则会直接登录到 MySQL 数据库服务器，然后可以使用"use <数据库名称>"语句来选择数据库。

登录 MySQL 数据库服务器的命令最后还可以加参数"-e"，然后在该参数后面直接加 SQL 语句，成功登录 MySQL 数据库服务器后即可执行"-e"后的 SQL 语句，然后退出 MySQL 数据库服务器。

退出 MySQL 数据库服务器的方式很简单，只需要在命令提示符后输入"Exit"或"Quit"命令即可。"\q"是"Quit"的缩写，也可以用来退出 MySQL 数据库服务器。按组合键【Ctrl】+【Z】，再按【Enter】键也可以退出 MySQL 数据库服务器。退出后会显示"Bye"提示信息。

9.1.2 MySQL 的 Show 命令

MySQL 的 Show 命令如表 9-1 所示。

表 9-1 MySQL 的 Show 命令

序号	命令的语法格式	命令解释
1	Show Databases;	显示 MySQL 中所有数据库的名称
2	Show Tables 或 show Tables From <数据库名称>;	显示当前数据库或指定数据库中所有数据表的名称
3	Show Columns From <数据表名称> From <数据库名称>; 或 show Columns From <数据库名称>.<数据表名称>;	显示数据表中字段名称
4	Show Grants For <用户名>;	显示一个用户的权限，显示结果类似于 Grant 命令
5	Show Index From <数据表名称>;	显示数据表的索引
6	Show Status;	显示一些系统特定资源的信息，例如正在运行的线程数量
7	Show Variables;	显示系统变量的名称和值
8	Show Processlist;	显示系统中正在运行的所有进程，也就是当前正在执行的查询。大多数用户可以查看他们自己的进程，如果他们拥有 Process 权限，就可以查看所有用户的进程，包括密码
9	Show Table Status;	显示当前使用或者指定的数据库中的每张数据表的信息。信息包括数据表类型和数据表的最新更新时间
10	Show Privileges;	显示服务器所支持的不同权限
11	Show Create Database <数据库名称>;	显示对应数据库的具体创建信息
12	Show Create Table <数据表名称>;	显示对应数据表的创建信息
13	Show Engines;	显示安装以后可用的存储引擎和默认引擎
14	Show InnoDB Status;	显示 InnoDB 存储引擎的状态
15	Show Logs;	显示 BDB 存储引擎的日志
16	Show Warnings;	显示最后一个执行的语句所产生的错误、警告或通知
17	Show Errors;	只显示最后一个执行语句所产生的错误
18	Show [Storage] Engines;	显示安装后的可用存储引擎和默认引擎

【任务 9-1】尝试多种方式登录 MySQL 数据库服务器

【任务描述】

尝试以下多种方式登录 MySQL 数据库服务器。

【任务 9-1-1】使用 root 用户登录本机 MySQL 数据库，要求登录时密码不可见。

【任务 9-1-2】使用 root 用户登录本机 MySQL 数据库"mysql"，在登录命令中指定数据库名称和密码。

【任务 9-1-3】使用 root 用户登录本机数据库"MallDB"，同时查询"MallDB"数据库中的数据表"用户类型"的结构信息。

【任务实施】

【任务 9-1-1】实现登录的过程如下。

首先在命令提示符后输入以下命令：

```
Mysql -u root -p
```

然后按【Enter】键，出现提示信息"Enter password:"，在提示信息后输入正确密码，这里输入"123456"，再按【Enter】键即可成功登录，并显示图 9-1 所示的相关信息。

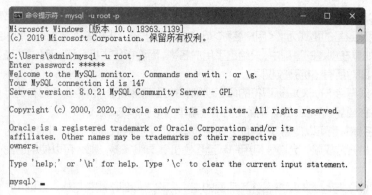

图 9-1　成功登录 MySQL 时出现的信息

接着在命令提示符后输入"Quit"命令退出 MySQL 数据库服务器。

【任务 9-1-2】实现登录的命令如下：

Mysql –h localhost –P 3306 –u root –p123456 mysql

参数"–h localhost"也可以写成"–h 127.0.0.1"的形式，二者是等价的。

由于本机的主机名称默认为 localhost，所以该命令中的参数"–h localhost"可以省略。由于 MySQL 服务的默认端口为 3306，不使用该参数时会自动连接到 3306 端口，所以参数"–P 3306"也可以省略。由于没有指定数据库名称时会直接登录 MySQL 数据库，所以密码后面指定的参数"mysql"也可以省略。

即【任务 9-1-2】实现登录最精简的命令形式如下：

Mysql –u root –p123456

这里由于密码是可见，登录时会出现如下警告信息：

Mysql:[Warning] Using a password on the command line interface can be insecure.

该命令也可以写成以下形式：

Mysql --host=localhost --user=root --password=123456

【任务 9-1-3】实现登录的命令如下：

Mysql –u root –p123456 MallDB –e "Desc 用户类型"

该命令的执行结果如图 9-2 所示，MySQL 系统会显示数据表"用户类型"的结构数据，然后退出 MySQL 数据库服务器。

```
+-------------+-----------+------+-----+---------+-------+
| Field       | Type      | Null | Key | Default | Extra |
+-------------+-----------+------+-----+---------+-------+
| 用户类型ID   | int       | NO   | PRI | NULL    |       |
| 用户类型名称 | varchar(6)| NO   | UNI | NULL    |       |
| 用户类型说明 | varchar(50)| YES |     | NULL    |       |
+-------------+-----------+------+-----+---------+-------+
```

图 9-2　【任务 9-1-3】登录命令的执行结果

9.2　MySQL 的用户管理

9.2.1　使用 Create User 语句添加 MySQL 用户

使用 Create User 语句添加 MySQL 用户的基本语法格式如下：

Create User [If Not Exists] <用户名称>@<主机名称> | <IP 地址>
　　　　　[Identified By [Random Password] | [<密码>]]

各参数说明如下。

203

（1）使用 Create User 语句可以同时创建多个用户，各用户之间使用半角逗号分隔。

（2）创建用户账号的格式为"<用户名称>@<主机名称>"，主机名称是指用户连接 MySQL 时所用主机的名字。如果在创建的过程中，只给出了用户名称，而没指定主机名称，那么主机名称默认为"%"，表示一组主机，即对所有主机开放权限。

用户名称必须符合 MySQL 标识符的命名规则，并且不能与同一台主机中已有的用户名称相同。用户名称、主机名称或 IP 地址、密码都需要使用半角单引号引起来。

（3）"主机名称"也可以使用 IP 地址。如果是本机，则使用 localhost，IP 地址为"127.0.0.1"。如果对所有的主机开放权限，允许任何用户从远程主机登录服务器，那么可以使用通配符"%"，"%"表示一组主机。

（4）字符"@"与前面的用户名称和后面的主机名称之间都不能有空格，否则用户创建不会成功。

（5）如果两个用户具有相同的用户名称但主机不同，MySQL 会将视其为不同的用户，允许为这两个用户分配不同的权限。

（6）如果一个用户名称或主机名称包含特殊符号，例如下划线"_"或通配符"%"，则需要使用半角单引号将其引起来。

（7）Identified By 关键字用于设置用户的密码。新用户可以没有初始密码，若该用户不设密码，则可以省略该选项。此时，MySQL 数据库服务器使用内置的身份验证机制，用户登录时不用指定密码。如果需要创建指定密码的用户，需要使用关键字 Identified By 指定明文密码值。

（8）若使用了 Identified By Random Password，则 MySQL 会生成一个明文形式的随机密码，并将其传递给身份验证插件以进行可能的哈希处理。插件返回的结果存储在"mysql.user"数据表中。

使用 Create User 语句创建新用户时，创建者必须拥有 MySQL 数据库的全局 Create User 的权限或 Insert 权限。如果添加的用户已经存在，则会出现错误提示信息。

每添加一个 MySQL 用户，"mysql.user"数据表中就会新添加一条记录，但是新创建的用户没有任何权限，需要对其进行授权操作。

【任务 9-2】在【命令提示符】窗口中使用 Create User 语句添加 MySQL 用户

【任务描述】

（1）使用普通明文密码创建一个新用户 admin。

使用 Create User 语句创建一个新用户，用户名为 admin，密码是 123456，主机为本机。

（2）使用随机密码创建一个新用户 better。

使用 Create User 语句创建一个新用户，用户名为 better，生成一个随机密码，主机为本机。

【任务实施】

1. 使用普通明文密码创建一个新用户 admin

（1）打开 Windows 操作系统下的【命令提示符】窗口，然后登录 MySQL 数据库服务器。

（2）创建用户 admin。

在命令提示符后输入以下命令创建用户 admin：

```
Create User 'admin'@'localhost' Identified By '123456' ;
```

当该语句成功执行时，如果出现"Query OK, 0 rows affected (0.09 sec)"提示信息，说明该用户已经创建完成，可以使用该用户名登录 MySQL 数据库服务器。

微课 9-1

在【命令提示符】窗口中使用 Create User 语句添加 MySQL 用户

（3）查看数据表"user"中目前已有的用户。

在命令提示符后输入以下命令查看数据库"mysql"的数据表"user"中目前已有的用户：

Select Host , User , Authentication_string From mysql.user ;

查看的结果如图 9-3 所示。

```
+-----------+------------------+---------------------------------------------------------------+
| Host      | User             | Authentication_string                                         |
+-----------+------------------+---------------------------------------------------------------+
| localhost | admin            | *6BB4837EB74329105EE4568DDA7DC67ED2CA2AD9                      |
| localhost | mysql.infoschema | $A$005$THISISACOMBINATIONOFINVALIDSALTANDPASSWORDTHATMUSTNEVERBRBEUSED |
| localhost | mysql.session    | $A$005$THISISACOMBINATIONOFINVALIDSALTANDPASSWORDTHATMUSTNEVERBRBEUSED |
| localhost | mysql.sys        | $A$005$THISISACOMBINATIONOFINVALIDSALTANDPASSWORDTHATMUSTNEVERBRBEUSED |
| localhost | root             | *6BB4837EB74329105EE4568DDA7DC67ED2CA2AD9                      |
+-----------+------------------+---------------------------------------------------------------+
```

图 9-3　查看数据表"user"中目前已有用户的结果

由图 9-3 可以看出，MySQL 系统本身有多个默认用户"root""mysql.sys""mysql.session"和"mysql.infoschema"，刚才新添加的用户 admin 也出现在"user"数据表中，该用户密码的"Authentication_string"字段值为"*6BB4837EB74329105EE4568DDA7DC67ED2CA2AD9"，其原值为"123456"，与用户 root 的密码相同。

2．使用随机密码创建一个新用户 better

（1）创建用户 better。

在命令提示符后输入以下命令创建用户 better：

Create User 'better'@'localhost'　Identified By Random Password ;

当该语句成功执行后，会显示图 9-4 所示的用户信息，"user"为"better"、"host"为"localhost"、"generated password"为"4eH+V%MxiiJjzTw6e/_i"，表示该用户已经创建完成，可以使用该用户名登录 MySQL 数据库服务器。

```
+--------+-----------+-----------------------+
| user   | host      | generated password    |
+--------+-----------+-----------------------+
| better | localhost | 4eH+V%MxiiJjzTw6e/_i   |
+--------+-----------+-----------------------+
```

图 9-4　使用随机密码创建的用户 better

（2）在数据表"user"中查看新添加的用户 better。

在命令提示符后输入以下命令查看数据表"user"中新添加的用户 better：

Select User , Host , Authentication_string From mysql.user Where User='better' ;

查看的结果如图 9-5 所示。

```
+--------+-----------+------------------------------------------+
| User   | Host      | Authentication_string                    |
+--------+-----------+------------------------------------------+
| better | localhost | *BADBB4C76C3B37B7825FA25B56DE8A5469668BEC |
+--------+-----------+------------------------------------------+
```

图 9-5　查看数据表"user"中新添加的用户 better 的结果

由图 9-5 可以看出，刚才新添加的用户 better 出现在"user"数据表中，该用户密码的"Authentication_string"字段值为"*BADBB4C76C3B37B7825FA25B56DE8A5469668BEC"。

【任务 9-3】使用 Navicat 图形管理工具添加与管理 MySQL 用户

【任务描述】

（1）使用 Navicat for MySQL 添加新用户。

使用 Navicat for MySQL 添加一个新用户，用户名为 happy，密码是 123456，主机为本机，即

localhost，并授予 happy 用户对所有数据表的 Select、Insert、Update 和 Delete 权限。

（2）使用 Navicat for MySQL 查看与修改已有用户 better。

使用 Navicat for MySQL 查看已有用户 better 的"常规"设置和"服务器权限"设置，并授予 better 用户对所有数据表的 Insert、Delete 权限。

微课 9-2

使用 Navicat 图形管理工具添加与管理 MySQL 用户

【任务实施】

（1）查看数据库"MallDB"中已有的用户。

启动 Navicat for MySQL，在【Navicat for MySQL】窗口左侧双击打开连接"MallConn"，然后在工具栏中单击【用户】按钮，此时可以看到连接"MallConn"中已有的用户，如图 9-6 所示。

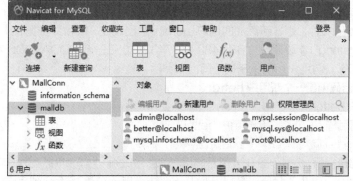

图 9-6　数据库"MallDB"中已有的用户

（2）新建用户。

在【对象】选项卡的工具栏中单击【新建用户】按钮，打开创建新用户的界面，在【常规】选项卡的"用户名"文本框中输入"happy"，在"主机"文本框中输入"localhost"，在"插件"下拉列表中选择"mysql_native_password"，在"密码"文本框中输入"123456"，在"确认密码"文本框中输入"123456"，如图 9-7 所示。

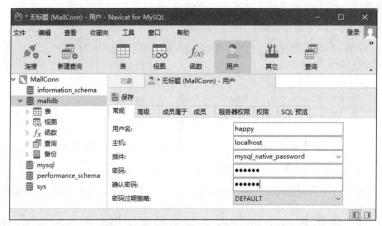

图 9-7　新建用户界面的【常规】选项卡

切换到【服务器权限】选项卡，分别勾选 Select、Insert、Update 和 Delete 权限对应的复选框，授予 happy 用户对所有数据表拥有相应的权限，如图 9-8 所示。

切换到【SQL 预览】选项卡，查看新建用户对应的 SQL 代码，如图 9-9 所示。

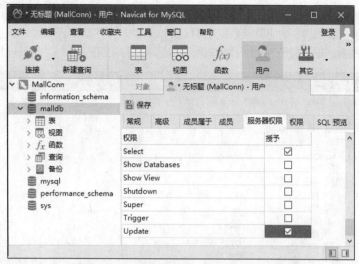

图 9-8　新建用户界面的【服务器权限】选项卡

图 9-9　新建用户界面的【SQL 预览】选项卡

在工具栏中单击【保存】按钮，完成新用户 happy 的创建。

（3）查看 better 用户的"常规"设置。

在【对象】选项卡的用户列表中选择"better"用户，在工具栏中单击【编辑用户】按钮，进入 better
用户的编辑界面，其"常规"设置如图 9-10 所示。

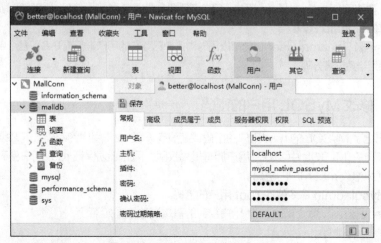

图 9-10　Better 用户的"常规"设置

（4）修改 better 用户的"服务器权限"。

在用户 better 的编辑界面中切换到【服务器权限】选项卡，分别勾选 Select、Insert、Update 和 Delete 权限右侧的复选框，授予 better 用户对所有数据表拥有相应的权限，如图 9-11 所示。

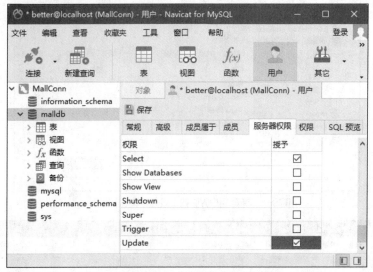

图 9-11 修改 better 用户的"服务器权限"

在工具栏中单击【保存】按钮，完成对 better 用户的修改。

9.2.2 修改 MySQL 用户的名称

使用 Rename User 语句可以对已有的 MySQL 用户进行重命名，修改 MySQL 用户名称的基本语法格式如下：

```
Rename User <已有用户的用户名> To <新的用户名>；
```

> **说 明** （1）如果已有用户的用户名不存在或者新的用户名已经存在，则重命名不会成功，会出现如下错误提示信息：
>
> ERROR 1396 (HY000): Operation RENAME USER failed for 'better'@ 'localhost'
>
> （2）要使用 Rename User 语句，用户必须拥有全局 Rename User 权限和 MySQL 数据库的 Update 权限。
>
> （3）一条 Rename User 语句可以同时对多个已存在的用户进行重命名，各个用户信息之间使用半角逗号分隔。

9.2.3 修改 MySQL 用户的密码

如果用户忘记了 MySQL 的 root 用户的密码或者没有设置 root 用户的密码，就必须要修改或设置 root 用户的密码。在 MySQL 中，root 用户拥有最高权限，因此必须保证 root 用户密码的安全性。可以通过多种方式来修改 root 用户的密码。

1. 使用 Mysqladmin 命令修改 root 用户的密码

使用"Mysqladmin"命令修改 root 用户密码的基本语法格式如下：

```
Mysqladmin -u root -p password <"新密码">；
```

> **说明** 其中 "password" 为关键字,不是指定旧密码,而是指定新密码,新密码必须使用半角双
> 引号引起来,使用半角单引号会出现错误提示信息。

2. 使用 Alter User 语句修改 root 用户的密码

使用 root 用户登录 MySQL 数据库服务器后,可以使用 Alter User 语句修改密码,其语法格式如下:

Alter User 'root'@'localhost' Identified With mysql_native_password By '<新密码>';

3. 使用 Mysqladmin 命令修改自定义用户的密码

使用 "Mysqladmin" 命令修改自定义用户的密码的语法格式如下:

Mysqladmin -u <已有用户名称> -p   password   <"新密码">;

4. 使用 Alter User 语句修改自定义用户的密码

自定义的普通用户登录 MySQL 数据库服务器后,可以通过 Alter User 语句修改自身的密码,其语法格式如下:

Alter User '<用户名称>'@'<主机名称>'
    Identified With mysql_native_password   By <"新密码">;

【任务 9-4】在【命令提示符】窗口中使用多种方式修改 root 用户的密码

【任务描述】

(1)使用 "Mysqladmin" 命令修改 root 用户的密码,将原密码 "123456" 修改为 "654321"。
(2)使用 Alter User 语句修改 root 用户的密码,将原密码 "654321" 修改为 "123456"。

【任务实施】

(1)打开 Windows 操作系统下的【命令提示符】窗口。
(2)使用 "Mysqladmin" 命令修改 root 用户的密码。
在命令提示符后面输入以下语句:

Mysqladmin -u root -p password "654321"

出现提示信息 "Enter password:",然后输入 root 用户原来的密码 "123456":

Enter password: ******

按【Enter】键后会出现以下警告信息:

mysqladmin: [Warning] Using a password on the command line interface can be insecure.

Warning: Since password will be sent to server in plain text, use ssl connection to ensure password safety.

修改密码语句执行完成后,新的密码将被设定,root 用户登录时需使用新的密码。
(3)使用 Alter User 语句修改 root 用户的密码。
使用修改后的新密码重新登录 MySQL 数据库服务器,在命令提示符 "mysql>" 后输入以下语句:

Alter User 'root'@'localhost' Identified With mysql_native_password By '123456';

该语句执行完成后,会出现如下提示信息:

Query OK, 0 rows affected, 1 warning (0.01 sec)

Alter User 语句执行成功,root 用户的密码被成功设置为 "123456"。为了使新密码生效,需要以新密码重新启动 MySQL。

【任务 9-5】在【命令提示符】窗口中使用多种方式修改普通用户的密码

【任务描述】

(1)root 用户使用 "Mysqladmin" 命令修改普通用户 admin 的密码,将原有的密码 "123456"

修改为"666"。

（2）admin 用户使用 Alter User 语句将自身的密码修改为"123456"。

【任务实施】

（1）打开 Windows 操作系统下的【命令提示符】窗口。

（2）以 root 用户登录 MySQL 数据库服务器，使用"Mysqladmin"命令修改普通用户 admin 的密码。

在命令提示符后输入以下语句：

Mysqladmin –u admin –p password "666"
出现提示信息："Enter password:"后输入 admin 用户原来的密码"123456"：
Enter password: ******

按【Enter】键后会出现以下警告信息：

mysqladmin: [Warning] Using a password on the command line interface can be insecure.
Warning: Since password will be sent to server in plain text, use ssl connection to ensure password safety.

修改密码语句执行完成后，普通用户的新密码将被设定，普通用户 admin 登录时需使用新的密码。

（3）使用 Alter User 语句修改普通用户 admin 的密码。

使用 admin 用户登录 MySQL 数据库服务器，在命令提示符"mysql>"后输入以下语句：

Alter User 'admin'@'localhost' Identified With mysql_native_password By '123456' ;

该语句执行完成后，会出现如下提示信息：

Query OK, 0 rows affected, 1 warning (0.01 sec)

Alter User 语句执行成功，admin 用户的密码被成功设置为"123456"，admin 用户就可以使用新密码登录 MySQL 数据库服务器了。

【任务 9-6】使用 Navicat 图形管理工具修改用户的密码

【任务描述】

使用 Navicat for MySQL 将用户 better 原来的密码"123456"修改为"666"。

【任务实施】

在【Navicat for MySQL】窗口中单击【用户】按钮，此时可以看到数据库"MallDB"中已有的用户列表，如图 9-12 所示。在用户列表中选择已有用户"better@localhost"，然后在工具栏中单击【编辑用户】按钮，打开编辑用户【常规】选项卡，分别在"密码"文本框和"确认密码"文本框中输入密码"666"，如图 9-13 所示。

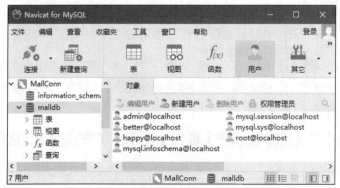

图 9-12　数据库"MallDB"中已有的用户列表

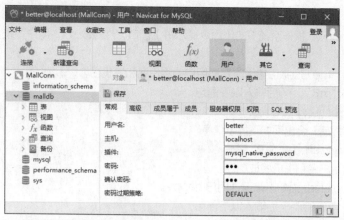

图 9-13　在【Navicat for MySQL】窗口中修改用户 better 的密码

密码修改完成后，在工具栏中单击【保存】按钮，保存对用户 better 密码的修改。

9.2.4　删除普通用户

1. 使用 Drop User 语句删除普通用户

使用 Drop User 语句删除普通用户的语法格式如下：

Drop User <用户名>@<主机名>；

> **说 明**（1）使用 Drop User 语句删除用户时，必须拥有 MySQL 数据库的 Drop User 权限。
> （2）Drop User 语句可以同时删除多个用户，各个用户之间使用半角逗号分隔。
> （3）如果要删除的用户已经创建了数据表、索引或其他数据库对象，那么它们将被继续保留，因为 MySQL 并不关注是哪一个用户创建了这些对象。

2. 使用 Delete 语句删除普通用户

使用 Delete 语句可以直接将用户的信息从"mysql.user"数据表中删除，其语法格式如下：

Delete From mysql.user Where Host=<主机名> And User=<用户名>；

> **说 明**（1）要使用 Delete 语句从数据表"mysql.user"中删除用户，就必须拥有对"mysql.user"数据表进行 Delete 的权限。
> （2）语句中的主机名和用户名必须用半角引号引起来。
> （3）删除用户后，可以使用 Select 语句来查询"mysql.user"数据表中的数据，再确定该用户是否已经成功删除。

【任务 9-7】在【命令提示符】窗口中修改与删除普通用户

【任务描述】

（1）以 root 用户登录 MySQL 数据库服务器，并使用 Rename User 语句将普通用户 better 的用户名修改为"Lucky"，主机名"localhost"修改为 IP 地址"127.0.0.1"。

（2）使用 Drop User 语句删除普通用户 happy。

（3）使用 Create User 语句添加一个新用户，用户名为 testUser，密码是 123456，主机为本机，然后使用 Delete 语句删除该普通用户 testUser。

【任务实施】

（1）打开 Windows 操作系统下的【命令提示符】窗口，然后以 root 用户登录 MySQL 数据库服务器。

（2）使用 Rename User 语句修改普通用户的用户名和主机名。

在命令提示符"mysql>"后输入以下语句：

Rename User 'better'@'localhost' To 'Lucky'@'127.0.0.1' ;

该语句执行完成后，会出现如下提示信息：

Query OK, 0 rows affected (0.03 sec)

结果显示修改用户名和主机名成功。

（3）使用 Drop User 语句删除普通用户 happy。

在命令提示符"mysql>"后输入以下语句：

Drop User 'happy'@'localhost' ;

该语句执行完成后，会出现如下提示信息：

Query OK, 0 rows affected (0.03 sec)

结果显示删除用户 happy 成功。

然后在命令提示符"mysql>"后输入以下语句执行刷新操作：

Flush privileges ;

（4）创建用户 testUser。

在命令提示符后输入以下命令创建用户 testUser：

Create User 'testUser'@'localhost' Identified By '123456' ;

当该语句成功执行时，如果出现"Query OK, 0 rows affected (0.02 sec)"提示信息，说明该用户已经创建完成，可以使用该用户名登录 MySQL 数据库服务器。

（5）使用 Delete 语句删除普通用户 testUser。

在命令提示符"mysql>"后输入以下语句：

Delete From mysql.user Where Host='localhost' And User='testUser' ;

该语句执行完成后，会出现如下提示信息：

Query OK, 1 row affected (0.03 sec)

结果显示删除用户 testUser 成功。

【任务 9-8】使用 Navicat 图形管理工具修改和删除用户

【任务描述】

（1）使用 Navicat for MySQL 将普通用户 Lucky 的用户名修改为"happy"，将 IP 地址"127.0.0.1"修改为主机名"localhost"。

（2）使用 Navicat for MySQL 删除普通用户 happy。

【任务实施】

（1）使用 Navicat for MySQL 修改普通用户 Lucky。

在【Navicat for MySQL】窗口中单击【用户】按钮，此时可以看到数据库"MallDB"中已有的用户列表。在用户列表中选择用户"Lucky@127.0.0.1"，然后在工具栏中单击【编辑用户】按钮，打开编辑用户【常规】选项卡，在"用户名"文本框中输入新的用户名"happy"，在"主机"文本框中输入"localhost"，如图 9-14 所示。

用户信息修改完成后，在工具栏中单击【保存】按钮，保存所做的修改。

（2）使用 Navicat for MySQL 删除普通用户 happy。

在用户列表中选择用户"happy@localhost"，然后在工具栏中单击【删除用户】按钮，弹出【确认删除】对话框，如图 9-15 所示，在该对话框中单击【删除】按钮即可删除所选的普通用户。

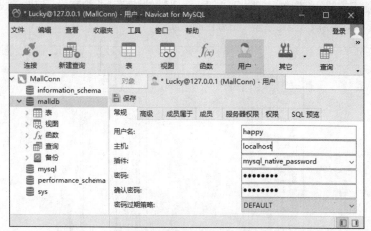

图 9-14　在【Navicat for MySQL】窗口中修改普通用户 Lucky

图 9-15　【确认删除】对话框

9.3　MySQL 的权限管理

安装 MySQL 时会自动安装一个名为"mysql"的数据库，用户登录 MySQL 后，"mysql"数据库会根据权限表的内容为每个用户赋予相应的权限。

9.3.1　MySQL 的权限表

MySQL 数据库服务器通过"mysql"数据库的权限表来控制用户对数据库的访问。MySQL 权限表存放在"mysql"数据库里，由"mysql_install_db"脚本初始化。这些 MySQL 权限表分别是"user""db""table_priv""columns_priv"和"proc_priv"，这些数据表记录了所有的用户及其权限信息，MySQL 就是通过这些数据表控制用户对数据库的访问的。这些数据表的用途各有不同，但是有一点是一致的，那就是都能够检验用户要做的事情是否为被允许的。每张数据表的字段都可分解为两类，一类为作用域字段，一类为权限字段。作用域字段用来标识主机、用户或者数据库；而权限字段则用来确定对于给定主机、用户或者数据库来说，哪些操作是被允许的。

这些表的结构和内容介绍如下。

1. user 权限表

"user"数据表是"mysql"数据库中最重要的一张权限数据表，该数据表中记录着允许连接到服务器的用户账号、密码、全局性权限信息等。该数据表决定是否允许用户连接到服务器。如果允许连接，权限字段则为该用户的全局权限。例如，一个用户在"user"数据表中被授予了 Delete 权限，那么该用户可以删除 MySQL 数据库服务器上所有的数据表中的任何记录。

可以使用 Desc 语句来查看"user"数据表的结构数据，其语法格式如下：

```
Desc mysql.user ;
```

"user"数据表的部分结构数据如图 9-16 所示，该数据表有 51 个字段，这些字段可以分为 4 类，分别是用户字段、权限字段、安全字段和资源控制字段。

```
+----------------------------+-----------------------------------+------+-----+---------------------+-------+
| Field                      | Type                              | Null | Key | Default             | Extra |
+----------------------------+-----------------------------------+------+-----+---------------------+-------+
| Host                       | char(255)                         | NO   | PRI |                     |       |
| User                       | char(32)                          | NO   | PRI |                     |       |
| Select_priv                | enum('N','Y')                     | NO   |     | N                   |       |
| Insert_priv                | enum('N','Y')                     | NO   |     | N                   |       |
| Update_priv                | enum('N','Y')                     | NO   |     | N                   |       |
| Delete_priv                | enum('N','Y')                     | NO   |     | N                   |       |
| Create_priv                | enum('N','Y')                     | NO   |     | N                   |       |
| Drop_priv                  | enum('N','Y')                     | NO   |     | N                   |       |
| Reload_priv                | enum('N','Y')                     | NO   |     | N                   |       |
| Shutdown_priv              | enum('N','Y')                     | NO   |     | N                   |       |
| Process_priv               | enum('N','Y')                     | NO   |     | N                   |       |
| File_priv                  | enum('N','Y')                     | NO   |     | N                   |       |
| Grant_priv                 | enum('N','Y')                     | NO   |     | N                   |       |
| References_priv            | enum('N','Y')                     | NO   |     | N                   |       |
| Index_priv                 | enum('N','Y')                     | NO   |     | N                   |       |
| Alter_priv                 | enum('N','Y')                     | NO   |     | N                   |       |
| Show_db_priv               | enum('N','Y')                     | NO   |     | N                   |       |
| Super_priv                 | enum('N','Y')                     | NO   |     | N                   |       |
| Create_tmp_table_priv      | enum('N','Y')                     | NO   |     | N                   |       |
| Lock_tables_priv           | enum('N','Y')                     | NO   |     | N                   |       |
| Execute_priv               | enum('N','Y')                     | NO   |     | N                   |       |
| Repl_slave_priv            | enum('N','Y')                     | NO   |     | N                   |       |
| Repl_client_priv           | enum('N','Y')                     | NO   |     | N                   |       |
| Create_view_priv           | enum('N','Y')                     | NO   |     | N                   |       |
| Show_view_priv             | enum('N','Y')                     | NO   |     | N                   |       |
| Create_routine_priv        | enum('N','Y')                     | NO   |     | N                   |       |
| Alter_routine_priv         | enum('N','Y')                     | NO   |     | N                   |       |
| Create_user_priv           | enum('N','Y')                     | NO   |     | N                   |       |
| Event_priv                 | enum('N','Y')                     | NO   |     | N                   |       |
| Trigger_priv               | enum('N','Y')                     | NO   |     | N                   |       |
| Create_tablespace_priv     | enum('N','Y')                     | NO   |     | N                   |       |
| ssl_type                   | enum('','ANY','X509','SPECIFIED') | NO   |     |                     |       |
| ssl_cipher                 | blob                              | NO   |     | NULL                |       |
| x509_issuer                | blob                              | NO   |     | NULL                |       |
| x509_subject               | blob                              | NO   |     | NULL                |       |
| max_questions              | int unsigned                      | NO   |     | 0                   |       |
| max_updates                | int unsigned                      | NO   |     | 0                   |       |
| max_connections            | int unsigned                      | NO   |     | 0                   |       |
| max_user_connections       | int unsigned                      | NO   |     | 0                   |       |
| plugin                     | char(64)                          | NO   |     | caching_sha2_password |     |
| authentication_string      | text                              | YES  |     | NULL                |       |
| password_expired           | enum('N','Y')                     | NO   |     | N                   |       |
| password_last_changed      | timestamp                         | YES  |     | NULL                |       |
| password_lifetime          | smallint unsigned                 | YES  |     | NULL                |       |
| account_locked             | enum('N','Y')                     | NO   |     | N                   |       |
| Create_role_priv           | enum('N','Y')                     | NO   |     | N                   |       |
| Drop_role_priv             | enum('N','Y')                     | NO   |     | N                   |       |
| Password_reuse_history     | smallint unsigned                 | YES  |     | NULL                |       |
| Password_reuse_time        | smallint unsigned                 | YES  |     | NULL                |       |
| Password_require_current   | enum('N','Y')                     | YES  |     | NULL                |       |
| User_attributes            | json                              | YES  |     | NULL                |       |
+----------------------------+-----------------------------------+------+-----+---------------------+-------+
```

图 9-16 "user"数据表的部分结构数据

（1）用户字段。

"user"数据表中"Host""User""authentication_string"分别表示主机名称、用户名称和登录密码，其中"Host"和"User"为数据表"user"的组合主键。当用户登录服务，用户与服务器之间建立连接时，会先判断输入的用户名称、主机名称、密码与"user"数据表中的这 3 个字段的值是否同时匹配，只有与这 3 个字段的值同时匹配，MySQL 才允许其登录。创建新用户时，也是设置这 3 个字段的值。

在命令提示符"mysql>"后输入以下语句，可以查看"user"数据表中"Host""User""authentication_string"3 个字段的值：

```
Select Host , User , authentication_string From mysql.user ;
```

（2）权限字段。

"user"数据表中包含了多个以"_priv"结尾的字段，例如"Select_priv""Insert_priv""Update_priv"

"Delete_priv""Create_priv""Drop_priv"等。这些字段决定了用户的权限，描述了在全局范围内允许用户对数据库和数据进行的操作，包括了查询权限、插入权限、更新权限、删除权限等普通权限，也包括了关闭服务器的权限、加载用户等高级管理权限。普通权限用于操作数据库，高级管理权限用于对数据库进行管理。这些字段的值只有"Y"和"N"，"Y"表示该权限可以用到所有的数据库上，"N"表示该权限不能用到所有的数据库上。"user"数据表中的权限是针对所有数据库的，如果"user"数据表中某用户的"Select_priv"字段取值为"Y"，那么该用户可以查询所有数据库中的数据表。

从安全性角度考虑，这些字段的默认值都是"N"，可以使用 Grant 语句为用户赋予一些权限，也可以使用 Update 语句更新"user"数据表的权限设置。

使用"Select host，user，Select_priv，Insert_priv，Update_priv，Delete_priv From mysql.user；"语句查看数据表"mysql.user"部分字段的值，结果如图 9-17 所示。

```
+-----------+------------------+-------------+-------------+-------------+-------------+
| host      | user             | Select_priv | Insert_priv | Update_priv | Delete_priv |
+-----------+------------------+-------------+-------------+-------------+-------------+
| localhost | admin            | N           | N           | N           | N           |
| localhost | mysql.infoschema | Y           | N           | N           | N           |
| localhost | mysql.session    | N           | N           | N           | N           |
| localhost | mysql.sys        | N           | N           | N           | N           |
| localhost | root             | Y           | Y           | Y           | Y           |
+-----------+------------------+-------------+-------------+-------------+-------------+
```

图 9-17　查看数据表"mysql.user"部分字段值的结果

（3）安全字段。

"user"数据表中安全字段有 6 个："ssl_type""ssl_cipher""x509_issuer""x509_subject""plugin""password_expired"。其中"ssl_type""ssl_cipher"两个字段用于支持安全套接字层（Secure Socket Layer，SSL）标准加密安全字段；"x509_issuer""x509_subject"两个字段用于支持 x509 标准字段；"plugin"字段用于用户连接服务器时的密码验证，如果该字段为空，服务器就使用内置的授权验证机制验证用户身份。可以使用下面的语句来查询服务器是否支持 SSL 标准：

Show Variables Like "have_openssl"；

password_expired 字段用于判断密码是否过期。如果该字段的值为"Y"，则表示该用户密码已过期；如果该字段的值为"N"，则表示该用户密码还没有过期。

（4）资源控制字段。

资源控制字段用来对用户使用资源进行必要的限制，"user"数据表中包括以下 4 个字段。

Max_Questions：用于设置每小时允许执行的查询操作次数，0 表示无限制。

Max_Updates：用于设置每小时允许执行的更新操作次数，0 表示无限制。

Max_Connections：用于设置每小时允许执行的连接次数，0 表示无限制。

Max_User_Connections：用于设置单用户允许同时连接 MySQL 的最大用户数，0 表示无限制。

2. db 权限表

db 权限表中存储了各个账号在各个数据库上的操作权限，用于决定哪些用户可以从哪些主机访问哪些数据库。

可以使用如下语句来查看"db"数据表的结构数据：

Desc mysql.db；

"db"数据表的结构数据如图 9-18 所示。

"db"数据表中用户字段有 3 个，分别是"Host""Db""User"，表示从某个主机连接的用户对某个数据库的操作权限，这 3 个字段组合构成了"db"数据表的主键。由于"host"数据表很少用到，一般情况下"db"数据表就可满足权限控制需求了，因此"host"数据表已经被取消。

"db"数据表中的"Create_routine_priv"和"Alter_routine_priv"两个字段决定用户是否具用创建和修改存储过程的权限。

```
+----------------------+------------------+------+-----+---------+-------+
| Field                | Type             | Null | Key | Default | Extra |
+----------------------+------------------+------+-----+---------+-------+
| Host                 | char(255)        | NO   | PRI |         |       |
| Db                   | char(64)         | NO   | PRI |         |       |
| User                 | char(32)         | NO   | PRI |         |       |
| Select_priv          | enum('N','Y')    | NO   |     | N       |       |
| Insert_priv          | enum('N','Y')    | NO   |     | N       |       |
| Update_priv          | enum('N','Y')    | NO   |     | N       |       |
| Delete_priv          | enum('N','Y')    | NO   |     | N       |       |
| Create_priv          | enum('N','Y')    | NO   |     | N       |       |
| Drop_priv            | enum('N','Y')    | NO   |     | N       |       |
| Grant_priv           | enum('N','Y')    | NO   |     | N       |       |
| References_priv      | enum('N','Y')    | NO   |     | N       |       |
| Index_priv           | enum('N','Y')    | NO   |     | N       |       |
| Alter_priv           | enum('N','Y')    | NO   |     | N       |       |
| Create_tmp_table_priv| enum('N','Y')    | NO   |     | N       |       |
| Lock_tables_priv     | enum('N','Y')    | NO   |     | N       |       |
| Create_view_priv     | enum('N','Y')    | NO   |     | N       |       |
| Show_view_priv       | enum('N','Y')    | NO   |     | N       |       |
| Create_routine_priv  | enum('N','Y')    | NO   |     | N       |       |
| Alter_routine_priv   | enum('N','Y')    | NO   |     | N       |       |
| Execute_priv         | enum('N','Y')    | NO   |     | N       |       |
| Event_priv           | enum('N','Y')    | NO   |     | N       |       |
| Trigger_priv         | enum('N','Y')    | NO   |     | N       |       |
+----------------------+------------------+------+-----+---------+-------+
```

图 9-18　"db" 数据表的结构数据

"user" 数据表中的权限设置是针对所有数据库的，如果希望只对某个数据库有操作权限，那么需要将 "user" 数据表中对应的权限设置为 "N"，然后在 "db" 数据表中设置对应数据库的操作权限为 "Y" 即可。

先根据 "user" 数据表的内容获取权限，然后根据 "db" 数据表的内容获取权限，如果为某个用户设置了只能查询 "图书信息" 数据表的权限，那么 "user" 数据表的 "Select_priv" 字段的取值为 "N"，"db" 数据表中的 "Select_priv" 字段的取值为 "Y"。

3. table_priv 权限表

"table_priv" 数据表用于设置数据表级别的操作权限。该数据表与 "db" 数据表相似，不同之处是它用于数据表而不是数据库。这张数据表还包含一个其他字段类型，包括 "Timestamp" 和 "Grantor" 两个字段，分别用于存储时间戳和授权方。

可以使用如下语句来查看 "table_priv" 数据表的结构数据：

```
Desc mysql.tables_priv ;
```

"table_priv" 数据表中字段 Field 的值分别为 "Host" "Db" "User" "Table_name" "Grantor" "Timestamp" "Table_priv" "Column_priv"。其中 "table_priv" 字段表示对数据表进行操作的权限，这些权限包括 Select、Insert、Update、Delete、Create、Drop、Grant、References、Index、Alter、Create View、Show view 和 Trigger。"Column_priv" 字段表示对数据表中的字段进行操作的权限，这些权限包括 Select、Insert、Update 和 References。Timestamp 表示修改权限的时间，Grantor 表示权限设置者。

查看 "table_priv" 数据表中数据的语句如下：

```
Select Host,Db,User,Table_name,Table_priv,Column_priv From mysql.tables_priv;
```

查看 "table_priv" 数据表数据的结果如图 9-19 所示。

```
+-----------+-------+--------------+------------+------------+-------------+
| Host      | Db    | User         | Table_name | Table_priv | Column_priv |
+-----------+-------+--------------+------------+------------+-------------+
| localhost | mysql | mysql.session | user      | Select     |             |
| localhost | sys   | mysql.sys    | sys_config | Select     |             |
+-----------+-------+--------------+------------+------------+-------------+
```

图 9-19　查看 "table_priv" 数据表数据的结果

4. columns_priv 权限表

"columns_priv" 数据表用于设置数据字段级别的操作权限。该数据表的作用几乎与 "tables_priv"

数据表的一样，不同之处是它提供的是针对数据表特定字段的权限。这张数据表包括了一个 Timestamp 列，用于存放时间戳。

可以使用如下语句来查看"columns_priv"数据表的结构数据：

Desc mysql.columns_priv ;

"columns_priv"数据表的结构数据如图 9-20 所示。

```
| Field       | Type                                      | Null | Key | Default           | Extra                                        |
| Host        | char(255)                                 | NO   | PRI |                   |                                              |
| Db          | char(64)                                  | NO   | PRI |                   |                                              |
| User        | char(32)                                  | NO   | PRI |                   |                                              |
| Table_name  | char(64)                                  | NO   | PRI |                   |                                              |
| Column_name | char(64)                                  | NO   | PRI |                   |                                              |
| Timestamp   | timestamp                                 | NO   |     | CURRENT_TIMESTAMP | DEFAULT_GENERATED on update CURRENT_TIMESTAMP |
| Column_priv | set('Select','Insert','Update','References') | NO   |     |                   |                                              |
```

图 9-20 "columns_priv"数据表的结构数据

"columns_priv"数据表包括 7 个字段，分别"Host""Db""User""Table_name""Column_name""Timestamp""Column_priv"。其中"Column_name"字段表示可以对哪些字段进行操作。

5. proc_priv 权限表

"proc_priv"数据表用于设置存储过程和函数的操作权限。

可以使用如下语句来查看"procs_priv"数据表的结构数据：

Desc mysql.procs_priv ;

"procs_priv"数据表的结构数据如图 9-21 所示。

```
| Field        | Type                                | Null | Key | Default           | Extra                                        |
| Host         | char(255)                           | NO   | PRI |                   |                                              |
| Db           | char(64)                            | NO   | PRI |                   |                                              |
| User         | char(32)                            | NO   | PRI |                   |                                              |
| Routine_name | char(64)                            | NO   | PRI |                   |                                              |
| Routine_type | enum('FUNCTION','PROCEDURE')        | NO   | PRI | NULL              |                                              |
| Grantor      | varchar(288)                        | NO   | MUL |                   |                                              |
| Proc_priv    | set('Execute','Alter Routine','Grant') | NO   |     |                   |                                              |
| Timestamp    | timestamp                           | NO   |     | CURRENT_TIMESTAMP | DEFAULT_GENERATED on update CURRENT_TIMESTAMP |
```

图 9-21 "procs_priv"数据表的结构数据

"procs_priv"数据表包含 8 个字段，分别是"Host""Db""User""Routine_name""Routine_type""Grantor""Proc_priv""Timestamp"。其中"Routine_name"字段表示存储过程或函数的名称；"Routine_type"字段表示存储过程或函数的类型，该字段有两个取值，分别是"Function"（表示函数）和"Procedure"（表示存储过程）；"Proc_priv"字段表示拥有的权限（可选项分别为"Execute""Alter Rountime""Grant"）；"Grantor"字段表示存储过程或函数的创建者；"Timestamp"字段表示更新时间。

9.3.2 MySQL 的各种权限

MySQL 的权限信息被存储在 MySQL 数据库的"user""db""tables_priv""columns_priv"和"procs_priv"数据表中。在 MySQL 启动时，服务器会将这些权限信息的内容读入内存。

表 9-2 所示为 MySQL 的各种权限。

表 9-2 MySQL 的各种权限

权限	"user"数据表中对应的字段	权限级别	权限说明
Create	Create_priv	数据库、表或索引	创建数据库、数据表或索引权限
Drop	Drop_priv	数据库、表或视图	删除数据库、数据表或视图权限
Grant Option	Grant_priv	数据库、表或保存的程序	赋予权限选项
References	References_priv	数据表	创建数据表的外键

权限	"user"数据表中对应的字段	权限级别	权限说明
Alter	Alter_priv	表、数据库	修改表，例如添加字段、索引等
Delete	Delete_priv	表	删除数据权限
Index	Index_priv	表	索引权限
Insert	Insert_priv	表、视图	表中插入记录权限
Select	Select_priv	表、视图	表或视图中查询数据权限
Update	Update_priv	表、视图	表中更新数据权限
Create View	Create_view_priv	视图	创建视图权限
Show View	Show_view_priv	视图	查看视图权限
Alter Routine	Alter_routine_priv	存储过程、函数	更改存储过程或函数权限
Create Routine	Create_routine_priv	存储过程、函数	创建存储过程或函数权限
Execute	Execute_priv	存储过程、函数	执行存储过程或函数权限
File	File_priv	服务器主机上的文件访问	文件访问权限
Create Temporary Tables	Create_tmp_table_priv	服务器管理	创建临时表权限
Lock Tables	Lock_tables_priv	服务器管理	锁定特定数据表权限
Create User	Create_user_priv	服务器管理	创建用户权限
Process	Process_priv	服务器管理	查看进程权限
Reload	Reload_priv	服务器管理	执行 flush-hosts、flush-logs、flush-privileges、flush-status、flush-tables、flush-threads, refresh、reload 等命令的权限
Replication Client	Repl_client_priv	服务器管理	复制权限
Replication Slave	Repl_slave_priv	服务器管理	复制权限
Show Databases	Show_db_priv	服务器管理	查看数据库权限
Shutdown	Shutdown_priv	服务器管理	关闭数据库权限
Super	Super_priv	服务器管理	执行 kill 线程权限

通过权限设置，用户可以拥有不同的权限。拥有 Grant 权限的用户可以为其他用户设置权限，拥有 Revoke 权限的用户可以收回自己设置的权限。合理地设置权限能够保证 MySQL 数据库的安全。

9.3.3 授予权限

授予权限就是为用户赋予某些权限，例如为新建的用户赋予查询所有数据表的权限。合理的授权能够保证数据库的安全，不合理的授权会使数据库存在安全隐患。MySQL 中使用 Grant 语句为用户授予权限，拥有 Grant 权限的用户才可以执行 Grant 语句。

MySQL 的权限层级如表 9-3 所示。

表 9-3 MySQL 的权限层级

权限层级	可能设置的权限类型
用户权限	Create、Alter、Drop、Grant、Show Databases、Execute
数据库权限	Create Routine、Execute、Alter Routine、Grant
数据表权限	Select、Insert、Update、Delete、Create、Drop、Grant、References、Index、Alter
字段权限	Select、Insert、Update、References
过程权限	Create Routine、Execute、Alter Routine、Grant

授予的权限层级及其语法格式如下。

1. 用户层级（全局层级）

全局权限适用于一个给定服务器中的所有数据库。这些权限存储在"mysql.user"数据表中。授予数据库权限的语句也可以定义在用户权限上。例如，在用户层级上授予某用户 Create 权限，该用户可以创建一个新的数据库，也可以在所有数据库中创建数据表。

授予用户全局权限语句的语法格式如下：

```
Grant   All| All Privileges   On   *.* ;
```

在授予用户权限时，Grant 语句中的 On 子句使用"*.*"表示所有数据库的所有数据表。除了可以授予数据库权限值外，还可以授予 Create User、Show Databases 等权限。

2. 数据库层级

数据库权限适用于一个给定数据库中的所有对象。这些权限存储在"mysql.db"数据表中。例如，在已有的数据库中创建数据表或删除数据表的权限。

授予数据库权限语句的语法格式如下：

```
Grant   All | All Privileges | <权限名称> On *|<数据表名称>.*
                         To   <用户名称>@<主机名称>;
```

其中"All"或"All Privileges"表示授予全部权限，"*"表示当前数据库中的所有数据表，"<数据表名称>.*"表示指定数据库中的所有数据表，权限名称可以为适用于数据库的所有权限的名称。

3. 数据表层级

数据表权限适用于一张给定数据表中的所有字段。这些权限存储在"mysql.tables_priv"数据表中。例如，使用 Insert Into 语句向数据表中插入记录的权限。

授予数据表权限语句的语法格式如下：

```
Grant All | All Privileges | <权限名称> On <数据库名称>.<数据表名称>|<视图名称>
  To <用户名>@<主机名> ;
```

> **说明**（1）权限名称表示授予的权限，例如 Select、Update、Delete 等。如果想让该用户可以为其他用户授权，可以在语句后加上 With Grant Option 关键字。如果在创建用户的时候不指定"With Grant Option"选项，会导致该用户不能使用 Grant 命令创建用户或者给其他用户授权。
> （2）如果要给数据表授予数据表层级所有类型的权限，则将"<权限名称>"改为"All"即可。
> （3）如果在 To 子句中使用"Identified By <新密码>"给已有的用户指定新密码，则新密码将会覆盖用户原来定义的密码。

4. 字段层级

字段权限适用于一张给定数据表中的某一字段。这些权限存储在"mysql.columns_priv"数据表中。例如，可以使用 Update 语句更新数据表字段值的权限。

授予数据表中字段权限语句的语法格式如下：

```
Grant <权限名称>(字段名列表) On <数据库名称>.<数据表名称>
                    To <用户名>@<主机名> ;
```

对于字段权限，权限名称只能取 Select、Insert、Update，并且权限名后需要加上字段名。

5. 过程层级

过程权限适用于数据表中已有的存储过程和函数。这些权限存储在"mysql.procs_priv"数据表中。

（1）授予指定用户对存储过程有操作权限的语法格式：

```
Grant <权限名称> On Procedure <数据库名称>.<存储过程名称>
            To <用户名称>@<主机名称>;
```

（2）授予指定用户对已有函数有操作权限的语法格式：

```
Grant <权限名称> On Function <数据库名称>.<函数名称>
          To <用户名称>@<主机名称>；
```

> **说明** 授予过程权限时，权限名称只能取 Execute、Alter Rountime、Grant。

9.3.4　查看用户的权限信息

1. 使用 Show Grant 语句查看指定用户的权限信息

使用 Show Grant 语句查看用户权限信息的语法格式如下：

```
Show Grants For '<用户名称>'@'<主机名称>' | '<IP 地址>'
```

> **说明** 使用该语句时，指定的用户名称和主机名称都要使用半角引号（单引号或双引号）引起来，并使用"@"符号，将两个名称分隔开。

2. 使用 Select 语句查询"mysql.user"数据表中各用户的权限

使用 Select 语句查询"mysql.user"数据表中用户权限的语法格式如下：

```
Select <权限字段> From mysql.user [ Where user='<用户名称>' And Host='<主机名称>' ] ；
```

其中权限字段指"Select_priv""Insert_priv""Update_priv""Delete_priv""Create_priv""Drop_priv"等字段。

9.3.5　用户权限的转换和限制

Grant 语句的最后如果使用了 With Grant Option 子句，则表示 To 子句中指定的所有用户都有把自身所拥有的权限授予其他用户的权限，而不管其他用户是否拥有该权限，这就是权限的转换。

With 子句也可以对一个用户授予使用限制，其中，"Max_Queries_Per_Hour <次数>"表示每小时可以查询数据库的次数限制；"Max_Connections_Per_Hour <次数>"表示每小时可以连接数据库的次数限制；"Max_Updates_Per_Hour <次数>"表示每小时可以更新数据库的次数限制；"Max_User_Connections <次数>"表示同时连接 MySQL 的最大用户数。对于前 3 个字段，如果次数为 0，则表示不起限制作用。

其语法格式如下：

```
Grant <权限名称> On <数据库名称>.<数据表名称> To <用户名称>@<主机名称>
    With Grant Option ;
```

9.3.6　撤销权限

撤销权限就是取消某个用户的某些权限。要撤销一个用户的权限，但不从"user"数据表中删除该用户，可以使用 Revoke 语句，该语句与 Grant 语句的语法格式类似，但具有相反的效果。要使用 Revoke 语句，用户必须拥有 MySQL 数据库的全局 Create User 权限和 Update 权限。

撤销指定权限语句的语法格式如下：

```
Revoke <权限名称>[<字段列表>]  On <数据库名称>.<数据表名称>
    From <用户名称>@<主机名称>；
```

> **说 明** 该语句可以撤销多个权限，各个权限之间使用半角逗号分隔；也可以撤销多个用户相同的权限，各个用户之间使用半角逗号分隔。该语句可以针对某些字段撤销权限，如果没有指定字段列表，则表示作用于整张数据表。

撤销全部权限的语法格式如下：

Revoke All Privileges , Grant Option From <用户名称>@<主机名称>；

【任务 9-9】剖析 MySQL 权限表的验证过程

【任务描述】

假定 MySQL 的 "user" 数据表的权限设置如表 9-4 所示，假定 "db" 数据表的权限设置如表 9-5 所示。

表 9-4　MySQL 中 "user" 数据表的权限设置

序号	字段名	字段值	序号	字段名	字段值
1	Host	localhost	10	Shutdown_priv	'N'
2	User	admin	11	Process_priv	'N'
3	Select_priv	'Y'	12	File_priv	'N'
4	Insert_priv	'N'	13	Grant_priv	'N'
5	Update_priv	'N'	14	References_priv	'N'
6	Delete_priv	'N'	15	Index_priv	'N'
7	Create_priv	'N'	16	Alter_priv	'Y'
8	Drop_priv	'N'	17	Execute_priv	'N'
9	Reload_priv	'N'	18	Super_priv	'N'

表 9-5　MySQL 中 "db" 数据表的权限设置

序号	字段名	字段值	序号	字段名	字段值
1	Host	localhost	10	Grant_priv	'Y'
2	Db	MallDB	11	References_priv	'N'
3	User	admin	12	Index_priv	'N'
4	Select_priv	'Y'	13	Alter_priv	'N'
5	Insert_priv	'Y'	14	Create_view_priv	'N'
6	Update_priv	'Y'	15	Show_view_priv	'N'
7	Delete_priv	'Y'	16	Create_routine_priv	'N'
8	Create_priv	'N'	17	Alter_routine_priv	'N'
9	Drop_priv	'N'	18	Execute_priv	'N'

（1）分析 MySQL 权限表验证的基本过程。

（2）分析 MySQL 数据库服务器访问控制的基本原理。

（3）用户 happy 尝试连接服务器时，连接失败，分析其可能的原因。

（4）用户 admin 尝试连接服务器，分析以下情景中 MySQL 权限表的验证过程。

情景 1："user" 数据表中数据库权限设置为 "Y"，"db" 数据表中数据库权限设置为 "N"。

情景 2："user" 数据表中数据库权限设置为 "N"，"db" 数据表中数据库权限设置为 "Y"。

情景 3："user" 数据表中数据库权限设置为 "N"，"db" 数据表中数据库权限设置为 "N"。

【任务实施】

1. 分析 MySQL 权限表验证的基本过程

（1）从 "user" 数据表中的 "Host""User""Authentication_string" 这 3 个字段中判断连接的

主机、用户名和密码是否存在，如果存在则通过身份验证。

（2）通过身份验证后，进行权限分配，按照"user""db""tables_priv""columns_priv"的顺序进行验证。也就是说，先检查全局权限表"user"，如果"user"数据表中对应的权限为"Y"，则此用户对所有数据库的权限都为"Y"，将不再检查数据表"db""tables_priv""columns_priv"；如果为"N"，则到"db"数据表中检查此用户对应的具体数据库，并得到"db"数据表中字段值为"Y"的权限；如果"db"数据表中的字段值为"N"，则检查"tables_priv"数据表中此数据库对应的具体表，取得表中字段值为"Y"的权限，以此类推。

2. 分析 MySQL 数据库服务器访问控制的基本原理

首先，系统需要查看授权表，这些数据表的使用过程是从一般到特殊，这些表包括"user 数据表""db 数据表""tables_priv 表""columns_priv"表。

此外，一旦连接到了服务器，一个用户可以使用两种类型的请求：管理请求（Shutdown、Reload 等）、数据库相关的请求（Insert、Delete 等）。

3. 分析用户 happy 连接服务器失败的原因

用户 happy 连接服务器时被拒绝，可能的原因是：用户名与保持在"user"数据表中的用户名不匹配，所以服务器会拒绝用户的请求。

4. 用户 admin 尝试连接服务器，分析以下情景中 MySQL 权限表的验证过程

（1）情景 1："user"数据表中数据库权限设置为"Y"，"db"数据表中数据库权限设置为"N"。

① 用户 admin 尝试连接时将会成功。

② 用户 admin 试图在数据库"MallDB"上执行 Alter 命令。

③ 服务器查看"user"数据表，对应于 Alter 命令的表项的值为"Y"，即表示允许。因为在"user"数据表内授予的权限是全局性的，所以该请求会成功执行。

（2）情景 2："user"数据表中数据库权限设置为"N"，"db"数据表中数据库权限设置为"Y"。

① 用户 admin 尝试连接时将会成功。

② 用户 admin 试图在数据库"MallDB"上执行 Insert 命令。

③ 服务器查看"user"数据表，对应于 Insert 命令的表项的值为"N"，即表示拒绝。

④ 服务器查看"db"数据表，对应于 Insert 命令的表项的值为"Y"，即表示允许。

⑤ 该请求将成功执行，因为该用户的"db"数据表中的 Insert 字段的值为"Y"。

（3）情景 3："user"数据表中数据库权限设置为"N"，"db"数据表中数据库权限设置为"N"。

① 用户 admin 尝试连接时将会成功。

② 用户 admin 试图在数据库"MallDB"上执行 Index 命令。

③ 服务器查看"user"数据表，对应于 Index 命令的表项的值为"N"，即表示拒绝。

④ 服务器查看"db"数据表，对应于 Index 命令的表项的值为"N"，即表示拒绝。

⑤ 服务器将接着查找"tables_priv"和"columns_priv"数据表。如果用户的请求符合数据表中赋予的相应权限，则准予访问，否则访问就会被拒绝。

【任务 9-10】在【命令提示符】窗口中查看指定用户的权限信息

微课 9-3

在【命令提示符】窗口中查看指定用户的权限信息

【任务描述】

（1）查看当前用户 root 的权限。

（2）查看非当前用户 admin 的权限。

（3）查看"user"数据表中 Create、Alter、Drop、Create User 等权限的设置情况。

（4）查看用户 root 的 Create、Alter、Drop、Create User 等权限的设置情况。

（5）查看用户 admin 的 Create、Alter、Drop、Create User 等权限的设置情况。

【任务实施】

（1）查看 root 用户的权限。

在【命令提示符】窗口中输入以下语句查看当前用户 root 的权限：

Show Grants ;

结果中对应 root 用户权限的内容如下：

Grant Select, Insert, Update, Delete, Create, Drop, Reload, Shutdown, Process, File, References , Index, Alter, Show Databases, Super, Create Temporary Tables, Lock Tables, Execute, Replication Slave, Replication Client, Create View, Show View, Create Routine, Alter Routine, Create User, Event, Trigger, Create Tablespace, Create Role, Drop Role On *.* To 'Root'@'Localhost' With Grant Option

Grant Application_Password_Admin,Audit_Admin,Backup_Admin , Binlog_Admin,Binlog_Encryption_ Admin,Clone_Admin,Connection_Admin,Encryption_Key_Admin,Group_Replication_Admin,Innodb_ Redo_Log_Archive,Innodb_Redo_Log_Enable,Persist_Ro_Variables_Admin,Replication_Applier, Replication_Slave_Admin,Resource_Group_Admin,Resource_Group_User,Role_Admin,Service_ Connection_Admin,Session_Variables_Admin,Set_User_Id,Show_Routine,System_User,System_Variables_ Admin,Table_Encryption_Admin,Xa_Recover_Admin On *.* To 'Root'@'Localhost' With Grant Option

Grant Proxy On "@" To 'Root'@'Localhost' With Grant Option

（2）查看非当前用户 admin 的权限。

在【命令提示符】窗口中输入以下语句查看用户 admin 的权限：

Show Grants For "admin"@"localhost" ;

查看结果如图 9-22 所示。

```
+------------------------------------------------+
| Grants for admin@localhost                     |
+------------------------------------------------+
| GRANT USAGE ON *.* TO `admin`@`localhost`      |
+------------------------------------------------+
```

图 9-22　查看非当前用户 admin 的权限的结果

返回结果的第 1 行显示了账户信息，第 2 行表示用户已被授予的权限。*.*表示其权限用于所有数据库的所有数据表。

（3）查看"user"数据表中指定权限的设置情况。

在【命令提示符】窗口中输入以下语句查看 user 数据表中指定权限的设置情况：

Select Host , User , Create_priv , Alter_priv , Drop_priv , Create_user_priv
　　From mysql.user ;

查看结果如图 9-23 所示。

```
+-----------+------------------+-------------+------------+-----------+-----------------+
| Host      | User             | Create_priv | Alter_priv | Drop_priv | Create_user_priv |
+-----------+------------------+-------------+------------+-----------+-----------------+
| localhost | admin            | N           | N          | N         | N               |
| localhost | mysql.infoschema | N           | N          | N         | N               |
| localhost | mysql.session    | N           | N          | N         | N               |
| localhost | mysql.sys        | N           | N          | N         | N               |
| localhost | root             | Y           | Y          | Y         | Y               |
+-----------+------------------+-------------+------------+-----------+-----------------+
```

图 9-23　查看"user"数据表中指定权限设置情况的结果

（4）查看用户 root 指定权限的设置情况。

在【命令提示符】窗口中输入以下语句查看用户 root 指定权限的设置情况：

```
Select Host , User , Create_priv , Alter_priv , Drop_priv , Create_user_priv
    From   mysql.user
    Where   user="root"   And   Host="localhost" ;
```

查看结果如图 9-24 所示。

```
+----------+------+-------------+------------+-----------+------------------+
| Host     | User | Create_priv | Alter_priv | Drop_priv | Create_user_priv |
+----------+------+-------------+------------+-----------+------------------+
| localhost| root | Y           | Y          | Y         | Y                |
+----------+------+-------------+------------+-----------+------------------+
```

图 9-24　查看用户 root 指定权限的设置情况的结果

（5）查看用户 admin 指定权限的设置情况。

在【命令提示符】窗口中输入以下语句查看用户 admin 指定权限的设置情况：

```
Select Host , User , Create_priv , Alter_priv , Drop_priv , Create_user_priv
    From mysql.user
    Where user="admin" And Host="localhost" ;
```

查看结果如图 9-25 所示。

```
+----------+-------+-------------+------------+-----------+------------------+
| Host     | User  | Create_priv | Alter_priv | Drop_priv | Create_user_priv |
+----------+-------+-------------+------------+-----------+------------------+
| localhost| admin | N           | N          | N         | N                |
+----------+-------+-------------+------------+-----------+------------------+
```

图 9-25　查看用户 admin 指定权限的设置情况的结果

从图 9-25 可以看出，用户 admin 目前没有设置任何权限，是一个无操作权限的用户。

【任务 9-11】在【命令提示符】窗口中授予用户全局权限

【任务描述】

（1）授予用户 admin 对所有数据库的所有数据表的 Create、Alter、Drop 权限。

（2）授予用户 admin 创建新用户的权限。

【任务实施】

（1）授予用户 admin 对所有数据库的所有数据表的 Create、Alter、Drop 权限。

在【命令提示符】窗口中输入以下语句给用户 admin 授权：

```
Grant Create , Alter , Drop On *.* To "admin"@"localhost" ;
```

该语句执行成功时，会出现以下提示信息：

```
Query OK, 0 rows affected (0.49 sec)
```

（2）授予用户 admin 创建新用户的权限。

在【命令提示符】窗口中输入以下语句授予用户 admin 创建新用户的权限：

```
Grant Create User On *.* To "admin"@"localhost" ;
```

该语句执行成功时，会出现以下提示信息：

```
Query OK, 0 rows affected (0.01 sec)
```

（3）查看用户 admin 的 Create、Alter、Drop、Create User 的权限。

在【命令提示符】窗口中输入以下语句查看用户 admin 已授予的权限：

```
Select User , Create_priv , Alter_priv , Drop_priv , Create_user_priv
    From mysql.user
    Where user="admin" And Host="localhost" ;
```

查看结果如图 9-26 所示。

```
+-------+-------------+------------+-----------+-----------------+
| User  | Create_priv | Alter_priv | Drop_priv | Create_user_priv |
+-------+-------------+------------+-----------+-----------------+
| admin | Y           | Y          | Y         | Y               |
+-------+-------------+------------+-----------+-----------------+
```

图 9-26　查看用户 admin 已授予权限的结果

从图 9-26 可以看出，用户 admin 目前拥有 Create、Alter、Drop、Create User 的权限。

【任务 9-12】在【命令提示符】窗口中授予用户数据库权限

【任务描述】

（1）授予用户 admin 对 "MallDB" 数据库的所有数据表的 Select、Insert 权限。

（2）授予用户 admin 在 "MallDB" 数据库上的所有的权限。

【任务实施】

（1）授予用户 admin 对 "MallDB" 数据库的所有数据表的 Select、Insert 权限。

在【命令提示符】窗口中输入以下语句授予用户 admin 对 "MallDB" 数据库的所有数据表的指定权限：

Grant Select , Insert On MallDB.* To "admin"@"localhost" ;

该语句执行成功时，会出现以下提示信息：

Query OK, 0 rows affected (0.40 sec)

在【命令提示符】窗口中输入以下语句查看 "db" 数据表中用户 admin 的部分权限：

Select User , Select_priv , Insert_priv , Update_priv , Delete_priv
　　From mysql.db
　　　Where user="admin" And Host="localhost" ;

查看结果如图 9-27 所示。

```
+-------+-------------+-------------+-------------+-------------+
| User  | Select_priv | Insert_priv | Update_priv | Delete_priv |
+-------+-------------+-------------+-------------+-------------+
| admin | Y           | Y           | N           | N           |
+-------+-------------+-------------+-------------+-------------+
```

图 9-27　查看 "db" 数据表中用户 admin 部分权限的结果

从图 9-27 可以看出，用户 admin 对 "MallDB" 数据库的所有数据表拥有 Select、Insert 权限，但是目前还没有 Update、Delete 权限。

（2）授予用户 admin 在 "MallDB" 数据库上的所有的权限。

在【命令提示符】窗口中输入以下语句授予用户 admin 在 "MallDB" 数据库上的所有的权限：

Grant All on MallDB.* To "admin"@"localhost" ;

该语句执行成功时，会出现以下提示信息：

Query OK, 0 rows affected (0.40 sec)

在【命令提示符】窗口中再一次输入以下语句查看 "db" 数据表中用户 admin 的部分权限：

Select User , Select_priv , Insert_priv , Update_priv , Delete_priv
　　From mysql.db
　　　Where user="admin" And Host="localhost" ;

查看结果如图 9-28 所示。

```
+-------+-------------+-------------+-------------+-------------+
| User  | Select_priv | Insert_priv | Update_priv | Delete_priv |
+-------+-------------+-------------+-------------+-------------+
| admin | Y           | Y           | Y           | Y           |
+-------+-------------+-------------+-------------+-------------+
```

图 9-28　再次查看 "db" 数据表中用户 admin 部分权限的结果

由于授予了用户 admin 在"MallDB"数据库上的所有权限，从图 9-28 可以看出，用户 admin 对"MallDB"数据库的所有表拥有 Select、Insert、Update、Delete 等所有权限。

【任务 9-13】在【命令提示符】窗口中授予用户数据表权限和字段权限

【任务描述】

（1）使用 Create User 语句重新创建用户 happy，密码设置为 123456。

（2）授予 happy 用户对"MallDB"数据库的"用户类型"数据表的 Select、Insert 权限。

（3）授予 happy 用户在"MallDB"数据库的"图书信息"数据表中"图书名称""作者""价格"字段的 Select、Update 权限。

【任务实施】

（1）创建用户 happy。

打开 Windows 操作系统下的【命令提示符】窗口，然后登录 MySQL 数据库服务器。

在命令提示符后输入以下命令创建用户 happy：

```
Create User 'happy'@'localhost' Identified By '123456' ;
```

当该语句成功执行时，如果出现"Query OK, 0 rows affected (0.03 sec)"提示信息，说明该用户已经创建完成，可以使用该用户名 happy 登录 MySQL 数据库服务器。

（2）授予用户 happy 对数据表的操作权限。

在【命令提示符】窗口中输入以下语句授予用户 happy 对数据表的操作权限：

```
Grant Select , Insert On MallDB.用户类型 To "happy"@"localhost" ;
```

该语句执行成功时，会出现以下提示信息：

```
Query OK, 0 rows affected (0.01 sec)
```

在【命令提示符】窗口中输入以下语句查看"tables_priv"数据表中用户 happy 的相关信息：

```
Select Db , User , Table_name , Grantor , Table_priv, Column_priv
    From mysql.tables_priv
    Where user="happy"  And  Host="localhost" ;
```

授予用户 happy 对"用户类型"数据表的 Select、Insert 权限的结果如图 9-29 所示。

Db	User	Table_name	Grantor	Table_priv	Column_priv
malldb	happy	用户类型	root@localhost	Select,Insert	

图 9-29　授予用户 happy 对"用户类型"数据表的 Select、Insert 权限的结果

> **注意** 只有当给定数据库/主机和用户名对应的"db"数据表中的 **Select** 字段的值为"**N**"时，才需要访问"tables_priv"数据表。如果给定数据库/主机和用户名对应的"db"数据表中的 **Select** 字段中有一个值为"**Y**"的话，那么就无须访问"tables_priv"数据表。如果高优先级的授权表提供了适当的权限的话，那么就无须查阅优先级较低的授权表了。如果高优先级的授权表中对应命令的值为"**N**"，那么就需要进一步查看低优先级的授权表。

（3）授予用户 happy 对数据表字段的操作权限。

在【命令提示符】窗口中输入以下语句授予用户 happy 对数据表字段的操作权限：

```
Grant Select( 图书名称 , 作者 , 价格 ), Update( 图书名称 , 作者 , 价格 )
    On MallDB.图书信息
    To "happy"@"localhost" ;
```

该语句执行成功时，会出现以下提示信息：

Query OK, 0 rows affected (0.01 sec)

在【命令提示符】窗口中输入以下语句查看 "columns_priv" 数据表中用户 happy 的相关信息：

Select Db , User , Table_name , Column_name , Column_priv
　　From mysql.columns_priv
　　Where user="happy" And Host="localhost";

授予用户 happy 对 "图书信息" 数据表指定字段 Select、Update 权限的结果如图 9-30 所示。

```
+--------+-------+------------+-------------+---------------+
| Db     | User  | Table_name | Column_name | Column_priv   |
+--------+-------+------------+-------------+---------------+
| malldb | happy | 图书信息    | 价格         | Select,Update |
| malldb | happy | 图书信息    | 作者         | Select,Update |
| malldb | happy | 图书信息    | 图书名称     | Select,Update |
+--------+-------+------------+-------------+---------------+
```

图 9-30　授予用户 happy 对 "图书信息" 数据表指定字段 Select、Update 权限的结果

【任务 9-14】在【命令提示符】窗口中授予用户对存储过程和函数的操作权限

【任务描述】
（1）授予用户 happy 操作 "MallDB" 数据库的存储过程 proc0504 的权限。
（2）授予用户 happy 操作 "MallDB" 数据库的自定义函数 getTypeName() 的权限。

【任务实施】
（1）授予用户 happy 对存储过程的操作权限。

在【命令提示符】窗口中输入以下语句授予用户 happy 对存储过程的操作权限：

Grant Execute On Procedure MallDB. proc0504 To "happy"@"localhost" ;

该语句执行成功时，会出现以下提示信息：

Query OK, 0 rows affected (0.04 sec)

在【命令提示符】窗口中输入以下语句查看 "procs_priv" 数据表中用户 happy 的相关信息：

Select Db , User , Routine_name , Routine_type , Grantor , Proc_priv
　　From mysql.procs_priv
　　Where user="happy" And Host="localhost" ;

授予用户 happy 操作 "MallDB" 数据库的存储过程 proc0504 的权限的结果如图 9-31 所示。

```
+--------+-------+--------------+--------------+---------------+-----------+
| Db     | User  | Routine_name | Routine_type | Grantor       | Proc_priv |
+--------+-------+--------------+--------------+---------------+-----------+
| malldb | happy | proc0504     | PROCEDURE    | root@localhost| Execute   |
+--------+-------+--------------+--------------+---------------+-----------+
```

图 9-31　授予用户 happy 操作 "MallDB" 数据库的存储过程 proc0504 的权限的结果

（2）授予用户 happy 对已有函数的操作权限。

在【命令提示符】窗口中输入以下语句授予用户 happy 对已有函数的操作权限：

Grant Execute On Function MallDB.getTypeName To "happy"@"localhost" ;

该语句执行成功时，会出现以下提示信息：

Query OK, 0 rows affected (0.47 sec)

在【命令提示符】窗口中输入以下语句查看 "procs_priv" 数据表中用户 happy 的相关信息：

Select Db , User , Routine_name , Routine_type , Grantor , Proc_priv
　　From mysql.procs_priv
　　Where user="happy" And Host="localhost" ;

授予用户 happy 操作"MallDB"数据库的函数 getTypeName() 的权限的结果如图 9-32 所示。

```
+--------+-------+--------------+--------------+----------------+-----------+
| Db     | User  | Routine_name | Routine_type | Grantor        | Proc_priv |
+--------+-------+--------------+--------------+----------------+-----------+
| malldb | happy | gettypename  | FUNCTION     | root@localhost | Execute   |
| malldb | happy | proc0504     | PROCEDURE    | root@localhost | Execute   |
+--------+-------+--------------+--------------+----------------+-----------+
```

图 9-32　授予用户 happy 操作"MallDB"数据库的函数 getTypeName() 的权限的结果

【任务 9-15】使用 Navicat 图形管理工具查看与管理权限

【任务描述】

（1）使用 Navicat for MySQL 查看已有数据库"MallDB"中所有用户拥有的权限。

（2）使用 Navicat for MySQL 授予用户 happy 的服务器权限 Select、Insert、Update 和 Delete。

（3）使用 Navicat for MySQL 对用户 happy 已设置权限调整权限类型。

（4）使用 Navicat for MySQL 为用户 happy 添加针对数据库"MallDB"的全局级的 Select、Insert 和 Update 操作权限。

（5）使用 Navicat for MySQL 为用户 happy 添加针对"出版社信息"数据表的表级的 Select、Insert 和 Update 操作权限。

【任务实施】

（1）使用 Navicat for MySQL 查看已有数据库"MallDB"中所有用户拥有的权限。

在【Navicat for MySQL】窗口中，单击【用户】按钮，此时可以看到数据库"MallDB"中已有的 6 个用户，如图 9-33 所示。

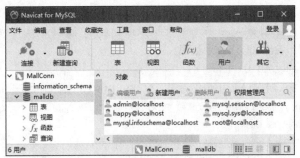

图 9-33　数据库"MallDB"中已有的 6 个用户

在工具栏中单击【权限管理员】按钮，打开【MallConn-权限管理员】选项卡，如图 9-34 所示。

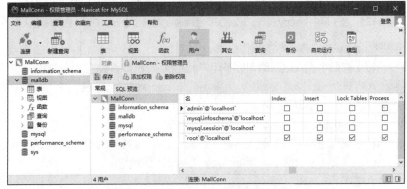

图 9-34　【MallConn-权限管理员】选项卡

在【MallConn -权限管理员】选项卡中可以看到所有用户的操作权限，也可以在其中添加或删除权限，权限添加或删除完成后，单击【保存】按钮即可。

（2）授予或撤销用户 happy 的服务器权限。

在【Navicat for MySQL】窗口已有用户列表中选择用户"happy@localhost"，然后在工具栏中单击【编辑用户】按钮，打开用户编辑窗口，切换到【服务器权限】选项卡，如图 9-35 所示。勾选对应权限右侧的复选框则授予相应的权限，取消勾选对应权限右侧的复选框则撤销相应的权限，权限设置完成后，单击工具栏中的【保存】按钮即可。

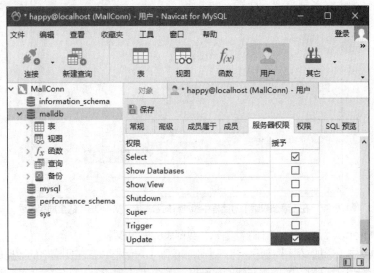

图 9-35 【服务器权限】选项卡

（3）对用户 happy 已设置权限调整权限类型。

在用户编辑窗口中切换到【权限】选项卡，如图 9-36 所示。勾选对应权限的复选框可以授予相应的权限，取消勾选对应权限复选框可以撤销相应的权限，对用户已有权限设置的权限类型调整完成后，单击工具栏中的【保存】按钮即可。

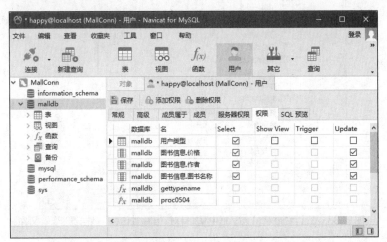

图 9-36 【权限】选项卡

（4）为用户 happy 添加针对数据库"MallDB"的全局级权限。

在工具栏中单击【添加权限】按钮，打开【添加权限】对话框，在左侧窗格的数据库列表中勾选"MallDB"数据库左侧的复选框，然后在右侧窗格中勾选 Select、Insert、Update 权限对应的"状态"复选框，结果如图 9-37 所示。如果需要撤销设置的权限，取消勾选权限对应的"状态"复选框即可。权限设置完成后单击【确定】按钮即可。

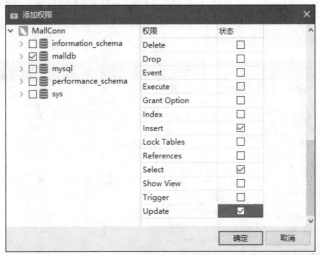

图 9-37　在【添加权限】对话框中添加针对数据库"MallDB"的全局级权限

（5）为用户 happy 添加针对"出版社信息"数据表的表级权限。

在工具栏中单击【添加权限】按钮，打开【添加权限】对话框，在左侧窗格的数据库列表中展开节点"表"，勾选"出版社信息"数据表左侧的复选框。接着在右侧窗格中勾选 Select、Insert、Update 权限对应的"状态"复选框，结果如图 9-38 所示。如果需要撤销设置的权限，取消勾选权限对应的"状态"复选框即可。权限设置完成后单击【确定】按钮即可。

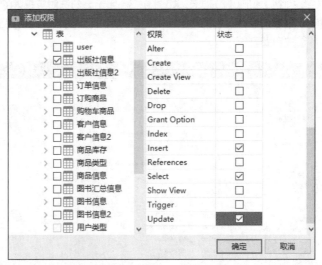

图 9-38　在【添加权限】对话框中添加针对"出版社信息"数据表的表级权限

　注意　在【添加权限】对话框中还可以设置针对视图、字段、存储过程和函数的操作权限，操作步骤大同小异，这里不赘述。

权限添加完成后，在工具栏中单击【保存】按钮予以保存。【权限】选项卡的内容如图 9-39 所示，可以看到新添加的权限也在其中。

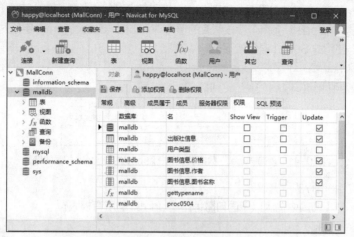

图 9-39　新添加两项权限的【权限】选项卡的内容

（6）删除新添加的针对数据库"MallDB"的全局级权限。

在【权限】选项卡中选择针对数据库"MallDB"的全局级权限，然后工具栏中单击【删除权限】按钮，弹出【确认删除】对话框，如图 9-40 所示，在该对话框中单击【删除】按钮即可删除相应的权限。

图 9-40　【确认删除】对话框

权限删除完成后，在工具栏中单击【保存】按钮予以保存。

【任务 9-16】在【命令提示符】窗口中对用户的权限进行转换和撤销

【任务描述】

（1）授予用户 admin 在"MallDB"数据库"用户类型"表的 Select 操作权限，并允许其将该权限授予其他用户。

（2）撤销用户 happy 针对所有数据表的 Update 权限。

（3）撤销用户 admin 的所有权限。

【任务实施】

（1）授予用户 admin 的权限。

在【命令提示符】窗口中输入以下语句授予与转换用户 admin 的操作权限：

```
Grant Select On MallDB.用户类型 To "admin"@"localhost" With Grant Option；
```

该语句执行成功时，会出现以下提示信息：

```
Query OK, 0 rows affected (0.01 sec)
```

（2）撤销用户 happy 对所有数据表的 Update 权限。

在【命令提示符】窗口中输入以下语句撤销用户 happy 对所有数据表的 Update 权限：

Revoke Update On *.* From "happy"@"localhost" ;

该语句执行成功时，会出现以下提示信息：

Query OK, 0 rows affected (0.01 sec)

结果表示，Revoke 语句执行成功。使用 Select 语句查看 "user" 数据表中用户 happy 的 Update 权限，查询结果显示 "Update_priv" 字段对应的值为 "N"，但 "Select_priv" 字段对应的值仍为 "Y"，如图 9-41 所示。使用的 Select 语句如下：

Select Host , User , Select_priv , Update_priv
　　From mysql.user   Where user="happy" ;

```
+-----------+-------+-------------+-------------+
| Host      | User  | Select_priv | Update_priv |
+-----------+-------+-------------+-------------+
| localhost | happy | Y           | N           |
+-----------+-------+-------------+-------------+
```

图 9-41　查询 "user" 数据表中用户 happy 的 Update 权限的结果

（3）撤销用户 admin 的所有权限。

在【命令提示符】窗口中输入以下语句撤销用户 admin 的所有权限：

Revoke All Privileges , Grant Option From "admin"@"localhost" ;

该语句执行成功时，会出现以下提示信息：

Query OK, 0 rows affected (0.01 sec)

结果表明，Revoke 语句执行成功，使用 Select 语句查看用户 admin 的 Select、Update、Grant 权限。结果表示 "Select_priv" "Update_priv" "Grant_priv" 字段对应的值都为 "N"，如图 9-42 所示。使用的 Select 语句如下：

Select Host , User , Select_priv , Update_priv , Grant_priv   From mysql.user
　　Where user="admin";

```
+-----------+-------+-------------+-------------+------------+
| Host      | User  | Select_priv | Update_priv | Grant_priv |
+-----------+-------+-------------+-------------+------------+
| localhost | admin | N           | N           | N          |
+-----------+-------+-------------+-------------+------------+
```

图 9-42　查询 "user" 数据表中用户 admin 的多项权限的结果

9.4 MySQL 的角色管理

MySQL 8.0 新加了很多功能，其中在用户管理中增加了角色管理，MySQL 角色是指定权限的集合。与用户一样，角色也可以授予和撤销权限。可以将角色授予用户，授予该用户与角色相关的权限。如果用户被授予角色权限，则该用户拥有该角色的权限。

MySQL 提供的角色管理功能如表 9-6 所示。

表 9-6 MySQL 提供的角色管理功能

语句关键字	功能说明
Create Role	创建角色
Drop Role	删除角色
Grant	为用户和角色分配权限
Revoke	撤销用户和角色的权限
Show Grants	显示用户和角色的权限和角色分配
Set Default Role	指定哪些角色默认处于活动状态
Set Role	更改当前会话中的活动角色
Current_Role()	显示当前会话中的活动角色

9.4.1　创建角色并授予用户角色权限

为清楚区分角色的权限，可以在创建角色时将角色名设为所需权限集的名称。通过授予适当的角色，可以轻松地为用户授予所需的权限。

1. 创建角色

创建角色使用 Create Role 语句，其基本格式如下：

Create Role <角色名称 1>[@<主机名称>] , <角色名称 2>[@<主机名称>] … ;

其中角色名称不能与数据库中固定角色名称重名，用户名称是指角色所作用的用户，如果省略了用户名称，角色就会被创建到当前数据库的用户上。

角色名称与用户名称非常相似，由用户名称和主机名称两部分组成。如果省略主机名称，则主机名称默认为"%"。用户名称和主机名称可以不加引号，除非它们包含特殊字符。

使用以下语句创建 3 个角色：

Create Role role_deve@localhost ;
Create Role role_read@localhost , role_write@localhost ;

2. 为角色分配权限

为角色分配权限，使用与为用户分配权限相同的语句：

Grant <权限列表> On <数据库名称>.<数据表名称> To <角色名称> ;

使用以下语句为角色分配权限：

Grant All On MallDB.* To 'role_deve'@'localhost' ;
Grant Select On MallDB.* To 'role_read'@'localhost' ;
Grant Insert , Update , Delete On MallDB.* To 'role_write'@'localhost' ;

3. 为用户分配角色

为用户分配角色的语法格式如下：

Grant <角色名称> To <用户名称> ;

现在假设有一个需要程序开发权限的用户，两个需要只读访问权限的用户以及一个需要读取和写入权限的用户。使用 Create User 语句创建 4 个用户：

Create User 'deve_user1'@'localhost' Identified By '123456' ;
Create User 'read_user1'@'localhost' Identified By '123456' ;
Create User 'read_user2'@'localhost' Identified By '123456' ;
Create User 'rw_user1'@'localhost' Identified By '123456' ;

要为每个用户分配其所需的权限，可以使用 Grant 语句给用户授权，但是这需要列举每个用户的个人权限。相反，使用 Grant 语句授予角色而非权限会更加简便，语句如下：

Grant 'role_deve'@'localhost' To 'deve_user1'@'localhost' ;
Grant 'role_read'@'localhost' To 'read_user1'@'localhost', 'read_user2'@'localhost' ;
Grant 'role_read'@'localhost' , 'role_write'@'localhost' To 'rw_user1'@'localhost' ;

结合角色所需的读取和写入权限，使用 Grant 语句授予用户 rw_user1 读取和写入的角色。

使用 Grant 语句授予用户角色的语法和授予用户权限的语法格式不同：有一个 On 关键字来区分角色和用户的授权，有 On 关键字的为用户授权，而没有 On 关键字的用来分配角色。由于语法格式不同，因此不能在同一语句中混合分配用户权限和角色。允许为用户分配权限和角色，但必须使用单独的 Grant 语句，每种语句的语法都要与授权的内容相匹配。

9.4.2　查看分配给用户的权限以及角色所拥有的权限

使用 Show Grants 语句可以查看分配给用户的权限，查看用户 deve_user1 的权限的语句如下：

Show Grants For 'deve_user1'@'localhost' ;

该语句的运行结果如图9-43所示。

```
+------------------------------------------------------------+
| Grants for deve_user1@localhost                            |
+------------------------------------------------------------+
| GRANT USAGE ON *.* TO `deve_user1`@`localhost`             |
| GRANT `role_deve`@`localhost` TO `deve_user1`@`localhost`  |
+------------------------------------------------------------+
```

图9-43 查看分配给用户 deve_user1 的权限的结果

但是，上述语句运行后会显示用户被授予的角色，而不会将其显示为角色所拥有的权限。如果要显示角色拥有的权限，添加一个可选项"Using"即可，语句如下：

Show Grants For 'deve_user1'@'localhost' Using 'role_deve'@'localhost' ;

该语句的运行结果如图9-44所示。

```
+------------------------------------------------------------------+
| Grants for deve_user1@localhost                                  |
+------------------------------------------------------------------+
| GRANT USAGE ON *.* TO `deve_user1`@`localhost`                   |
| GRANT ALL PRIVILEGES ON `malldb`.* TO `deve_user1`@`localhost`   |
| GRANT `role_deve`@`localhost` TO `deve_user1`@`localhost`        |
+------------------------------------------------------------------+
```

图9-44 查看角色所拥有的权限的结果

9.4.3 为用户设置默认角色

为用户设置默认角色的基本语法格式如下：

Set Default Role { None | All | <角色名称 1> [, <角色名称 1>] … }
　　　　To <用户名称 1> [, <用户名称 2>] … ;

【参数说明】

Set Default Role 为关键字 后面的子句允许为以下值。

（1）None：将默认角色设置为 None（无角色）。

（2）All：将默认角色设置为授予该用户的所有角色。

（3）<角色名称 1> [, <角色名称 1>] …：将默认角色设置为命名角色，该角色必须存在并在执行时授予给用户 Set Default Role。

角色名称如果省略主机名称部分，则主机名称默认为"%"。

例如：

Set Default Role 'role_deve'@'localhost' To 'deve_user1'@'localhost' ;
Set Default Role All To   'deve_user1'@'localhost' , 'read_user1'@'localhost' ,
　　　　　　　　　　'read_user2'@'localhost' , 'rw_user1'@'localhost' ;

Set Default Role 语句需要以下特权：

为另一个用户设置默认角色，当前用户需要全局 Create User 特权或系统数据表的 Update 特权。为自己设置默认角色不需要特殊特权，只要已将想要的默认角色授予用户即可。

注意 Set Default Role 语句和 Set Role Default 语句具有不同的功能。
Set Default Role 语句用于定义默认情况下在用户会话中要激活的角色。
Set Role Default 语句用于将当前会话中的活动角色设置为当前用户的默认角色。

9.4.4　撤销角色或角色权限

正如可以授予某个用户角色一样，也可以从用户中撤销这些角色。撤销角色的基本语法格式如下：

Revoke <角色名称> From <用户名称>；

例如：

Revoke 'role_read'@'localhost' From 'read_user1'@'localhost'；

Revoke 语句可以用于修改角色权限，这不仅会影响角色本身的权限，还会影响任何被授予了该角色的用户的权限。假设想临时让所有用户只读，可以使用 Revoke 语句从 role_write 角色中撤销修改权限，语句如下：

Revoke Insert，Update，Delete On Malldb.* From 'role_write'@'localhost'；

从角色 role_write 中撤销修改权限后，使用"Show Grants For 'role_write'@'localhost'；"语句可以查看角色目前拥有的权限，可以看出角色 role_write 已不再具有 Insert、Update、Delete 的权限了。

从角色中撤销权限会影响到使用了该角色的任何用户的权限，因此用户 rw_user1 现在已经没有 Insert、Update 和 Delete 权限了。

使用以下语句可以查看用户 rw_user1 目前拥有的权限：

Show Grants For 'rw_user1'@'localhost'
　　　Using 'role_read'@'localhost'，'role_write'@'localhost' ；

实际上，读/写用户 rw_user1 已成为只读用户。被授予角色 role_write 的任何其他用户也会发生这种情况，说明修改个人用户使用的角色可以修改个人用户的权限。

要恢复角色的修改权限，只需重新授予即可，语句如下：

Grant Insert，Update，Delete On Malldb.* To 'role_write'@'localhost'；

现在用户 rw_user1 再次具有修改权限，就像授权角色 role_write 的其他任何用户一样。

9.4.5　删除角色

要删除角色，可使用 Drop Role 语句，其基本语法格式如下：

Drop Role <角色名称 1>，<角色名称 2>，...；

例如：

Drop Role 'role_read'@'localhost'，'role_write'@'localhost'；

删除角色会从授予它的每个用户中撤销该角色。

【任务 9-17】在【命令提示符】窗口中使用 Create Role 语句创建 MySQL 的角色

【任务描述】

（1）创建一个名为"role0901"的角色。

使用 Create Role 语句创建一个角色，角色名为 role0901，不指定主机名称，该角色创建到当前数据库的用户上。

（2）创建一个名为"role0902"的角色。

使用 Create Role 语句创建一个新用户，角色名为 role0902，指定主机名称为"localhost"，该角色创建到用户 admin 上。

（3）查看创建的角色。

（4）授予角色 role0901 对"MallDB"数据库中所有表的 Insert、Update、Delete、Select 权限。授予角色 role0902@localhost 在"MallDB"数据库上的所有的权限。

（5）使用普通明文密码创建一个新用户 Lucky。

使用 Create User 语句创建一个新用户，用户名为 Lucky，密码是 123456，主机为本机。

（6）为用户 Lucky 赋予角色 role0901。

（7）查看分配给用户 Lucky 的权限。

（8）查看角色 role0901 所拥有的权限。

（9）查询用户 Lucky 的当前角色。

（10）为用户 Lucky 设置默认角色。

（11）查看用户角色 role0901 的关联信息。

（12）查看用户所授予的角色信息。

【任务实施】

（1）创建一个名为"role0901"的角色。

创建一个名为"role0901"的角色的语句如下：

```
Create Role role0901 ;
```

当该语句成功执行时，如果出现"Query OK, 0 rows affected (0.01 sec)"提示信息，说明角色已经创建完成。

（2）创建一个名为"role0902"的角色。

```
Create Role role0902@localhost ;
```

当该语句成功执行时，如果出现"Query OK, 0 rows affected (0.01 sec)"提示信息，说明角色已经创建完成。

（3）查看创建的角色。

使用"Select Host , User , Authentication_String From mysql.user ；"语句查看创建的两个角色，结果如图 9-45 所示。

```
+-----------+------------------+------------------------------------------------------------------------+
| Host      | User             | Authentication_String                                                  |
+-----------+------------------+------------------------------------------------------------------------+
| %         | role0901         |                                                                        |
| localhost | admin            | *6BB4837EB74329105EE4568DDA7DC67ED2CA2AD9                               |
| localhost | happy            | *6BB4837EB74329105EE4568DDA7DC67ED2CA2AD9                               |
| localhost | mysql.infoschema | $A$005$THISISACOMBINATIONOFINVALIDSALTANDPASSWORDTHATMUSTNEVERBRBEUSED  |
| localhost | mysql.session    | $A$005$THISISACOMBINATIONOFINVALIDSALTANDPASSWORDTHATMUSTNEVERBRBEUSED  |
| localhost | mysql.sys        | $A$005$THISISACOMBINATIONOFINVALIDSALTANDPASSWORDTHATMUSTNEVERBRBEUSED  |
| localhost | role0902         |                                                                        |
| localhost | root             | *6BB4837EB74329105EE4568DDA7DC67ED2CA2AD9                               |
+-----------+------------------+------------------------------------------------------------------------+
```

图 9-45　查看创建的两个角色的结果

（4）为角色授予权限。

为角色 role0901 授予权限的语句如下：

```
Grant Insert , Update , Delete , Select On MallDB.*   To  'role0901'  ;
```

给角色 role0902@localhost 授予权限语句如下：

```
Grant All On MallDB.* To role0902@localhost   ;
```

（5）创建一个新用户 Lucky。

创建一个名为"Lucky"的新用户的语句如下：

```
Create User 'Lucky'   Identified By '123456' ;
```

（6）为用户 Lucky 赋予角色 role0901。

为用户 Lucky 赋予角色 role0901 的语句如下：

Grant 'role0901' To 'Lucky' ;

（7）查看分配给用户 Lucky 的权限。

查看分配给用户 Lucky 权限的语句如下：

Show Grants For 'Lucky'@'%' ;

（8）查看角色 role0901 所拥有的权限。

查看角色 role0901 所拥有的权限的语句如下：

Show Grants For 'Lucky' Using 'role0901' ;

（9）查询用户 Lucky 的当前角色。

使用 "Select Current_role( ) ;" 语句查询用户 Lucky 的当前角色，会发现当前角色为 NONE，即没有活动角色。

（10）为用户 Lucky 设置默认角色。

Set Default Role 'role0901' to 'Lucky' ;

（11）查看用户角色 role0901 的关联信息。

查看用户角色 role0901 的关联信息的语句如下：

Select * From mysql.default_roles ;

查看结果如图 9-46 所示。

```
+------+-------+-------------------+-------------------+
| HOST | USER  | DEFAULT_ROLE_HOST | DEFAULT_ROLE_USER |
+------+-------+-------------------+-------------------+
| %    | Lucky | %                 | role0901          |
+------+-------+-------------------+-------------------+
```

图 9-46　查看用户角色 role0901 的关联信息的结果

（12）查看用户所授予的角色信息。

查看用户所授予的角色信息的语句如下：

Select * From mysql.role_edges ;

查看结果如图 9-47 所示。

```
+-----------+-----------+---------+---------+-------------------+
| FROM_HOST | FROM_USER | TO_HOST | TO_USER | WITH_ADMIN_OPTION |
+-----------+-----------+---------+---------+-------------------+
| %         | role0901  | %       | Lucky   | N                 |
+-----------+-----------+---------+---------+-------------------+
```

图 9-47　查看用户所授予的角色信息的结果

9.5　备份与还原 MySQL 数据库

在数据库的操作过程中，尽管系统采用了各种措施来保证数据库的安全性和完整性，但硬件故障、软件错误、病毒侵入、误操作等现象仍有可能发生，从而导致运行事务的异常中断，影响数据的正确性，甚至破坏数据库，使数据库中的数据部分或全部丢失。因此，拥有能够恢复数据的能力对一个数据库系统来说是非常重要的。数据库备份是最简单的保护数据的方法，在意外情况发生时，能够尽可能减少损失。如果数据库中的数据丢失或者出现错误，可以使用备份的数据进行还原。

9.5.1　数据库的备份

1. 使用 Mysqldump 命令备份 MySQL 的数据

"Mysqldump" 命令可以将数据库中的数据备份成一个文本文件，数据表的结构和数据将存储在生成的文本文件中。该文件实际上包含了多个 Create 和 Insert 语句，使用这些语句可以重新创建数据表和插入数据。

（1）备份单个数据库中所有的数据表。

使用"Mysqldump"命令备份单个数据库中所有数据表的基本语法格式如下：

Mysqldump –u <用户名称> -p [--databases] <备份数据库名称>
    > <备份路径\备份文件名>

① 如果没有指定数据库名称，则表示备份整个数据库。

② 备份文件名可以指定其扩展名为".sql"，也可以指定为其他的扩展名，如".txt"。如果备份文件前没有指定存储路径，则备份文件默认存放在 MySQL 的"bin"文件夹中，也可以在文件名前加一个绝对路径，指定备份文件的存放位置。例如，将数据库"MallDB"备份到路径"D:\MySQL DataMyBack"中的命令如下：

Mysqldump –u root -p --databases MallDB> D:\MySQLData\MyBackup\MallDBbackup.sql

③ 参数"--databases"为可选项，备份多个数据库时需要使用，备份单个数据库时可以省略。

（2）备份单个数据库中指定的数据表。

使用"Mysqldump"命令备份单个数据库中指定的数据表的基本语法格式如下：

Mysqldump –u <用户名称> -p <数据库名称> <数据表名称>
    > <备份路径\备份文件名>

例如：

Mysqldump –u root -p MallDB user > D:\MySQLData\MyBackup\user01.sql

如果需要指定多张数据表，可以在数据库名称的后面列出多张数据表的名称，并使用空格分隔。

（3）备份多个数据库。

使用"Mysqldump"命令备份多个数据库的基本语法格式如下：

Mysqldump –u <用户名称> -p --databases <数据库名称 1> <数据库名称 2> …
        > <备份路径\备份文件名>

多个数据库名称之间使用空格分隔。备份完成后，备份文件中将会存储多个数据库的信息。

（4）备份所有的数据库。

使用"Mysqldump"命令备份 MySQL 数据库服务器中所有数据库的基本语法格式如下：

Mysqldump –u <用户名称> -p --all-databases > <备份路径\备份文件名>

当使用参数"--all-databases"备份所有的数据库时，不需要指定数据库名称。备份完成后，备份文件中将会存储全部数据库的信息。

2. 使用 Navicat 图形管理工具备份 MySQL 数据库

使用 Navicat for MySQL 可以根据向导提示进行数据库备份，具体备份过程详见【任务 9-19】。

9.5.2 数据库的还原

操作失误、计算机故障或者其他意外情况，可能会导致数据的丢失和破坏，当数据被丢失或者意外破坏时，可以通过恢复已经备份的数据尽量减少损失。

1. 非登录状态使用 MySQL 命令还原 MySQL 的数据

当数据库遭到意外破坏时，可以通过备份文件将数据库还原到备份时的状态，可以使用"Mysqldump"命令将数据库中的数据备份成一个文本文件。备份文件中通常包含 Create 语句和 Insert 语句。可以使用"mysql"命令来还原备份的数据，使用"Mysql"命令可以执行备份文件中的 Create 语句和 Insert 语句。Create 语句用来创建数据库和数据表，Insert 语句用来插入备份的数据。

"Mysql"命令的基本语法格式如下：

Mysql –u root -p [<数据库名称>] < <备份路径\备份文件名>

① 数据库名称为可选项，如果指定数据库名称，则表示还原该数据库中的数据表；如果不指定数据库名称，则表示还原特定的数据库，备份文件中有创建数据库的语句。

② 如果使用 "--all-databases" 参数备份了所有的数据库，那么还原时不需要指定数据库。对应的备份文件包含创建数据库的语句，可以通过相关语句来创建数据库。创建数据库后，可以执行备份文件中的 Use 语句选择数据库，然后到数据库中创建数据表并插入记录数据。

例如：

```
Mysql -u root -p MallDB < D:\MySQLData\ MyBackup\user01.sql
```

2. 登录状态使用 MySQL 语句还原 MySQL 的数据

如果已经登录 MySQL 数据库服务器，还可以使用 source 语句导入 SQL 文件，其语法格式如下：

```
Source <备份路径\备份文件名>;
```

例如：

```
Source D:\MySQLData\ MyBackup\user01.sql;
```

source 语句成功执行后，会将备份数据全部导入现有数据库中，在执行该语句之前需要使用 Use 语句选择数据库。

3. 使用 Navicat 图形管理工具还原 MySQL 数据库

使用 Navicat for MySQL 可以根据向导提示进行数据还原，具体还原过程详见【任务 9-19】。

【任务 9-18】使用 Mysqldump 命令备份与还原 MySQL 的数据

【任务描述】

（1）使用 "Mysqldump" 命令备份 MySQL 数据库 "MallDB" 的数据表 "user" 中的数据。
（2）使用 "Mysqldump" 命令还原 MySQL 数据库 "MallDB" 的数据表 "user" 中的数据。

【任务实施】

（1）使用 "Mysqldump" 命令备份 MySQL 数据库 "MallDB" 的数据表 "user" 中的数据。

打开 Windows 操作系统下的【命令提示符】窗口，在命令提示符后面输入以下语句：

```
Mysqldump -u root -p   MallDB   user> D:\MySQLData\MyBackup\user01.sql
```

然后按【Enter】键执行该语句，提示输入密码，输入正确密码后再次按【Enter】键，开始备份。备份完成后可以打开备份文件 "user01.sql" 查看其内容。

（2）使用 "Mysqldump" 命令还原 MySQL 数据库 "MallDB" 的数据表 "user" 中的数据。

在 Windows 操作系统下的【命令提示符】窗口中的命令提示符后面输入以下语句：

```
Mysql -u root -p MallDB < D:\MySQLData\ MyBackup\user01.sql
```

然后按【Enter】键执行该语句，提示输入密码，输入正确密码后再次按【Enter】键，开始还原数据，还原结束后会在指定的数据库 "MallDB" 中恢复以前的数据表 "user"。

【任务 9-19】使用 Navicat 图形管理工具备份与还原 MySQL 的数据库

【任务描述】

（1）使用 Navicat for MySQL 备份 MySQL 的数据库 "MallDB"。
（2）使用 Navicat for MySQL 还原数据库 "MallDB"。

【任务实施】

1. 使用 Navicat for MySQL 备份 MySQL 的数据库 MallDB

（1）打开【Navicat for MySQL】窗口，在数据库列表中双击打开数据库 "MallDB"，也可以右击数据库 "MallDB"，在弹出的快捷菜单中选择【打开数据库】命令，打开该数据库。

（2）在【Navicat for MySQL】窗口的工具栏中单击【备份】按钮，下方显示"备份"对应的操作按钮，如图9-48所示。

图9-48 "备份"对应的操作按钮

（3）在左侧的数据库列表中选择数据库"MallDB"，然后单击【新建备份】按钮，打开【新建备份】窗口，然后在该窗口【常规】选项卡的"注释"文本框中输入注释内容"备份 MallDB 数据库"，如图9-49所示。

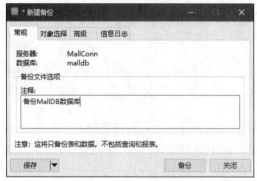

图9-49 输入注释内容

切换至【高级】选项卡，勾选"使用指定文件名"复选框，在文本框中输入备份文件名"MallDB0901"，如图9-50所示。

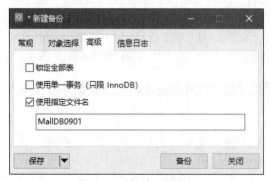

图9-50 输入备份文件名

（4）开始备份。在【新建备份】窗口中单击【备份】按钮，自动切换到"信息日志"选项卡，开始备份过程，并显示相应的提示信息，如图9-51所示。

图 9-51　开始备份过程并显示相应的提示信息

在【新建备份】窗口中单击【关闭】按钮，弹出图 9-52 所示的【确认】对话框。

在【确认】对话框中单击【保存】按钮，打开【配置文件名】对话框，在该对话框的"输入配置文件名"文本框中输入文件名"MallDB_Backup0901"，如图 9-53 所示，单击【确定】按钮保存备份操作，并返回【新建备份】窗口。

图 9-52　【确认】对话框

图 9-53　在【配置文件名】对话框中输入文件名

在【新建备份】窗口中单击【关闭】按钮，关闭该窗口。

备份操作完成后，【Navicat for MySQL】窗口右侧区域将显示备份文件列表，如图 9-54 所示。

（5）查看备份文件的保存位置。选择备份文件"MallDB0901"并右击，在弹出的快捷菜单中选择【在文件夹中显示】命令，如图 9-55 所示，打开备份文件所在的文件夹，编者的计算机的操作系统为 Windows 10，备份文件所在文件夹的路径为"C:\Users\admin\Documents\Navicat\MySQL\Servers\MallConn\malldb"。

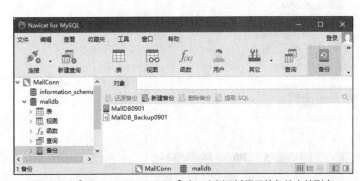

图 9-54　【Navicat for MySQL】窗口右侧区域显示的备份文件列表

图 9-55　在快捷菜单中选择【在文件夹中显示】命令

2. 使用 Navicat for MySQL 还原数据库 MallDB

（1）在【Navicat for MySQL】窗口中选择备份数据库"MallDB0901"。

（2）单击工具栏中的【还原备份】按钮，打开【MallDB0901-还原备份】对话框，如图 9-56 所示。

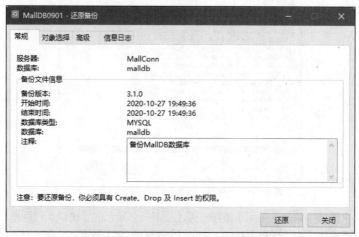

图 9-56 【MallDB0901-还原备份】对话框

（3）在【MallDB0901-还原备份】对话框中单击【还原】按钮，打开图 9-57 所示的警告信息对话框，单击【确定】按钮，还原备份开始，备份完成时会打开图 9-58 所示的【还原备份】对话框。

图 9-57 警告信息对话框

图 9-58 【还原备份】对话框

课后练习

1. 选择题

（1）在 MySQL 中，可以使用（　　）语句来为指定数据库添加用户。

    A．Revoke   B．Grant   C．Insert   D．Create

（2）在 MySQL 中，存储用户全局权限的数据表是（　　）。

    A．tables_priv   B．procs_priv   C．columns_priv   D．user

（3）以下语句中，（　　）语句用于撤销 MySQL 用户对象权限。

    A．Revoke   B．Grant   C．Insert   D．Create

（4）在 MySQL 中，用来创建用户的语句是（　　）。

    A．Create User   B．Create Table   C．Create Users   D．以上都不是

（5）以下关于角色的描述中正确的是（　　）。

    A．在 MySQL 数据库中，角色与用户的作用相同

    B．在 MySQL 数据库中，角色可以理解为权限的集合，可以通过角色给用户授予权限

    C．在 MySQL 数据库中，角色就是权限

    D．在以上都不对

（6）（　　）数据表在"mysql"数据库中没有。

    A．user   B．db   C．tables-priv   D．tables_priv

（7）在 MySQL 中，查看用户权限时，除了可以使用 Select 语句外，还可以使用（　　）语句。

    A．Grant   B．Show Grants   C．Revoke   D．以上都可以

（8）在 MySQL 中，以下有关数据备份的描述中错误的是（　　）。

    A．使用"mysqldump"命令一次只能备份一个数据库

    B．使用"mysqldump"命令可以一次备份所有数据库

    C．使用"mysqldump"命令可以备份数据库中的某张数据表

    D．使用"mysqldump"命令可以备份单个数据库中的所有数据表

（9）以下语句中，与 Select...Into Outfile 语句功能相反的语句是（　　）。

    A．Load Data Infile   B．Select...Into Infile

    C．Backup Table   D．Back Table

（10）以下有关数据库还原的描述中错误的是（　　）。

    A．在还原数据之前，先要创建还原数据的数据库

    B．如果需要恢复的数据已经存在，也可以直接进行恢复操作来覆盖原来的数据库

    C．使用"Mysqldump"命令还原数据库后，需要重启 MySQL 数据库服务器，才能还原成功

    D．使用直接复制到数据库文件夹的方法来恢复数据时，需要先关闭 MySQL 服务

2. 填空题

（1）MySQL 服务器通过（　　　　）来控制用户对数据库的访问，MySQL 权限表存放在（　　　　）数据库里，由"mysql_install_db"脚本初始化。

（2）MySQL 权限表分别是"user""db""table_priv""columns_priv""proc_priv"，其中决定是否允许用户连接到服务器的权限表是（　　　　），用于记录各个账号在各个数据库上的操作权限的权限表是（　　　），用于记录数据表级别的操作权限的权限表是（　　　　），用于记录数据字段级别的操

作权限的权限表是（　　　　　），用于记录存储过程和函数的操作权限的权限表是（　　　　　）。

（3）用户登录 MySQL 数据库服务器时，先判断用户输入的（　　　　　）、（　　　　　）、（　　　　　）与"user"数据表的这 3 个字段的值是否同时匹配，只有这 3 个字段的值同时匹配，MySQL 才允许其登录。

（4）"db"数据表中的（　　　　　）和（　　　　　）两个字段决定用户是否具有创建和修改存储过程的权限。

（5）MySQL 中添加用户的方法主要有 3 种，分别是使用（　　　　　）语句添加 MySQL 的用户，使用（　　　　　）语句添加 MySQL 的用户，使用（　　　　　）语句添加 MySQL 的用户。

（6）MySQL 中修改 MySQL 的用户 root 密码的方法主要有两种，分别是使用（　　　　　）命令修改和使用（　　　　　）语句修改。

（7）MySQL 中 root 用户修改普通用户的密码的方法主要有两种，分别是使用（　　　　　）语句修改和使用（　　　　　）语句修改。

（8）在授予用户权限时，Grant 语句中的 On 子句使用（　　　　　）表示所有数据库的所有数据表。

（9）数据库权限适用于一个给定数据库中的所有对象。这些权限存储在（　　　　　）和（　　　　　）数据表中。

（10）数据表权限适用于一个给定数据表中的所有字段。这些权限存储在（　　　　　）数据表中。

（11）查看指定用户的权限信息可以使用（　　　　　）语句查看，也可以使用 Select 语句查询（　　　　　）数据表中各用户的权限。

（12）使用 Grant 语句授予权限时，如果使用了（　　　　　）子句，则表示 To 子句中指定的所有用户都有把自身所拥有的权限授予其他用户的权限。

（13）MySQL 中使用（　　　　　）语句撤销权限，使用（　　　　　）语句或者（　　　　　）删除普通用户。

（14）授予用户全局权限语句的语法格式为（　　　　　）。

（15）授予过程权限时，权限类型只能取（　　　　　）、（　　　　　）和（　　　　　）。

（16）MySQL 中可以使用（　　　　　）命令将数据库中的数据备份成一个文本文件。

（17）使用"mysqldump"命令将数据库"MallDB"备份到路径"D:\MySQLData"下的文件夹"backup"中的正确写法为（　　　　　）。

（18）使用"mysqldump"命令备份 MySQL 数据库服务器中所有数据库的语法格式为（　　　　　）。

（19）MySQL 的"user"数据表中"Host""User""Password"字段都属于用户字段，其中（　　　　　）字段表示主机名称或主机 IP 地址。

（20）撤销用户权限时，需要使用（　　　　　）关键字。

模块 10
设计与优化MySQL数据库

10

在数据库应用系统的开发过程中，数据库设计是基础。数据库设计是指针对一个给定的应用环境，构造最优的数据模式，建立数据库，有效存储数据，满足用户的数据处理要求。针对一个具体的应用系统，要构造一个满足用户数据处理需求、冗余数据较少、能够符合第三范式的数据库，应该按照用户需求分析、概念结构设计、逻辑结构设计、物理结构设计、设计优化等步骤进行数据库的分析、设计和优化。

重要说明

（1）本模块的各项任务是在模块 9 的基础上进行的，模块 9 在数据库"MallDB"中保留了以下数据表：user、出版社信息、出版社信息 2、商品信息、商品库存、商品类型、图书信息、图书信息 2、图书汇总信息、客户信息、客户信息 2、用户信息、用户注册信息、用户类型、订单信息、订购商品、购物车商品。

（2）本模块在数据库"MallDB"中保留了以下数据表：temp_图书信息、user、出版社信息、出版社信息 2、商品信息、商品库存、商品类型、图书信息、图书信息 2、图书基本信息、图书汇总信息、图书详情、客户信息、客户信息 2、用户信息、用户注册信息、用户类型、订单信息、订购商品、购物车商品。

（3）完成本模块所有任务后，参考模块 9 中介绍的备份方法对数据库"MallDB"进行备份，备份文件名为"MallDB10.sql"。

例如：

```
Mysqldump -u root -p --databases MallDB> D:\MySQLData\MyBackup\MallDB10.sql
```

操作准备

（1）打开 Windows 操作系统下的【命令提示符】窗口。

（2）如果数据库"MallDB"或者该数据库中的数据表被删除了，可参考模块 9 中介绍的还原备份的方法将模块 9 中创建的备份文件"MallDB09.sql"予以还原。

例如：

```
Mysql -u root -p MallDB < D:\MySQLData\MallDB09.sql
```

（3）登录 MySQL 数据库服务器。

在【命令提示符】窗口的命令提示符后输入命令"mysql -u root -p"，按【Enter】键后，输入正确的密码，这里输入"123456"。当窗口中命令提示符变为"mysql>"时，表示已经成功登录 MySQL 数据库服务器。

（4）选择需要进行操作的数据库 MallDB。

在命令提示符"mysql>"后面输入选择数据库的语句：

Use MallDB；

（5）启动 Navicat for MySQL，打开已有连接"MallConn"，打开该数据库"MallDB"。

10.1 MySQL 数据库设计的需求分析

1. 关系数据库的基本概念

（1）关系模型。

关系模型是一种以二维表的形式表示实体数据和实体之间联系的数据模型。关系模型的数据结构是一张由行和列组成的二维表格，一张二维表称为一个关系，每张二维表都有一个名字，例如"图书信息""出版社信息"等。目前大多数数据库管理系统所管理的数据库都是关系数据库，MySQL 数据库就是关系数据库。

表 10-1 所示的"图书信息"数据表和表 10-2 所示"出版社信息"数据表就是两张二维表，分别描述了"图书"实体对象和"出版社"实体对象，这些二维表具有以下特点。

① 表格中的每一列都是不能再细分的基本数据项。

② 不同列的名字不同。同一列的数据类型相同。

③ 表格中任意两行的次序可以交换。

④ 表格中任意两列的次序可以交换。

⑤ 表格中不存在完全相同的两行。

另外"图书信息"数据表和"出版社信息"数据表有一个共同字段，即"出版社 ID"，在"图书信息"数据表中该字段的名称为"出版社"，在"出版社信息"数据表中该字段的名称为"出版社 ID"，虽然命名有所区别，但其数据类型、长度相同，字段值有对应关系，这两张数据表可以通过该字段建立关联。

表 10-1 "图书信息"数据表

商品编号	图书名称	价格	出版社	ISBN	作者
12528944	PPT 设计从入门到精通	79	1	9787115454614	张晓景
12563157	给 Python 点颜色 青少年学编程	59.8	1	9787115512321	佘友军
12520987	乐学 Python 编程-做个游戏很简单	69.8	4	9787302519867	王振世
12366901	教学设计、实施的诊断与优化	48.8	3	9787121341427	陈承欢
12325352	Python 程序设计	39.6	2	9787040493726	黄锐军

表 10-2 "出版社信息"数据表

出版社 ID	出版社名称	出版社简称	出版社地址	邮政编码
1	人民邮电出版社	人邮	北京市崇文区夕照寺街 14 号	100061
2	高等教育出版社	高教	北京西城区德外大街 4 号	100011
3	电子工业出版社	电子	北京市海淀区万寿路 173 信箱	100036
4	清华大学出版社	清华	北京清华大学学研大厦	100084
5	机械工业出版社	机工	北京市西城区百万庄大街 22 号	100037

（2）实体。

实体是指客观存在并可相互区别的事物，可以是实际事物，也可以是抽象事件，例如"图书""出版社"都属于实体。同一类实体的集合称为实体集。

（3）关系。

关系是一种规范化的二维表格中行的集合，一个关系就是一张二维表，表 10-1 和表 10-2 就是两个关系。经常将关系简称为表。

（4）元组。

二维表中的一行称为一个元组，元组也称为记录或行。一张二维表由多个元组组成，表中不允许出现重复的元组，例如表 10-1 中有 5 行（不包括第 1 行），即有 5 个元组。

（5）属性。

二维表中的一列称为一个属性，属性也称为字段、数据项或列。例如表 10-1 中有 6 列，即 6 个字段，分别为"商品编号""图书名称""价格""出版社""ISBN""作者"。属性值是指属性的取值，每个属性的取值范围称为其对应值域，简称域，例如性别的取值范围是"男"或"女"。

（6）域。

域是属性值的取值范围。例如"性别"的域为"男"或"女"，"课程成绩"的取值可以为"0"～"100"或者"A""B""C""D"之类的等级。

（7）候选关键字。

候选关键字（Alternate Key，AK）也称为候选码，它是能够唯一确定一个元组的属性或属性的组合。一个关系可能会存在多个候选关键字。例如表 10-1 中的"商品编号"和"ISBN"属性都能唯一地确定表中的每一行，是"图书信息"数据表的候选关键字，除此之外的其他属性都有可能会出现重复的值，不能作为该表的候选关键字。表 10-2 中的"出版社 ID""出版社名称""出版社简称"都可以作为"出版社信息"数据表的候选关键字。

（8）主键。

主键（Primary Key，PK）也称为主关键字或主码。一张表中可能存在多个候选关键字，选定其中的一个用来唯一标识表中的每一行，被选中的候选关键字称为主键。例如表 10-1 中有两个候选关键字"商品编号"和"ISBN"，可以选择"商品编号"或者"ISBN"作为主键，由于这里的图书是待选购的商品，选择"商品编号"更合理。表 10-2 中有 3 个候选关键字，3 个候选关键字都可以作为主键，如果选择"出版社 ID"作为唯一标识表中每一行的属性，那么"出版社 ID"就是"出版社信息"数据表的主键；如果选择"出版社名称"作为唯一标识表中每一行的属性，那么"出版社名称"就是"出版社信息"数据表的主键。

一般情况下，应选择属性值简单、长度较短、便于比较的属性作为表的主键。对于"出版社信息"数据表中的 3 个候选关键字，从属性值的长度来看，"出版社 ID"和"出版社简称"两个属性的值都比较短，这两个候选关键字都可以作为主键，但是由于"出版社 ID"的值是纯数字，比较效率高，所以选择"出版社 ID"作为"出版社信息"数据表的主键更合适。

（9）外键。

外键（Foreign Key，FK）也称为外关键字或外码。外键是指关系中的某个属性（或属性组合），它虽然不是本关系的主键或只是主键的一部分，却是另一个关系的主键，该属性称为本表的外键。例如"图书信息"数据表和"出版社信息"数据表有一个相同的属性，即"出版社 ID"，对于"出版社信息"数据表来说这个属性是主键，而在"图书信息"数据表中这个属性不是主键，所以"图书信息"数据表中的"出版社 ID"是一个外键。

（10）关系模式。

关系模式是对关系的描述，包括模式名、属性名、值域、模式的主键等。一般形式为：模式名（属性 1，属性 2，……，属性 n）。例如表 10-1 所表示的关系模式为：图书信息（商品编号,图书名称,价格,出版社,ISBN,作者）。

（11）主表与从表。

主表和从表是以外键相关联的两张表。以外键作主键的表称为主表，也称为父表；外键所在的表称为从表，也称为子表或相关表。例如"出版社信息"和"图书信息"这两张以外键"出版社 ID"相关联的数据表，"出版社信息"数据表称为主表，"图书信息"数据表称为从表。

2. 关系数据库的规范化与范式

任何一个数据库应用系统都要处理大量的数据，如何以最优方式组织这些数据，形成以规范化形式存储的数据库，是数据库应用系统开发中要解决的一个重要问题。

由于应用和需要，一个已投入运行的数据库在实际应用中会不断地变化。当对原有数据库进行修改、插入、删除时，应尽量减少对原有数据结构的修改，从而减少对应用程序的影响。所以设计数据存储结构时要用规范化的方法设计，以提高数据的完整性、一致性、可用性。规范化理论是设计关系数据库的重要理论基础，在此简单介绍一下关系数据库的规范化与范式。范式表示的是关系模式的规范化程度。

当一个关系中的所有字段都是不可分割的数据项时，则称该关系是规范的。如果关系中有的属性是复合属性，由多个数据项组合而成，可以进一步分割，或者关系中包含多值数据项时，则该关系称为不规范的关系。关系规范化的目的是减少数据冗余，消除数据存储异常，以保证关系的完整性，提高存储效率。通常用"范式"（NF）来衡量一个关系的规范化的程度。

（1）第一范式（1NF）。

若一个关系中，每一个属性都不可分解，且不存在重复的元组、属性，则称该关系满足第一范式，表 10-3 所示的"图书信息"关系满足上述条件，满足 1NF。

表 10-3 "图书信息"关系

商品编号	图书名称	价格	作者	ISBN	出版社名称	出版社简称	邮政编码
12528944	PPT 设计从入门到精通	79	张晓景	9787115454614	人民邮电出版社	人邮	100061
12563157	给 Python 点颜色青少年学编程	59.8	佘友军	9787115512321	人民邮电出版社	人邮	100061
12520987	乐学 Python 编程-做个游戏很简单	69.8	王振世	9787302519867	清华大学出版社	清华	100084
12366901	教学设计、实施的诊断与优化	48.8	陈承欢	9787121341427	电子工业出版社	电子	100036
12325352	Python 程序设计	39.6	黄锐军	9787040493726	高等教育出版社	高教	100011

很显然，在上述图书关系中，同一个出版社出版的图书的出版社名称、出版社简称和邮政编码是相同的，这样就会出现许多重复的数据。如果某一个出版社的"邮政编码"改变了，那么该出版社所出版的所有图书的对应记录的"邮政编码"都要进行更改。

满足第一范式是关系数据库最基本的要求，它确保了关系中的每个属性都是单值属性，即不是复合属性，但可能存在部分函数依赖，不能排除数据冗余和潜在的数据更新异常问题。所谓函数依赖，是指一张数据表中，若属性 B 的取值依赖于属性 A 的取值，则属性 B 函数依赖于属性 A，例如"出版社简称"函数依赖于"出版社名称"。

（2）第二范式（2NF）。

若一个关系满足第一范式（1NF），且所有的非主属性都完全地依赖于主键，则这种关系满足第二范式（2NF）。对于满足第二范式的关系，如果给定一个主键的值，则可以在这张数据表中唯一确定一条记录。

满足第二范式的关系消除了非主属性对主键的部分函数依赖，但可能存在传递函数依赖，可能存在数据冗余和潜在的数据更新异常问题。所谓传递函数依赖，是指一张数据表中的 A、B、C 3 个属性，如果属性 C 函数依赖于属性 B，属性 B 函数依赖于属性 A，那么属性 C 也函数依赖于属性 A，称属性

C 传递依赖于属性 A。在表 10-3 中，存在"出版社名称"函数依赖于"ISBN"，"邮政编码"函数依赖于"出版社名称"这样的传递函数依赖，也就是说"ISBN"不能直接决定非主属性"邮政编码"。要使关系模式中不存在传递函数依赖，可以将该关系模式分解为第三范式。

（3）第三范式（3NF）。

若一个关系满足第一范式（1NF）和第二范式（2NF），且每个非主属性彼此独立，不传递函数依赖于任何主键，则这种关系满足第三范式（3NF）。从第二范式中消除传递函数依赖，便是第三范式。将表 10-3 分解为两张表，分别为表 10-4 所示的"图书信息"表和表 10-5 所示的"出版社"表，分解后的两张表都符合第三范式。

表 10-4 "图书信息"表

商品编号	图书名称	价格	作者	ISBN	出版社名称
12528944	PPT 设计从入门到精通	79	张晓景	9787115454614	人民邮电出版社
12563157	给 Python 点颜色 青少年学编程	59.8	佘友军	9787115512321	人民邮电出版社
12520987	乐学 Python 编程-做个游戏很简单	69.8	王振世	9787302519867	清华大学出版社
12366901	教学设计、实施的诊断与优化	48.8	陈承欢	9787121341427	电子工业出版社
12325352	Python 程序设计	39.6	黄锐军	9787040493726	高等教育出版社

表 10-5 "出版社"表

出版社名称	出版社简称	邮政编码
人民邮电出版社	人邮	100061
人民邮电出版社	人邮	100061
清华大学出版社	清华	100084
电子工业出版社	电子	100036
高等教育出版社	高教	100120

第三范式有效地减少了数据的冗余，节约了存储空间，提高了数据组织的逻辑性、完整性、一致性和安全性，提高了访问及修改的效率。但是对于比较复杂的查询，多张数据表之间存在关联，查询时要进行连接运算，响应速度较慢，这种情况下为了提高数据的查询速度，允许保留一定的数据冗余，可以不满足第三范式的要求，设计成满足第二范式也是可行的。

由前述可知，进行规范化数据库设计时应遵循规范化理论，规范化程度过低可能会存在潜在的插入、删除异常、修改复杂、数据冗余等问题，解决的方法就是对关系模式进行分解或合并，即规范化，转换成高级范式。但并不是规范化程度越高越好，当一个应用的查询要涉及多张关系表的属性时，系统必须进行连接运算，连接运算会耗费更好的时间和空间。所以一般情况下，数据模型符合第三范式就能满足需要了，规范化更高的 BCNF、4NF、5NF 一般用得较少，本模块不进行介绍，请参考相关书籍。

3. 数据库设计的基本原则

设计数据库时要综合考虑多个因素，权衡各自利弊确定数据表的结构，基本原则有以下几条。

（1）把具有同一个主题的数据存储在一张数据表中，也就是"一表一用"的设计原则。

（2）尽量消除包含在数据表中的冗余数据，但并不是必须消除所有的冗余数据，有时为了提高访问数据库的速度，可以保留必要的冗余数据，减少数据表之间的连接操作，提高效率。

（3）一般要求数据库设计满足第三范式，因为第三范式的关系模式中不存在非主属性对主键的不完全函数依赖和传递函数依赖关系，最大限度地减少了数据冗余和修改异常、插入异常和删除异常，具有较高的性能，基本满足关系规范化的要求。在设计数据库时，如果片面地提高关系的范式等级，并不一定能够产生合理的数据库设计方案，原因是范式的等级越高，存储的数据就需要分解为更多的数据表，访问数据表时总是会涉及多表操作，从而降低访问数据库的速度。从实用角度来看，大多数情况下满足第三范式比较恰当。

（4）关系数据库中，各张数据表之间只能为一对一或一对多的关系，多对多的关系必须转换为一对多的关系来处理。

（5）设计数据表的结构时，应考虑表结构在未来可能发生的变化，保证表结构的动态适应性。

4. 数据库系统的三级模式结构

数据库系统的三级模式结构是指数据库系统是由外模式、模式和内模式3级组成的。

（1）外模式。

外模式也称为用户模式或子模式，它是数据库用户能看见和使用的局部数据的逻辑结构和特征的描述，是数据库用户的数据视图，是与某一个具体应用有关的数据的逻辑表示。一个数据库可以有多个外模式。

（2）模式。

模式也称为逻辑模式，是数据库中全体数据的逻辑结构和特征的描述，是所有用户的公用数据视图。一个数据库只有一个模式。模式与具体的数据值无关，也与具体的应用程序和开发工具无关。

（3）内模式。

内模式也称为存储模式，它是数据物理和存储结构的描述，是数据在数据库内部的保存方式。一个数据库只有一个内模式。

【任务 10-1】网上商城数据库设计的需求分析

【任务描述】

对网上商城管理系统及数据库设计进行需求分析。

【任务实施】

先简要分析一下网上商城管理系统。网上商城的商品信息录入、商品入库、商品选购、订单处理等操作都是借助网上商城管理系统来完成的，数据管理员只是该系统的使用者。网上商城管理系统通常安装在服务器中，其被分布在不同工作场所的计算机使用，这些计算机各司其职，有的完成商品信息录入工作，有的完成商品入库工作，有的完成订单处理工作。服务器中通常安装了操作系统、数据库管理系统（例如 MySQL、Oracle、SQL Server、Sybase 等）及其他所需要的软件。网上商城管理系统的数据库通常也安装在服务器中，用户选购商品时，计算机屏幕上所显示的数据便来自服务器中的数据库，商品订购数据也要保存到该数据库中。网上商城数据库中通常包括多张数据表，例如"商品信息""商品类型""购物车商品""用户注册信息""客户信息"和"订单信息"等数据表，"商品信息"数据表存储与商品有关的数据，"商品类型"数据表存储与商品类型有关的数据，"客户信息"数据表存储与客户有关的数据。

网上商城数据库中存储着若干张数据表，客户查询商品信息时，在网上商城管理系统的网页界面输入查询条件，网上商城管理系统将查询条件转换为查询语句，再传递给数据库管理系统，然后由数据库管理系统执行查询语句，查到所需的商品信息，并将查询结果返回给网上商城管理系统，在网页界面中显示出来。用户选购商品时，首先通过网页界面指定商品名称等数据，然后网上商城管理系统将指定的数据转换为插入语句，并将该语句传送给数据库管理系统，数据库管理系统执行插入语句并将数据存储到数据库中对应的数据表中，完成一次商品的选购操作。

根据以上分析可知，网上商城管理系统主要涉及用户、网上商城管理系统、数据库管理系统、数据库、数据表和数据等对象，如图 10-1 所示。

图 10-1　网上商城管理系统涉及的对象

1. 数据库设计问题的引出

先来分析表 10-6 所示的"图书"表，引出数据库设计问题。

表 10-6 "图书"表

商品编号	图书名称	价格	作者	出版社名称	出版社简称	邮政编码
12528944	PPT 设计从入门到精通	79	张晓景	人民邮电出版社	人邮	100061
12563157	给 Python 点颜色 青少年学编程	59.8	佘友军	人民邮电出版社	人邮	100061
12520987	乐学 Python 编程-做个游戏很简单	69.8	王振世	清华大学出版社	清华	100084
12366901	教学设计、实施的诊断与优化	48.8	陈承欢	电子工业出版社	电子	100036

表 10-6 所示的"图书"表包含了两种不同类型的数据，即图书数据和出版社数据。由于在一张表中包含了多种不同主题的数据，所以会出现以下问题。

（1）数据冗余。

由于《PPT 设计从入门到精通》和《给 Python 点颜色 青少年学编程》这两本图书都是人民邮电出版社出版的，所以"人民邮电出版社"的相关数据被重复存储了两次。

一张数据表出现大量不必要的重复数据的情况称为数据冗余。在设计数据库时应尽量减少不必要的数据冗余。

（2）修改异常。

如果数据表中存在大量的数据冗余，那么在修改某些数据项时，可能有一部分数据被修改，另一部分数据却没有被修改。例如，如果人民邮电出版社的邮政编码被更改了，那么需要对表 10-6 中前两行中的"100061"都进行修改，如果第 1 行修改，而第 2 行却不修改，这样就会出现同一个地址对应两个不同的邮政编码的情况，从而导致修改异常。

（3）插入异常。

如果需要新增一个出版社的数据，但由于没有购买该出版社出版的图书，则该出版社的数据无法被插入数据表，原因是在表 10-6 所示的"图书"表中，"商品编号"是主键，此时"商品编号"为空，数据库系统会根据实体完整性约束拒绝该记录的插入。

（4）删除异常。

如果删除表 10-6 中的第 4 条记录，此时"电子工业出版社"的数据也一起被删除了，这样我们就无法找到该出版社的有关信息了。

经过以上分析发现表 10-6 所示的"图书"表不仅存在数据冗余，而且可能会出现 3 种异常。设计数据库时如何解决这些问题，并设计出结构合理、功能齐全的数据库，满足用户需求，是本模块要探讨的主要问题。

2. 用户需求分析

（1）调查用户需求。

调查用户的需求，包括用户的数据需求、加工需求和对数据安全性、完整性的需求。通过对数据流程及处理功能的分析，需明确以下几个方面的内容：

① 数据类型及其表示方式。
② 数据间的联系。
③ 数据加工的要求。
④ 数据量大小。
⑤ 数据的冗余度。
⑥ 数据的完整性、安全性和有效性要求。

（2）确定用户对数据的使用要求。

在系统详细调查的基础上，确定各个用户对数据的使用要求，主要内容如下。

① 分析用户对信息的需求。

分析用户希望从数据库中获得哪些有用的信息，从而推导出数据库中应该存储哪些数据，并由此拟定数据类型、数据长度、数据量等。

② 分析用户对数据加工的要求。

分析用户需要对数据完成哪些加工处理，有哪些查询要求和响应时间要求，以及对数据库保密性、安全性、完整性等方面的要求。

③ 分析系统的约束条件和选用的数据库管理系统的技术指标体系。

分析现有系统的规模、结构、资源和地理分布等限制或约束条件。了解所选用的数据库管理系统的技术指标，例如如果选用了 MySQL，就必须了解 MySQL 允许的最多字段数、最多记录数、最大记录长度、文件大小和系统所允许的数据库容量等。

（3）对网上商城管理系统进行需求分析。

接下来我们对网上商城管理系统进行需求分析。

① 对网上商城的业务流程进行简单分析。

网上商城的业务主要围绕"商品"和"客户"两个方面展开。

以"商品"为中心的业务主要有：商品的采购；商品编码，即对入库的新商品进行编码（编制条形码或商品编号）后存入商品信息表；商品信息的录入、商品入库；商品的选购、退选、库存盘点等；客户下单、订单处理；商品的出库。

以"客户"为中心的业务主要有：客户的管理，主要是对客户基本信息的查询和维护等；注册用户的管理，主要包括注册用户信息的查询、维护、密码更改等。

其他主要业务包括：对网上商城管理系统的基础信息进行管理和维护（例如对商品类型、用户类型、出版社、管理员等基础数据的管理和维护等）；对商品及选购情况、订单情况进行统计分析等。

② 商品选购操作分析。

客户进行注册与登录操作，只有成功注册的客户才能成功登录系统，注册时将客户的信息存入"用户注册信息"数据表中。

不管客户是否登录成功，都能查看网上商城商品展示页面中的商品信息，也能将中意的商品添加到购物车中。对于商品库存数量不足的商品（即商品目前暂时处于缺货状态或者该商品已下架）无法顺利添加到购物车，客户可以进行收藏处理，等以后到货后再加购。

客户选购了中意的商品，并将中意的商品添加到购物车，则所选购商品的信息写入"购物车商品"数据表中，并且"商品库存"数据表中的库存数量减相应的订购数量。如果客户删除了购物车中选购的商品，则"商品库存"数据表中的库存数量应增加相应的退选数量。

商品选购完成后，下一步便是结算与下单，只能成功登录的客户才能进行结算与下单处理。

客户在提交订单之前，需要在"客户信息"数据表中输入收货人信息、收货地址信息，选择送货方式与送货时间，选择付款方式，选择是否开发票，如果需要开发票，还需输入发票信息。提交订单时，如果选择的付款方式是在线支付，需要完成在线支付。

订单提交时，将订单信息存入"订单信息"数据表中，将订购商品的信息存入"订购商品"数据表中。订单成功提交后，一次完整的购物行为便结束，客户等待收货即可。

③ 网上商城管理系统中的数据分析。

经过以上分析，网上商城管理系统中的数据库应存储以下几个方面的数据：商品类型、用户类型、商品信息、商品库存、客户信息、用户注册信息、购物车商品、订购商品、订单信息等。由于"图书"这种商品的属性不同于其他的商品，有其独特的属性，在网上商城管理系统中单独设置以下数据表：图书信息、出版社信息。图书信息还可以分为图书基本信息和图书详情。

④ 网上商城管理系统中数据库主要处理的业务分析。

网上商城管理系统中数据库主要处理的业务有统计商品销售与库存的总数量、总金额，统计每一类商品的销售情况，统计每一个经销商品的总数量、总金额等。

10.2 MySQL 数据库的概念结构设计

【任务 10-2】网上商城数据库的概念结构设计

数据库概念结构设计的主要工作是根据用户需求设计概念性数据模型。概念模型是一个面向问题的模型，它独立于具体的数据库管理系统，从用户的角度看待数据库，反映用户的现实环境，与将来数据库如何实现无关。概念模型设计的典型方法是 E-R 方法，即用实体 – 联系模型表示。

E-R（Entity-Relationship）方法使用 E-R 图来描述现实世界，E-R 图包含 3 个基本组成部分：实体、联系、属性。E-R 图直观易懂，能够比较准确地反映现实世界的信息联系，且能从概念上表示一个数据库的信息组织情况。

实体是指客观世界存在的事物，可以是人或物，也可以是抽象的概念。例如，网上商城的"商品""客户""订单"都是实体。E-R 图中用矩形框表示实体。

联系是指客观世界中实体与实体之间的联系，联系的类型有 3 种：一对一（1:1）、一对多（1:N）、多对多（M:N）。关系数据库中最普遍的联系是一对多（1:N）。E-R 图中用菱形框表示实体间的联系。例如学校与校长为一对一的联系；班级与学生为一对多的联系，一个班级有多个学生，每个学生只属于一个班级；学生与课程之间为多对多的联系，一个学生可以选择多门课程，一门课程可以被多个学生选择。学生与课程之间的 E-R 联系如图 10-2 所示。

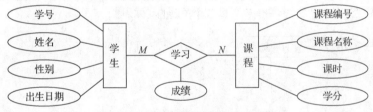

图 10-2　学生与课程之间的 E-R 联系

属性是指实体或联系所具有的性质。例如学生实体可由学号、姓名、性别、出生日期等属性来刻画，课程实体可由课程编号、课程名称、课时、学分等属性来描述。E-R 图中用椭圆表示实体的属性，如图 10-2 所示。

【任务描述】

设计网上商城数据库的概念结构。

【任务实施】

（1）确定实体。

根据前面的业务分析可知，网上商城管理系统主要对商品、客户、订单等对象进行有效管理，实现客户登录、商品选购、订单处理等操作，对商品及订购情况进行统计分析。进行需求分析后，可以确定该系统涉及的实体主要有商品、图书、客户、订单、出版社等。

（2）确定属性。

列举各个实体的属性，例如图书的主要属性有商品编号、图书名称、图书类型、作者、ISBN、出版社名称、出版日期、版次、开本、价格、封面图片、图书简介等。

（3）确定实体联系类型。

实体联系类型有 3 种，例如，商品类型与商品信息是一对多的联系（有多种类型的商品，但一种商品只属于一种类型）；出版社与图书是一对多的联系（一个出版社出版多本图书，一本图书由一个出版社出版）；图书基本信息表中记载每种图书的基本信息，图书详情表中记载每一种图书的更多信息，图书基本信息与图书详情两个实体之间的联系类型为一对多；一张订单可以包含多种商品，而一种商品属于一张订单，因此，订单和订购商品之间是一对多的联系；订购商品记载客户已订购的商品，不同订单可以订购相同的商品，即同一种商品可以出现在不同的订单中，商品信息与订购商品之间的联系类型为一对多；一个客户可以有多张订单，一张订单只属于一个客户，客户与订单之间是一对多的联系；商品库存记载商品的库存情况，与商品信息之间的联系类型为一对一；购物车商品记载客户选购的商品，与商品信息之间的联系类型为一对一。

（4）绘制局部 E-R 图。

绘制每个处理模块局部的 E-R 图，网上商城管理系统中的订单模块局部 E-R 图如图 10-3 所示，为了便于清晰看出不同实体之间的联系，实体的属性没有出现在 E-R 图中。

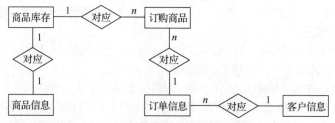

图 10-3　网上商城管理系统中的订单模块局部 E-R 图

（5）绘制总体 E-R 图。

综合各个模块局部的 E-R 图绘制总体 E-R 图，网上商城管理系统总体 E-R 图如图 10-4 所示，其中"商品信息""订单信息""客户信息"是 3 个关键的实体。

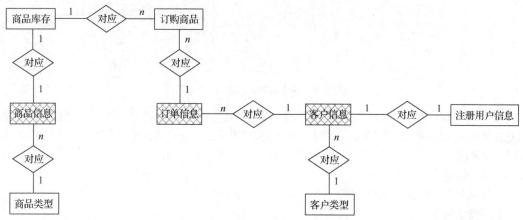

图 10-4　网上商城管理系统总体 E-R 图

（6）获得概念模型。

优化总体 E-R 图，确定最终总体 E-R 图，即概念模型。网上商城管理系统的概念模型如图 10-4 所示。

10.3　MySQL 数据库的逻辑结构设计

【任务 10-3】网上商城数据库的逻辑结构设计

数据库逻辑结构设计的任务是设计数据的结构，把概念模型转换成所选用的数据库管理系统支持的数据模型。在由概念结构向逻辑结构的转换过程中，必须考虑到数据的逻辑结构是否包括了数据处理所要求的所有关键字段、所有数据项和数据项之间的相互关系、数据项与实体之间的相互关系、实体与实体之间的相互关系，以及各个数据项的使用频率等问题，以便确定各个数据项在逻辑结构中的地位。

逻辑结构设计主要是将 E-R 图转换为关系模式，设计关系模式时应符合规范化要求，例如每一个关系模式只有一个主键，每一个属性不可分解，不包含可推导或可计算的数值型字段，例如不能包含金额、年龄等字段属性可计算的数值型字段。

【任务描述】

设计网上商城数据库的逻辑结构。

【任务实施】

（1）将实体转换为关系。

将 E-R 图中的每一个实体转换为一个关系，实体名为关系名，实体的属性为关系的属性。例如图 10-4 所示的 E-R 图，出版社实体转换为关系：出版社（出版社 ID,出版社名称,出版社简称,出版社地址,邮政编码），主键为出版社 ID。图书实体转换为关系：图书信息（商品编号,图书名称,商品类型,价格,出版社名称,ISBN,作者,版次,开本,出版日期,封面图片,图书简介），主键为商品编号。

（2）联系转换为关系。

一对一的联系和一对多的联系不转换为关系。多对多的联系转换为关系的方法是将两个实体的主键抽取出来建立一个新关系，新关系中根据需要加入一些属性，新关系的主键为两个实体的关键字的组合。

（3）关系的规范化处理。

通过对关系进行规范化处理，对关系模式进行优化设计，尽量减少数据冗余，消除函数依赖和传递函数依赖，可以获得更好的关系模式，以满足第三范式。为了避免重复阐述，这里暂不列出网上商城管理系统的关系模式，详见后面的数据表结构。

10.4 MySQL 数据库的物理结构设计

【任务 10-4】网上商城数据库的物理结构设计

数据库的物理结构设计是在逻辑结构设计的基础上，进一步设计数据模型的一些物理细节，为数据模型在设备上确定合适的存储结构和存取方法，其出发点是提高数据库系统的效率。

【任务描述】

设计网上商城数据库的物理结构。

【任务实施】

（1）选用数据库管理系统。

这里选用 MySQL 数据库管理系统。

（2）确定数据库文件和数据表的名称及其组成。

首先确定数据库文件的名称为"MallDB"。其次确定该数据库所包括的数据表及其名称，"MallDB"数据库主要包括的数据表为：出版社信息、商品信息、商品库存、商品类型、图书信息、客户信息、用户注册信息、用户类型、订单信息、订购商品、购物车商品等。

（3）确定各张数据表应包括的字段以及所有字段的名称、数据类型和长度。

确定数据表字段的时候应考虑以下问题。

① 每个字段直接和数据表的主题相关。必须确保一张数据表中的每一个字段能直接描述该表的主题，描述另一个主题的字段应属于另一张数据表。

② 不要包含可推导得到或通过计算可以得到的字段。例如，在"客户信息"数据表中可以包含"出

生日期"字段，但不包含"年龄"字段，原因是年龄可以通过出生日期推算出来。"订购商品"数据表中不包含"金额"字段，原因是"金额"字段可以通过"价格"和"数量"字段计算出来。

③ 以最小的逻辑单元存储信息。应尽量把信息分解为比较小的逻辑单元，不要在一个字段中结合多种信息，否则以后要获取独立的信息会比较困难。

（4）确定关键字。

主键可以唯一确定数据表中的每一条记录。例如，"商品信息"数据表中的"商品编号"是唯一的，但"图书名称"可能有相同，所以"图书名称"不能作为主键。

关系数据库管理系统能够利用主键迅速查找多张数据表中的数据，并把这些数据组合在一起。不允许在主键中出现重复值或 Null。所以，不能选择包含有这类值的字段作为主键。因为要利用主键的值来查找记录，所以它不能太长，要便于记忆和输入。主键的长度会直接影响数据库的运行速度，因此在创建主键时，该字段值最好使用能满足存储要求的最小长度。

（5）确定数据库的各张数据表之间的关系。

在 MySQL 数据库中，每一张数据表都是一个独立的对象实体，其本身具有完整的结构和功能。但是每张数据表不是孤立的，它与数据库中的其他表之间存在联系。联系就是指连接在表之间的纽带，使数据的处理和表达有更高的灵活性。例如与"图书信息"相关的数据表有"出版社信息"数据表。

网上商城数据库中主要的数据表如表 10-7 所示。

表 10-7 网上商城数据库中主要的数据表

表序号	表名	字段名称（数据类型与数据长度,是否允许包含 Null,约束）
1	商品类型	类型编号（varchar,9,Not Null）、类型名称（varchar,10, Not Null）、父类编号（varchar,7,Not Null）
2	商品信息	商品编号（varchar,12,Not Null）、商品名称（varchar,100,Not Null）、商品类型（varchar,9,Not Null）、价格（decimal,8,2,Not Null）、品牌（varchar,15）
3	图书信息	商品编号（varchar,12,Not Null）、图书名称（varchar,100,Not Null）、商品类型（varchar,9,Not Null）、价格（decimal,8,2,Not Null）、出版社（int,Not Null）、ISBN（varchar,20,Not Null）、作者（varchar,30,Not Null）、版次（smallint）、开本（varchar,3）、出版日期（date）、封面图片（blob）、图书简介（text）
4	商品库存	商品编号（varchar,12,Not Null）、商品名称（varchar,100,Not Null）、库存数量（int,Not Null）、最小库存数量（int）
5	出版社信息	出版社 ID（int,Not Null）、出版社名称（varchar,16,Not Null）、出版社简称（varchar,6）、出版社地址（varchar,50）、邮政编码（char,6）
6	客户信息	客户 ID（int,Not Null）、客户姓名（varchar,20,Not Null）、地址（varchar,50,Not Null）、联系电话（varchar,20,Not Null）、邮政编码（char,6）
7	用户类型	用户类型 ID（int,Not Null）、用户类型名称（varchar,6,Not Null）、用户类型说明（varchar,50）
8	用户注册信息	用户 ID（int,Not Null）、用户编号（varchar,6,Not Null）、用户名称（varchar,20,Not Null）、密码（varchar,15,Not Null）、权限等级（char,1,Not Null）、手机号码（varchar,20,Not Null）、用户类型（int,Not Null）
9	订单信息	订单编号（char,12,Not Null）、提交订单时间（datetime,Not Null）、订单完成时间（datetime,Not Null）、送货方式（varchar,10,Not Null）、客户（int,Not Null）、收货人（varchar,20,Not Null）、付款方式（varchar,8,Not Null）、商品总额（decimal,10,2,Not Null）、运费（decimal,8,2,Not Null）、优惠金额（decimal,10,2,Null）、应付总额（decimal,10,2,Not Null）、订单状态（varchar,8）
10	订购商品	订单编号（char,12,Not Null）、商品编号（varchar,12,Not Null）、购买数量（smallint,Not Null）、优惠价格（decimal,8,2,Not Null）、优惠金额（decimal,10,2）
11	购物车商品	客户 ID（int,Not Null）、商品编号（varchar,12,Not Null）、购买数量（smallint,Not Null）、优惠价格（decimal,8,2）

> **说 明** 为了提高数据查询速度和访问数据库的速度，表 10-7 中的数据表在进行结构设计时保留了适度的数据冗余。

10.5　MySQL 数据库的设计优化

【任务 10-5】网上商城数据库的设计优化

【任务描述】

对网上商城数据库进一步优化，然后在 MySQL 中创建数据库"MallDB"。

【任务实施】

1. 优化数据库设计

确定了所需数据表及其字段、关系后，应考虑对其进行优化，并检查可能出现的缺陷。一般可从以下几个方面进行分析与检查。

（1）所创建的数据表中是否带有大量的并不属于某个主题的字段。

（2）是否在某张数据表中出现了不必要的重复数据。如果是，则需要将该数据表分解为两张一对多关系的数据表。

（3）是否遗忘了字段，以及是否有需要的信息没有被包括。如果是，分析它们是否属于已创建的数据表。如果它们不包含在已创建的数据表中，就需要另外创建一张数据表。

（4）是否存在字段很多而记录却很少的数据表，而且许多记录中的字段值为空。如果是，则需考虑重新设计该数据表，使它的字段减少，记录增加。

（5）是否有些字段由于对很多记录不适用而始终为空。如果是，则意味着这些字段是属于另一张数据表的。

（6）是否为每张数据表选择了合适的主键。在使用这个主键查找具体记录时，主键是否容易记忆和输入。要确保主键字段的值不会出现重复的记录。

2. 创建数据库及数据表

在 Navicat for MySQL 中创建数据库"MallDB"，在数据库中按照表 10-7 所示的结构设计建立数据表以及数据表之间的联系，各主要数据表之间的联系如图 10-4 所示。

10.6　MySQL 数据库的性能优化

MySQL 数据库的性能优化是指通过合理安排资源、调整系统参数等方法提升 MySQL 数据库的性能，性能优化是为了使 MySQL 数据库的运行速度更快、占用的磁盘空间更少。

10.6.1　查看 MySQL 数据库的性能参数

在 MySQL 中，可以使用 Show Status 语句查询 MySQL 数据库的性能参数，例如，当前 MySQL 启动后的运行时间，当前 MySQL 的客户端会话连接数，当前 MySQL 数据库服务器执行的慢查询数，当前 MySQL 执行了多少 Select、Update、Delete、Insert 语句等统计信息，从而便于我们根据当前 MySQL 数据库服务器的运行状态进行对应的调整或优化工作。当我们执行 Show Status 语句时，MySQL 将会列出 300 多条的状态信息记录，其中包括供我们查看了解的各种信息。不过，如果直接使用 Show Status 语句得到 300 多条记录，会让我们看得眼花缭乱，因此我们希望能够"按需查看"状态信息。此时，我们可以在 Show Status 语句后加上对应的 Like 子句，其基本语法格式如下：

Show［范围］Status［Like ＜'性能参数名称'＞］；

其中"范围"关键字分为 Global 和 Session（或 Lcal）两种。如果 Show Status 语句中不包含范围关键字，则默认的范围为 Session，也就是只统计当前连接的状态信息。

例如，查询当前 MySQL 本次启动后的运行时间的语句如下：

Show Status Like 'Uptime'；

要查询本次 MySQL 启动后执行 Select 语句的次数，可以执行如下语句：

Show Status Like 'Com_select'；

要查询自当前 MySQL 启动后所有连接执行 Select 语句的总次数，可以执行如下语句：

Show Global Status Like Com_select'；

Show Status 语句常用的性能参数的名称及功能说明如表 10-8 所示。

表 10-8　Show Status 语句常用的性能参数的名称及功能说明

性能参数名称	功能说明
Connections	连接 MySQL 数据库服务器的次数
Uptime	MySQL 本次启动后的运行时间
Slow_queries	查询时间超过 long_query_time 秒（慢查询）的查询次数
Com_select	查询操作的次数
Com_insert	插入操作的次数
Com_update	更新操作的次数
Com_delete	删除操作的次数

【任务 10-6】查询 MySQL 数据库常用的性能参数

【任务描述】

使用 Show Status Like 语句查看 MySQL 数据库常用的性能参数。

【任务实施】

（1）查看试图连接到 MySQL（不管是否连接成功）的连接次数。

查询试图连接到 MySQL 的连接次数的语句如下：

Show Status Like 'Connections'；

按【Enter】键，即可返回查询结果，如图 10-5 所示。从查询结果可以看出当前 MySQL 数据库服务器的连接次数为 40 次。

微课 10-1

查询 MySQL 数据库
常用的性能参数

```
+------------------+-------+
| Variable_name    | Value |
+------------------+-------+
| Connections      | 40    |
+------------------+-------+
```

图 10-5　试图连接到 MySQL 的连接次数的查询结果

（2）查看 MySQL 本次启动后的运行时间。

查询 MySQL 本次启动后的运行时间的语句如下：

Show Status Like 'Uptime'；

MySQL 本次启动后的运行时间的单位为秒。

（3）查看查询时间超过 long_query_time 秒（慢查询）的查询次数。

查看查询时间超过 long_query_time 秒的查询次数的语句如下：

Show Status Like 'Slow_Queries'；

（4）查看所有连接执行 Select 语句的次数。

查询所有连接执行 Select 语句的次数的语句如下：

Show Global Status Like 'Com_Select';

（5）查看所有连接执行 Insert 语句的次数。

查询所有连接执行 Insert 语句的次数的语句如下：

Show Global Status Like 'Com_Insert';

（6）查看所有连接执行 Update 语句的次数。

查询所有连接执行 Update 语句的次数的语句如下：

Show Global Status Like 'Com_Update';

（7）查看所有连接执行 Delete 语句的次数。

查询所有连接执行 Delete 语句的次数的语句如下：

Show Global Status Like 'Com_Delete';

（8）查看线程缓存内的线程数量。

查询线程缓存内的线程数量的语句如下：

Show Status Like 'Threads_Cached';

（9）查看当前打开的连接数量。

查询当前打开的连接数量的语句如下：

Show Status Like 'Threads_Connected';

（10）查看创建用来处理连接的线程数。

查询创建用来处理连接的线程数的语句如下：

Show Status Like 'Threads_Created';

（11）查看激活的（非睡眠状态）线程数。

查询激活的线程数的语句如下：

Show Status Like 'Threads_Running';

（12）查看能立即获得的数据表的锁的次数。

查询能立即获得的数据表的锁的次数的语句如下：

Show Status Like 'Table_Locks_Immediate';

（13）查看不能立即获得的数据表的锁的次数。

查询不能立即获得的数据表的锁的次数的语句如下：

Show Status Like 'Table_Locks_Waited';

如果该值较高，并且有性能问题，应首先优化查询，然后拆分表。

（14）查看创建时间超过 slow_Launch_Time 秒的线程数。

查询创建时间超过 slow_Launch_Time 秒的线程数的语句如下：

Show Status Like 'Slow_Launch_Threads';

10.6.2　数据表查询速度的优化

在 MySQL 数据库中，对数据的查询操作是数据库中发生得最频繁的操作，提高数据的查询速度可以有效地提升 MySQL 数据库的性能。

1．分析查询语句

通过分析查询语句，可以了解查询语句的执行情况，找出查询语句的不足之处，从而优化查询语句。在 MySQL 中，可以使用 Explain 和 Describe 语句来分析查询语句。

（1）使用 Explain 语句分析查询语句。

Explain 语句的基本语法格式如下：

> Explain ［Extended］ Select ＜Select 语句的查询选项＞ ；

其中 Extended 关键字是可选项。如果使用该关键字，Explain 语句将产生附加信息。

执行上述语句，可以分析 Explain 后面的 Select 语句的执行情况，并且能够分析出所查询的数据表的一些特征。

（2）使用 Describe 语句分析查询语句。

Describe 语句的基本语法格式如下：

> Describe｜Desc Select ＜Select 语句的查询选项＞ ；

Desc 是 Describe 的缩写，二者功能相同。

2. 使用索引优化查询

索引可以快速定位数据表中的某条记录，使用索引可以提高数据库的查询速度，从而提升数据库的性能。在数据量大的情况下，如果不使用索引，查询语句将扫描数据表中的所有记录，这样查询的速度会很慢。如果使用索引，查询语句可以根据索引快速定位到待查询记录，从而减少查询的记录数，达到提高查询速度的目的。

3. 使用索引查询的缺陷

索引可以提高查询速度，但并不是使用带有索引的字段进行查询时，索引都会起作用。下面介绍使用索引的几种特殊情况，在这些情况下，有可能使用带有索引的字段进行查询时，索引并没有起作用。

（1）使用 Like 关键字的查询语句。

使用 Like 关键字进行查询的查询语句中，如果匹配字符串的第 1 个字符为"%"，索引就不会起作用。只有"%"不在第 1 个位置，索引才会起作用。

（2）使用多列索引的查询语句。

MySQL 中可以使用多个字段创建索引，一个索引可以包括 16 个字段。对于多列索引，只有查询条件中使用了这些字段中的第 1 个字段，索引才会被使用，否则查询将不使用索引。

（3）使用 Or 关键字的查询语句。

查询语句的查询条件中有 Or 关键字，并且当 Or 关键字前后的两个条件中的字段都是索引时，查询中才使用索引。否则，查询将不使用索引。

4. 优化子查询

使用子查询可以进行 Select 语句的嵌套查询，即一个 Select 查询的结果作为另一个 Select 语句的条件。子查询可以一次性完成很多逻辑上需要多个步骤才能完成的 SQL 查询操作。子查询虽然可以使查询语句更灵活，但执行效率不高。执行子查询时，MySQL 需要为内层查询语句的查询结果建立一张临时表，然后外层查询语句从临时表中查询记录，查询完毕后再撤销临时表。因此，子查询的速度会受到一定的影响。如果查询的数据量较大，这种影响就会很大。

在 MySQL 中，可以使用连接（Join）查询来替代子查询。连接查询不需要建立临时表，其速度比子查询要快，如果在查询中使用索引的话，性能会更好。连接查询之所以效率更高一些，是因为 MySQL 不需要在内存中创建临时表来完成查询工作。

【任务 10-7】了解查询语句的执行情况与解读分析结果

【任务描述】

分别使用 Explain 语句和 Describe 语句分析查询"图书信息"数据表的语句，了解该查询语句的执行情况，并对分析结果中各个字段的含义与作用进行解读。

【任务实施】

（1）使用 Explain 语句分析查询语句。

在命令提示符"mysql>"后面输入以下语句：

Explain Select * From 图书信息;

按【Enter】键，执行该语句，返回分析结果，如图 10-6 所示。

```
+----+-------------+-----------+------------+------+---------------+------+---------+------+------+----------+-------+
| id | select_type | table     | partitions | type | possible_keys | key  | key_len | ref  | rows | filtered | Extra |
+----+-------------+-----------+------------+------+---------------+------+---------+------+------+----------+-------+
|  1 | SIMPLE      | 图书信息  | NULL       | ALL  | NULL          | NULL | NULL    | NULL |  14  | 100.00   | NULL  |
+----+-------------+-----------+------------+------+---------------+------+---------+------+------+----------+-------+
```

图 10-6　使用 Explain 语句分析查询"图书信息"数据表语句的结果

使用 Explain 语句可以获取以下信息：表的读取顺序、数据读取操作的操作类型、哪些索引可以使用、哪些索引被实际使用、数据表之间的引用、每张数据表有多少行被优化查询。

（2）使用 Describe 语句分析查询语句。

在命令提示符"mysql>"后面输入以下语句：

Desc Select * From 图书信息;

按【Enter】键，执行该语句，返回分析结果，如图 10-6 所示。这两种方法的分析结果相同。

（3）解读分析结果中各个字段的含义与作用。

分析结果中各个字段的含义与作用如表 10-9 所示。

表 10-9　分析结果中各个字段的含义与功用

字段名称	功能说明
id	Select 语句的 ID（查询序列号）
select_type	Select 语句的类型，其主要取值如表 10-10 所示
table	查询的数据表名称
partitions	分区
type	数据表的连接类型，从最佳类型到最差类型的连接类型分别为 system、const、eq_reg、ref、ref_or_Null、index_merge、unique_subquery、index_subquery、range、index 和 ALL，一般来说，得保证查询至少达到 range 级别，最好能达到 ref 级别。其中 ALL 表示对数据表的任意记录组合，进行完整的数据表扫描
possible_keys	可供选择使用的索引，如果该列的值为 Null，则表示没有相关的索引
key	查询实际使用的索引，如果该列的值为 Null，则表示没有使用索引。可以在 Select 语句中使用 Force Index（index_name）来强制使用 possible_keys 字段的索引或者用 Ignore Index（index_name）来强制忽略 possible_keys 字段的索引
key_len	实际使用索引的长度（按字节计算），在不损失准确性的情况下，长度越短越好，如果键是 Null，则长度为 Null
ref	显示索引的哪一个字段或常数被使用了
rows	查询时检查的行数
filtered	依据数据表查询条件过滤记录所占的比例
Extra	查询时的其他信息，常用的信息及含义如下。 Using index condition：只用到索引，可以避免访问数据表，性能很好。 Using Where：用到 Where 来过滤数据。 Using temporary：用到临时表去处理当前的查询。 Using filesort：用到额外的排序，此时 MySQL 会根据连接类型浏览所有符合条件的记录，并保存排序关键字和行指针，然后排序关键字按顺序检行。 Range checked for each record(index map:N)：没有好的索引可以使用。 Using index for group-by：表明可以在索引中找到分组所需的所有数据，不需要查询实际的表

表 10-10　分析结果中 select_type 的主要取值

名称	含义
Simple	简单查询，没有使用连接查询（Union）或者子查询
Primary	最外层的查询语句或者主查询
Union	在一个连接查询（Union）中的第 2 个或后面的 Select 语句
Dependent Union	在一个连接查询（Union）中的第 2 个或后面的 Select 语句，并且依赖于外层查询
Union Result	连接查询（Union）的结果
Subquery	子查询中的第 1 个 Select 语句
Dependent Subquery	子查询中的第 1 个 Select 语句，并且依赖于外层查询
Derived	派生表（Derived Table）
Materialized	实例化子查询（Materialized Subquery）
Uncacheable Subquery	不能缓存结果的子查询，并且必须为外部查询的每一行重新计算结果
Uncacheable Union	在一个 uncacheable Subquery 的 Union 语句中的第 2 个或后面的 Select 语句

【任务 10-8】对比查询语句中不使用索引和使用索引的查询情况

【任务描述】

（1）使用 Explain 语句分析查询"图书信息"数据表时未使用索引的查询情况。

（2）在"图书信息"数据表的"作者"字段上建立索引，索引名称为"Index_作者"，然后使用 Explain 语句分析查询"图书信息"数据表时使用索引的查询情况。

【任务实施】

（1）使用 Explain 语句分析查询"图书信息"数据表时未使用索引的查询情况。

在命令提示符"mysql>"后面输入以下语句：

```
Explain Select 图书名称，价格，作者 From 图书信息　Where 作者='陈承欢';
```

按【Enter】键，即可返回分析结果，如图 10-7 所示。

```
+----+-------------+-----------+------------+------+---------------+------+---------+------+------+----------+-------------+
| id | select_type | table     | partitions | type | possible_keys | key  | key_len | ref  | rows | filtered | Extra       |
+----+-------------+-----------+------------+------+---------------+------+---------+------+------+----------+-------------+
|  1 | SIMPLE      | 图书信息  | NULL       | ALL  | NULL          | NULL | NULL    | NULL |   14 |    10.00 | Using where |
+----+-------------+-----------+------------+------+---------------+------+---------+------+------+----------+-------------+
```

图 10-7　分析不使用索引的查询的结果

从图 10-7 所示的分析结果可以看出，"rows"字段的值为"14"，说明 Select 查询语句扫描了"图书信息"数据表中的 14 条记录。

（2）在"图书信息"数据表的"作者"字段上建立索引。

建立索引的语句如下：

```
Create Index Index_作者 On 图书信息(作者);
```

按【Enter】键，即可完成创建索引的操作，创建索引的语句及执行结果如图 10-8 所示。

```
mysql> Create Index Index_作者 On 图书信息(作者);
Query OK, 14 rows affected (0.26 sec)
Records: 14  Duplicates: 0  Warnings: 0
```

图 10-8　创建索引的语句及执行结果

（3）使用 Explain 语句分析查询"图书信息"数据表时使用索引的查询情况。

在命令提示符"mysql>"后面输入以下语句：

```
Explain Select 图书名称，价格，作者 From 图书信息　Where 作者='陈承欢';
```

按【Enter】键，即可返回分析结果，如图 10-9 所示。

```
+----+-------------+-----------+------------+------+---------------+-----------+---------+-------+------+----------+-------+
| id | select_type | table     | partitions | type | possible_keys | key       | key_len | ref   | rows | filtered | Extra |
+----+-------------+-----------+------------+------+---------------+-----------+---------+-------+------+----------+-------+
| 1  | SIMPLE      | 图书信息   | NULL       | ref  | Index_作者     | Index_作者 | 92      | const | 3    | 100.00   | NULL  |
+----+-------------+-----------+------------+------+---------------+-----------+---------+-------+------+----------+-------+
```

图 10-9　分析使用索引的查询的结果

从图 10-9 所示的分析结果可以看出，"rows"字段的值为"3"，说明 Select 查询语句扫描了"图书信息"数据表中的 3 条记录，其查询速度自然比不使用索引快。并且"possible_keys"和"key"字段的值都为"Index_作者"，这也说明查询时使用了索引"Index_作者"。

【任务 10-9】分析 Select 查询语句使用 Like 关键字的查询情况

【任务描述】

（1）使用 Explain 语句分析查询"图书信息"数据表时使用 Like 关键字，并且匹配的字符串中第 1 个字符之后含有"%"的查询情况。

（2）使用 Explain 语句分析查询"图书信息"数据表时使用 Like 关键字，并且匹配的字符串中第 1 个字符为"%"的查询情况。

微课 10-2

分析 Select 查询语句
使用 Like 关键字的查
询情况

【任务实施】

【任务 10-8】中在"图书信息"数据表的"作者"字段上建立了索引。

（1）使用 Explain 语句分析在"图书信息"数据表中查询作者姓"王"（即"作者"字段第一字符为"王"）的查询情况。

在命令提示符"mysql>"后面输入以下语句：

Explain Select 图书名称 , 价格 , 作者 From 图书信息　Where 作者 Like '王%';

按【Enter】键，即可返回分析结果，如图 10-10 所示。

```
+----+-------------+-----------+------------+-------+---------------+-----------+---------+------+------+----------+----------------------+
| id | select_type | table     | partitions | type  | possible_keys | key       | key_len | ref  | rows | filtered | Extra                |
+----+-------------+-----------+------------+-------+---------------+-----------+---------+------+------+----------+----------------------+
| 1  | SIMPLE      | 图书信息   | NULL       | range | Index_作者     | Index_作者 | 92      | NULL | 2    | 100.00   | Using index condition |
+----+-------------+-----------+------------+-------+---------------+-----------+---------+------+------+----------+----------------------+
```

图 10-10　分析索引"Index_作者"起作用的查询的结果

从图 10-10 所示的分析结果中可以看出，在索引"Index_作者"起作用的查询语句执行后，"rows"字段的值为"2"，表示这次查询过程中扫描了两条记录，该查询语句使用了索引"Index_作者"。

（2）使用 Explain 语句分析在"图书信息"数据表中查询作者名字为"振世"（即"作者"字段第 2 至第 3 个字符为"振世"）的查询情况。

在命令提示符"mysql>"后面输入以下语句：

Explain Select 图书名称 , 价格 , 作者 From 图书信息　Where 作者 Like '%振世';

按【Enter】键，即可返回分析结果，如图 10-11 所示。

```
+----+-------------+-----------+------------+------+---------------+------+---------+------+------+----------+-------------+
| id | select_type | table     | partitions | type | possible_keys | key  | key_len | ref  | rows | filtered | Extra       |
+----+-------------+-----------+------------+------+---------------+------+---------+------+------+----------+-------------+
| 1  | SIMPLE      | 图书信息   | NULL       | ALL  | NULL          | NULL | NULL    | NULL | 14   | 11.11    | Using where |
+----+-------------+-----------+------------+------+---------------+------+---------+------+------+----------+-------------+
```

图 10-11　分析索引"Index_作者"不起作用的查询的结果

从图 10-11 所示的分析结果中可以看出，在索引"Index_作者"不起作用的查询语句执行后，"rows"字段的值为"14"，表示这次查询过程中扫描了 14 条记录，该查询语句由于 Like 关键字后面的字符串以"%"开头，因此查询过程索引"Index_作者"没有起作用。

10.6.3　数据表结构的优化

合理的数据表结构不仅可以使数据占用更少的磁盘空间，而且能够使查询速度更快。数据表结构的设计需要考虑数据冗余、查询与更新速度、字段的数据类型是否合理等多个因素。

1. 通过分解表来提高查询效率

对于字段较多的数据表，如果有些字段的使用频率低，或者某些字段很多条记录的值为空。可以将这些字段分离出来形成另一张新数据表。因为当一张数据表的数据量很大时，查询速度会由于使用频率低的字段的存在而变慢。

2. 通过中间表来提高查询效率

对于需要经常联合查询的数据表，可以建立一张中间数据表以提高查询效率。通过建立中间数据表，把需要经常查询的数据插入中间数据表中，然后将原来的联合查询改为对中间数据表的查询，可以提高查询效率。

3. 通过保留冗余字段提高查询效率

设计数据表时应尽量遵循范式理论的基本规约，尽可能减少冗余字段，让数据库中的数据表结构精致、优雅。但是，合理地加入冗余字段可以提高查询速度。

数据的规范化程度越高，数据表之间的关系就越复杂，需要连接查询的情况也就越多。例如图书数据存储在"图书信息"数据表中，商品类型数据存储在"商品类型"数据表中，通过"图书信息"数据表中的"商品类型"字段与"商品类型"数据表建立关联关系。如果要查询一本图书的"类型名称"，必须从"图书信息"数据表中查询图书对应的"类型编号"，然后根据这个编号去"商品类型"数据表中查询这个类型编号对应的类型名称。

如果经常需要进行这个查询操作，连接查询会浪费很多时间，这时可以在"图书信息"数据表中增加一个冗余字段"类型名称"，该字段用来存储商品类型名称，这样就不用每次都进行连接操作了。

不过，冗余字段也会导致一些问题，例如，冗余字段的值在一张数据表中被修改了，就要想办法在其他数据表中更新该字段的值，否则就会使原本一致的数据变得不一致。在实际应用中，为了提高查询速度，增加少量的冗余数据虽然会浪费一些磁盘空间，但大部分时候是可以接受的。

【任务 10-10】通过分解数据表提高数据的查询效率

【任务描述】

现有的"图书信息"数据表包含了以下字段：商品编号、图书名称、商品类型、价格、出版社、ISBN、作者、版次、开本、出版日期、封面图片、图书简介，为了提高数据表的查询效率，试对该数据表进行优化，从而优化数据库的性能。

【任务实施】

（1）分解数据表"图书信息"。

将"图书信息"数据表中使用频率低的字段分离出来形成一张新数据表，新数据表名称为"图书详情"，该数据表中包含"商品编号""版次""开本""出版日期""封面图片""图书简介"等字段。原来的"图书信息"数据表的名称修改为"图书基本信息"，该数据表包含"商品编号""图书名称""商品类型""价格""出版社""ISBN""作者"等字段。这样就把原来的"图书信息"数据表分成了两张数据表，分别是"图书基本信息"数据表和"图书详情"数据表。

（2）创建两张新数据表"图书基本信息"和"图书详情"。

在命令提示符"mysql>"后面输入以下语句创建"图书基本信息"数据表：

```
Create Table 图书基本信息
(
    商品编号 varchar(12) Primary Key Not Null ,
    图书名称 varchar(100) Not Null ,
    商品类型 varchar(9) Not Null ,
```

```
    价格  decimal(8,2) Not Null ,
    出版社  int Not Null ,
    ISBN varchar(20) Not Null ,
    作者  varchar(30) Null
);
```

在命令提示符"mysql>"后面输入以下语句创建"图书详情"数据表:

```
Create Table 图书详情
(
    商品编号  varchar(12) Primary Key Not Null ,
    版次  smallint Null ,
    开本  varchar(3) Null ,
    出版日期  date Null ,
    封面图片  varchar(50) Null ,
    图书简介  text Null
);
```

（3）查看数据表的结构信息。

在命令提示符"mysql>"后面输入以下语句查看"图书基本信息"数据表的结构信息:

```
Desc 图书基本信息 ;
```

按【Enter】键,即可返回"图书基本信息"数据表的结构信息,如图 10-12 所示。

```
+----------+-------------+------+-----+---------+-------+
| Field    | Type        | Null | Key | Default | Extra |
+----------+-------------+------+-----+---------+-------+
| 商品编号 | varchar(12) | NO   | PRI | NULL    |       |
| 图书名称 | varchar(100)| NO   |     | NULL    |       |
| 商品类型 | varchar(9)  | NO   |     | NULL    |       |
| 价格     | decimal(8,2)| NO   |     | NULL    |       |
| 出版社   | int         | NO   |     | NULL    |       |
| ISBN     | varchar(20) | NO   |     | NULL    |       |
| 作者     | varchar(30) | YES  |     | NULL    |       |
+----------+-------------+------+-----+---------+-------+
```

图 10-12 "图书基本信息"数据表的结构信息

在命令提示符"mysql>"后面输入以下语句查看"图书详情"数据表的结构信息:

```
Desc 图书详情 ;
```

按【Enter】键,即可返回"图书详情"数据表的结构信息,如图 10-13 所示。

```
+----------+-------------+------+-----+---------+-------+
| Field    | Type        | Null | Key | Default | Extra |
+----------+-------------+------+-----+---------+-------+
| 商品编号 | varchar(12) | NO   | PRI | NULL    |       |
| 版次     | smallint    | YES  |     | NULL    |       |
| 开本     | varchar(3)  | YES  |     | NULL    |       |
| 出版日期 | date        | YES  |     | NULL    |       |
| 封面图片 | varchar(50) | YES  |     | NULL    |       |
| 图书简介 | text        | YES  |     | NULL    |       |
+----------+-------------+------+-----+---------+-------+
```

图 10-13 "图书详情"数据表的结构信息

（4）将原"图书信息"数据表中的数据添加到新数据表中。

在命令提示符"mysql>"后面输入相应语句将"图书信息"数据表中的"商品编号""图书名称""商品类型""价格""出版社""ISBN""作者"等字段的数据导入"图书基本信息"数据表中。对应语句如下:

```
Insert Into 图书基本信息( 商品编号,图书名称,商品类型,价格,出版社,ISBN,作者 )
```

```
    Select   商品编号 , 图书名称 , 商品类型 , 价格 , 出版社 , ISBN , 作者
        From   图书信息   ;
```

在命令提示符"mysql>"后面输入相应语句将"图书信息"数据表中的"商品编号""版次""开本"
"出版日期""封面图片""图书简介"等字段的数据导入"图书详情"数据表中。对应语句如下：

```
Insert Into 图书详情（ 商品编号 , 版次 , 开本 , 出版日期 , 封面图片 , 图书简介 ）
    Select   商品编号 , 版次 , 开本 , 出版日期 , 封面图片 , 图书简介
        From   图书信息   ;
```

（5）查询图书的基本信息和详细信息。

对数据表"图书基本信息"和"图书详情"进行联合查询的语句如下：

```
Select   图书基本信息.商品编号 , 图书名称 , 价格 , 版次 , 出版日期
From   图书基本信息   Left Join   图书详情
    On   图书基本信息.商品编号=图书详情.商品编号 ;
```

按【Enter】键，即可返回"图书基本信息"和"图书详情"两张数据表联合查询的结果，如图10-14
所示。

商品编号	图书名称	价格	版次	出版日期
11537993	实用工具软件任务驱动教程	29.80	2	2014-08-01
12303883	MySQL数据库技术与项目应用教程	35.50	1	2021-02-01
12325352	Python程序设计	39.60	1	2021-03-01
12366901	教学设计、实施的诊断与优化	48.80	1	2021-05-01
12462164	Python程序设计基础教程	29.80	1	2020-09-16
12482257	人工智能与大数据技术导论	96.00	1	2018-12-01
12482554	Python数据分析基础教程	35.50	1	2017-02-01
12520987	乐学Python编程-做个游戏很简单	69.80	1	2019-04-01
12528944	PPT设计从入门到精通	79.00	1	2019-01-01
12563157	给Python点颜色 青少年学编程	59.80	1	2019-09-01
12631631	HTML5+CSS3网页设计与制作实战	47.10	4	2019-11-01
12634931	Python数据分析基础教程	39.30	1	2020-03-01
12728744	财经应用文写作	41.70	2	2019-10-01
33026249	大数据分析与挖掘	29.80	1	2020-08-01

图10-14 "图书基本信息"和"图书详情"两张数据表联合查询的结果

【任务10-11】通过建立中间数据表提高联合查询的查询效率

【任务描述】

现有的"图书信息"数据表包含了以下字段：商品编号、图书名称、商品类型、价格、出版社、ISBN、
作者、版次、开本、出版日期、封面图片、图书简介。

现有的"商品类型"数据表包含了以下字段：类型编号、类型名称、父类编号。

现有的"出版社信息"数据表包含了以下字段：出版社ID、出版社名称、出版社简称、出版社地址、
邮政编码。

现经常性查询以下图书数据：商品编号、图书名称、商品类型、出版社、价格。为了提高数据表的
联合查询效率，试建立一张中间数据表，名称为"temp_图书信息"，该数据表中包含以下字段：商品
编号、图书名称、类型名称、价格、出版社名称。将3张数据表的联合查询改为从中间数据表"temp_
图书信息"中进行查询，从而优化查询效率。

【任务实施】

（1）创建中间数据表"temp_图书信息"。

在命令提示符"mysql>"后面输入以下语句创建中间数据表"temp_图书信息"：

```
Create Table temp_图书信息
(
```

```
商品编号 varchar(12) Primary Key Not Null ,
图书名称 varchar(100) Not Null ,
商品类型 varchar(10) Not Null ,
价格 decimal(8,2) Not Null ,
出版社 varchar(16) Not Null
);
```

（2）将"图书信息""商品类型""出版社信息"3 张数据表中的数据添加到中间数据表"temp_图书信息"中。

在命令提示符"mysql>"后面输入以下语句向中间数据表"temp_图书信息"中添加相应的数据：

```
Insert Into temp_图书信息( 商品编号 , 图书名称 , 商品类型 , 价格 , 出版社 )
    Select   b.商品编号 , b.图书名称 , g.类型名称 , 价格 , p.出版社名称
    From   图书信息 As b , 商品类型 As g , 出版社信息 As p
    Where b.商品类型=g.类型编号 And b.出版社=p.出版社 ID ;
```

（3）从中间数据表"temp_图书信息"中查询"人民邮电出版社"出版的图书信息。

在命令提示符"mysql>"后面输入以下语句从中间数据表"temp_图书信息"中查询"人民邮电出版社"出版的图书信息：

```
Select 商品编号 , 图书名称 , 商品类型 , 价格 , 出版社
 From   temp_图书信息
 Where  出版社="人民邮电出版社" ;
```

按【Enter】键，即可返回中间数据表"temp_图书信息"的查询结果，如图 10-15 所示。

```
+----------+------------------------------+----------+-------+-----------------+
| 商品编号 | 图书名称                     | 商品类型 | 价格  | 出版社          |
+----------+------------------------------+----------+-------+-----------------+
| 12303883 | MySQL数据库技术与项目应用教程| 图书     | 35.50 | 人民邮电出版社  |
| 12462164 | Python程序设计基础教程       | 图书     | 29.80 | 人民邮电出版社  |
| 12528944 | PPT设计从入门到精通          | 图书     | 79.00 | 人民邮电出版社  |
| 12563157 | 给Python点颜色 青少年学编程  | 图书     | 59.80 | 人民邮电出版社  |
| 12631631 | HTML5+CSS3网页设计与制作实战 | 图书     | 47.10 | 人民邮电出版社  |
| 12634931 | Python数据分析基础教程       | 图书     | 39.30 | 人民邮电出版社  |
| 12728744 | 财经应用文写作                | 图书     | 41.70 | 人民邮电出版社  |
| 33026249 | 大数据分析与挖掘             | 图书     | 29.80 | 人民邮电出版社  |
+----------+------------------------------+----------+-------+-----------------+
```

图 10-15　中间数据表"temp_图书信息"的查询结果

10.6.4　优化插入记录的速度

插入记录时，影响插入速度的主要因素有索引、唯一性检查、一次插入记录条数等。针对这些情况，可以分别进行优化。

1. 对引擎类型为 MyISAM 的数据表进行优化

对于引擎类型为 MyISAM 的数据表，常见的优化方法如下。

（1）禁用索引。

对于非空数据表，插入记录时，MySQL 会根据数据的索引对插入的记录建立索引。如果插入大量数据，建立索引会降低插入记录的速度。为了解决这种情况，可以在插入记录之前禁用索引，等数据插入完毕后再开启索引。

禁用数据表索引的语句如下：

```
Alter Table < 数据表名称 >  Disable Keys ;
```

重新开启数据表索引的语句如下：

```
Alter Table < 数据表名称 >  Enable Keys ;
```

如果是空数据表批量导入数据，则不需要进行禁用索引的操作，因为引擎类型为 MyISAM 的数据表是在导入数据之后才建立索引的。

（2）禁用唯一性检查。

插入数据时，MySQL 会对插入的记录进行唯一性检查。这种唯一性检查也会降低插入记录的速度。为了减小这些情况对插入速度的影响，可以在插入记录之前禁用唯一性检查，等到记录插入完毕后再开启唯一性检查。

禁用唯一性检查的语句如下：

```
Set Unique_checks=0 ;
```

开启唯一性检查的语句如下：

```
Set Unique_checks=1 ;
```

（3）插入记录。

插入记录时，可以使用一条 Insert 语句一次只插入一条记录，分多次插入多条记录，也可以使用一条 Insert 语句一次插入多条记录。

使用一条 Insert 语句一次插入一条记录，分多次插入多条记录的情形如下：

```
Insert Into 客户信息　Values(1,"谭琳","82666666","413000") ;
Insert Into 客户信息　Values(2,"赵梦仙","84932856","410100") ;
Insert Into 客户信息　Values(3,"彭运泽","58295215","411100") ;
Insert Into 客户信息　Values(4,"高首","88239060","410152") ;
```

使用一条 Insert 语句一次插入多条记录的情形如下：

```
Insert Into 客户信息(客户 ID，客户姓名，联系电话，邮政编码)
        Values(1,"谭琳","82666666","413000") ,
              (2,"赵梦仙","84932856","410100") ,
              (3,"彭运泽","58295215","411100") ,
              (4,"高首","88239060","410152") ;
```

第 2 种情形的插入速度要比第 1 种情形快。

（4）使用 Load Data Infile 语句批量导入数据。

当需要批量导入数据时，应尽量使用 Load Data Infile 语句，因为该语句导入数据的速度要比 Insert 语句快。

2. 对引擎类型为 InnoDB 的数据表进行优化

对于引擎类型为 InnoDB 的数据表，常见的优化方法如下。

（1）禁用唯一性检查。

插入数据之前执行"Set Unique_checks=0;"来禁止对唯一性索引的检查，数据导入完成之后再执行"Set Unique_checks=1;"。

（2）禁用外键检查。

插入数据之前执行禁止对外键的检查，数据插入完成之后再恢复对外键的检查。

禁用外键检查的语句如下：

```
Set Foreign_key_checks=0 ;
```

恢复对外键的检查的语句如下：

```
Set Foreign_key_checks=1 ;
```

（3）禁止自动提交。

插入数据之前禁止事务的自动提交，数据导入完成之后，执行恢复自动提交操作。

禁止自动提交的语句如下：

```
Set Autocommit=0 ;
```

恢复自动提交的语句如下：

```
Set Autocommit=1 ;
```

10.6.5 MySQL 分析表、检查表和优化表

MySQL 提供了分析数据表、检查数据表和优化数据表的语句。分析数据表主要是分析关键字的分布；检查数据表主要是检查是否存在错误；优化数据表主要是消除删除或者更新造成的浪费。

1. 分析 MySQL 数据表

MySQL 中提供了 Analyze Table 语句用于分析数据表，该语句的基本语法格式如下：

```
Analyze   [ Local | No_Write_to_Binlog]
        Table  < 数据表名称 1 >  [ ,<数据表名称 2> ] ... ;
```

其中，Local 关键字是 No_Write_to_Binlog 关键字的别名，二者都是指在执行过程中不写入二进制日志。分析的数据表可以有一张或多张。

在使用 Analyze Table 语句分析数据表的过程中，数据库系统会自动对数据表添加一个只读锁。在分析期间，只能读取数据表中的记录，不能更新和插入记录。Analyze Table 语句能够分析引擎类型为 MyISAM 或 InnoDB 的数据表。

2. 检查 MySQL 数据表

MySQL 中可以使用 Check Table 语句来检查数据表。Check Table 语句能够检查引擎类型为 MyISAM 或 InnoDB 的数据表是否存在错误。对于引擎类型为 MyISAM 的数据表，Check Table 语句还会更新关键字统计数据。而且，Check Table 语句也可以检查视图是否有错误。该语句的基本语法格式如下：

```
Check Table  < 数据表名称 1 >  [ ,<数据表名称 2> ] ... [ Option ]  ;
```

其中，Option 参数有 5 个取值，各个选项的含义分别如下。

（1）Quick：不扫描记录，不检查错误的连接。

（2）Fast：只检查没有被正确关闭的数据表。

（3）Changed：只检查上次检查后被更改的数据表和没有被正确关闭的数据表。

（4）Medium：扫描记录，以验证被删除的连接是有效的，也可以计算各记录的关键字检验和。

（5）Extended：对每一条记录的所有关键字进行一个全面的关键字查找，这可以确保数据表是完全一致的，但是花的时间较长。

Option 参数对引擎类型为 MyISAM 的数据表有效，对引擎类型为 InnoDB 的数据表无效。Check Table 语句在执行过程中也会给数据表加上只读锁。

3. 优化 MySQL 数据表

MySQL 中使用 Optimize Table 语句来优化数据表，该语句对引擎类型为 MyISAM 或 InnoDB 的数据表都有效。但是，Optimize Table 语句只能优化数据表中的 varchar、blob、text 类型的字段。其基本语法格式如下：

```
Optimize   [ Local | No_Write_to_Binlog  ]
        Table  < 数据表名称 1 >  [ ,<数据表名称 2> ] ... ;
```

其中，Local 关键字是 No_Write_to_Binlog 关键字的别名，都用于指定执行过程中不写入二进制日志。优化的数据表可以有一张或多张。

使用 Optimize Table 语句可以消除删除和更新造成的文件碎片。Optimize Table 语句在执行过程中也会给数据表加上只读锁。

【任务 10-12】分析与检查 MySQL 数据表

【任务描述】

（1）使用 Analyze Table 语句分析"图书信息"数据表。

（2）使用 Check Table 语句来对"图书信息"数据表中每一条记录的所有关键字进行全面检查。

（3）使用 Check Table 语句来检查"view_人邮社0701"视图是否存在错误。

【任务实施】

（1）使用 Analyze Table 语句分析"图书信息"数据表。

在命令提示符"mysql>"后面输入以下语句分析"图书信息"数据表：

Analyze Table 图书信息 ;

按【Enter】键，即可返回"图书信息"数据表的分析结果，如图 10-16 所示。

```
+-----------------+---------+-----------+----------+
| Table           | Op      | Msg_type  | Msg_text |
+-----------------+---------+-----------+----------+
| malldb.图书信息  | analyze | status    | OK       |
+-----------------+---------+-----------+----------+
```

图 10-16 "图书信息"数据表的分析结果

分析结果中，"Table"表示分析的数据表名称；"Op"表示执行的操作，其中"analyze"表示进行分析操作；"Msg_type"表示信息类型，其值通常为状态（status）、信息（info）、注意（note）、警告（warning）、错误（error）之一；"Msg_text"显示信息。

（2）使用 Check Table 语句对"图书信息"数据表进行全面检查。

在命令提示符"mysql>"后面输入以下语句检查"图书信息"数据表：

Check Table 图书信息　Extended ;

按【Enter】键，即可返回"图书信息"数据表的检查结果，如图 10-17 所示。

```
+-----------------+--------+-----------+----------+
| Table           | Op     | Msg_type  | Msg_text |
+-----------------+--------+-----------+----------+
| malldb.图书信息  | check  | status    | OK       |
+-----------------+--------+-----------+----------+
```

图 10-17 "图书信息"数据表的检查结果

（3）使用 Check Table 语句来检查"view_人邮社0701"视图是否存在错误。

在命令提示符"mysql>"后面输入以下语句检查"view_人邮社0701"视图是否存在错误：

Check Table view_人邮社0701 ;

按【Enter】键，即可返回"view_人邮社0701"视图的检查结果，如图 10-18 所示。

```
+----------------------+--------+-----------+----------+
| Table                | Op     | Msg_type  | Msg_text |
+----------------------+--------+-----------+----------+
| malldb.view_人邮社0701 | check  | status    | OK       |
+----------------------+--------+-----------+----------+
```

图 10-18 "view_人邮社0701"视图的检查结果

10.6.6 SQL 语句的优化

使用 SQL 语句对数据表进行操作时，应对 SQL 语句进行必要的优化，提高 SQL 语句的执行效率。

（1）对查询语句进行优化时，要尽量避免全表扫描，应先考虑在 Where 及 Order By 子句涉及的字段上建立索引。

（2）应尽量避免在 Where 子句中对字段进行 Null 判断，否则将导致引擎放弃使用索引而进行全表扫描，例如：

Select ID From T Where num Is Null

最好不要将数据表的字段值设置为 Null，尽可能地使用 Not Null 作为字段值的约束条件。

备注、描述、说明之类的字段可以设置为 Null，其他的字段最好不要设置为 Null。

不要以为 Null 不需要空间，例如：对于 char(100) 类型，在字段建立时，空间就固定了，不管是否插入值（Null 也包含在内），都占用 100 个字符的空间，如果是 varchar 这样的变长字段，Null 则不占用空间。

可以在"num"字段上设置默认值 0，确保表中 num 列没有 Null，然后使用以下语句进行查询：

Select ID From T Where num = 0

（3）应尽量避免在 Where 子句中使用"!="或"<>"运算符，否则将导致引擎放弃使用索引而进行全表扫描。

（4）应尽量避免在 Where 子句中使用 Or 来连接条件。如果一个字段有索引，一个字段没有索引，将导致引擎放弃使用索引而进行全表扫描，例如：

Select ID From T Where num=10 Or Name = 'admin'

可以修改为以下查询语句：

Select ID from T Where num = 10
Union All
Select ID from T Where Name = 'admin'

（5）In 和 Not In 也要慎用，否则会导致全表扫描，例如：

Select ID From T Where num In(1,2,3)

对于连续的数值，能用 Between 就不要用 In，例如：

Select ID From T Where num Between 1 And 3

很多时候使用 Exists 代替 In 是一个好的选择，例如：

Select 类型编号 From 商品类型
                Where 类型编号 In(Select 商品类型 From 商品信息)；

可以使用下面的语句替换：

Select 类型编号 From 商品类型 Where Exists(Select 商品类型 From 商品信息 Where 商品类型=商品类型.类型编号)；

（6）如果在 Where 子句中使用了参数，也会导致全表扫描。因为 SQL 语句只有在被执行时才会解析局部变量，但优化程序不能将访问数据表计划的选择推迟到 SQL 语句执行时，它必须在编译时进行选择。然而，如果在编译时建立访问数据表计划，变量的值还是未知的，因而无法作为索引选择的输入项。例如执行下面语句将进行全表扫描：

Select ID From T Where num = @num

可以将其改为强制查询使用索引：

Select ID From T With(index(索引名)) Where num = @num

应尽量避免在 Where 子句中对字段进行表达式操作，否则将导致引擎放弃使用索引而进行全表扫描。例如：

Select ID From T Where num/2 = 100

应该改为以下形式：

Select ID From T Where num = 100*2

（7）应尽量避免在 Where 子句中对字段进行函数操作，否则将导致引擎放弃使用索引而进行全表扫描。例如：

Select ID From T Where Substring(name,1,3) ='abc%'   --name 以 abc 开头的 ID
Select 图书名称 From 图书信息 Where datediff(出版日期, '2021-02-01') = 0；

应修改为：

Select ID From T Where name Like 'abc%'

```
Select 图书名称 From 图书信息
      Where   出版日期>= '2021-02-01'  And   出版日期< '2021-02-02'；
```

（8）不要在 Where 子句中的"="左边进行函数、算术运算或其他表达式运算，否则系统将可能无法正确使用索引。

（9）在使用索引字段作为条件时，如果该索引是复合索引，那么必须使用到该索引中的第 1 个字段作为条件才能保证系统使用该索引，否则该索引将不会被使用，并且应尽可能地让字段顺序与索引顺序一致。

（10）使用 Update 语句更改数据表字段值时，如果只更改一两个字段，就不要 Update 全部字段，否则频繁调用会引起明显的性能消耗，同时带来大量日志。

（11）索引并不是越多越好。索引固然可以提高相应的 Select 的效率，但同时也会降低 Insert 和 Update 的效率。因为使用 Insert 或 Update 时有可能会重建索引，所以怎样建立索引需要慎重考虑，应视具体情况而定。一张数据表的索引数最好不要超过 6 个，若太多则应考虑一些不常使用的列上建立的索引是否有存在的必要。

（12）应尽可能避免更新聚集索引（clustered），因为聚集索引字段的顺序就是数据表记录的物理存储顺序。一旦该字段值改变，将导致整张数据表的记录顺序都需要被调整，会耗费相当大的资源。

（13）尽量使用数字型字段。只包含数值信息的字段如果设置为字符型，将会降低查询和连接的性能，并会增加存储开销。这是因为引擎在处理查询和连接时会逐个比较字符串中的每一个字符，而对于数字型数据而言，只需要比较一次就够了。

（14）尽可能地使用 varchar 代替 char。首先变长字段所需存储空间少，可以节省存储空间；其次对于查询来说，在一个相对较小的字段内搜索，效率显然要高些。

（15）尽量减少使用 Select * From T 语句。用具体的字段名代替"*"，不要返回用不到的任何字段。

（16）避免频繁创建和删除临时表，以减少系统表资源的消耗。临时表并不是不可使用，适当地使用可以使某些程序的效率更高，例如，当需要重复引用大型表或常用表中的某个数据集时。但是，对于一次性事件，最好使用导出表操作。

（17）在新建临时表时，如果一次性插入数据量很大，那么可以使用 Select Into 语句代替 Create Table 语句，以提高速度；如果数据量不大，为了缓和系统表的资源，应先 Create Table，然后 Insert。

（18）如果使用到了临时表，在存储过程的最后务必将所有的临时表显式删除，先 Truncate Table，然后 Drop Table，这样可以避免系统表被较长时间锁定。

（19）尽量避免使用游标，因为游标的效率较差，如果游标操作的数据超过一万行，那么就应该考虑改写。

（20）与临时表一样，游标并不是不可使用。对小型数据集使用 Fast_Forward 游标通常要优于其他逐行处理方法，尤其是在必须引用几张数据表才能获得所需的数据时。

（21）在所有的存储过程和触发器的开始处设置 Set Nocount On，在结束时设置 Set Nocount Off。无须在执行存储过程和触发器的每条语句后向客户端发送 Done_In_Proc 消息。

（22）尽量避免大事务操作，提高系统并发能力。

📝 课后练习

1. 选择题

（1）MySQL 关系运算不包括（　　　）。

    A. 连接　　　　　　　　B. 投影　　　　　　　　C. 选择　　　　　　　　D. 查询

（2）下面的数据库管理系统中属于开源软件的是（　　）。

    A．Oracle　　　　　　B．SQL Server　　C．MySQL　　　　　D．DB2

（3）E-R 图是数据库设计工具之一，一般适用于建立数据库的（　　）。

    A．概念模型　　　　　B．结构模型　　　　C．物理模型　　　　　D．逻辑模型

（4）从 E-R 模型向关系模型转换，一个多对多（*M*:*N*）的联系转换成一个关系模型时，该关系模型的键是（　　）。

    A．*M* 端实体的关键字

    B．*N* 端实体的关键字

    C．*M* 端实体关键字与 *N* 端实体关键字的组合

    D．重新选取其他字段

（5）SQL 语言又称为（　　）。

    A．结构化定义语言　　　　　　　　B．结构化控制语言

    C．结构化查询语言　　　　　　　　D．结构化操纵语言

（6）数据库、数据库系统、数据库管理系统三者之间的关系是（　　）。

    A．数据库包括数据库管理系统和数据库系统

    B．数据库系统包括数据库和数据库管理系统

    C．数据库管理系统包括数据库和数据库系统

    D．三者之间没有包含关系

（7）使用 Explain 语句可以对（　　）语句的执行效果进行分析，通过分析提出优化运行速度的方法。

    A．Select　　　　　　B．Insert　　　　　C．Delete　　　　　D．Create

（8）多列索引是在数据表的多个字段上创建的索引，只有查询条件中使用了这些字段中的（　　）时，索引才会被正常使用。

    A．最后一个字段　　　B．第 2 个字段　　C．第 1 个字段　　　D．所有字段

（9）在使用 Analyze Table 语句分析数据表的过程中，数据库系统会对数据表建立一个（　　）。在分析期间，只能读取数据表中的记录，不能更新和插入记录。

    A．排他锁　　　　　　B．只读锁　　　　　C．读写锁　　　　　D．索引

（10）如果有某些查询经常涉及多表连接，可以视情况将这些字段建立成一张（　　）来进行查询和统计，以提高查询效率。

    A．查询表　　　　　　B．排序表　　　　　C．中间表　　　　　D．子查询

（11）在关系数据库设计中，设计关系模式属于数据库设计的（　　）。

    A．需求分析阶段　　　B．概念设计阶段　　C．逻辑设计阶段　　D．物理设计阶段

（12）E-R 图提供了表示现实世界中实体、属性和（　　）的方法。

    A．数据　　　　　　　B．联系　　　　　　C．表　　　　　　　D．模式

（13）如果关系模式 R 满足 1NF，且每个非主属性都完全函数依赖于 R 的主码，则 R 满足（　　）。

    A．2NF　　　　　　　B．3NF　　　　　　C．BCNF　　　　　　D．4NF

（14）下列关于数据库的说法中不正确的是（　　）。

    A．数据库避免了一切数据的重复　　　B．数据库中的数据可以共享

    C．数据库有效减少了数据的冗余　　　D．数据库中数据可以统一管理和控制

（15）以下关于 MySQL 中索引优化的描述中正确的是（　　）。

    A．使用索引可以提高数据库的查询速度，因此索引越多越好

    B. Like 关键字配置的字符串不能以符号"%"开头，否则索引不起作用

    C. 使用多列索引，查询条件必须使用索引的第一个字符，索引才会被使用

    D. 以上都不对

（16）在 MySQL 中，使用（   ）语句来优化数据表。

    A. Optimize Table   B. Analyze Table

    C. Explain Table   D. Check Table

2. 填空题

（1）关系模型是一种（　　　　　　　　）的数据模型，关系模型的数据结构是一张由行和列组成的二维表格，一张二维表称为（　　　　）。

（2）在数据库设计的（　　　　　）阶段中，用 E-R 图来描述概念模型。E-R 图包含 3 个基本成分，即（　　　）、（　　　）和（　　　　）。

（3）当一个关系中的所有字段都是不可分割的数据项时，则称该关系是规范的。关系规范化的目的是减少（　　　　），消除（　　　　），以保证关系的（　　　），提高存储效率。通常用（　　　　）来衡量一个关系的规范化的程度。

（4）主表和从表是以外键相关联的两张表，以外键作主键的表称为主表，外键所在的表称为从表。例如"班级"和"学生"这两张以外键"班级编号"相关联的表，"班级"表称为（　　　），"学生"表称为（　　　）。

（5）联系是指客观世界中实体与实体之间的联系，联系的类型有 3 种：（　　　）、（　　　）和多对多（ *M:N* ）。关系数据库中最普遍的联系是（　　　）。

（6）数据库系统的三级模式结构是指数据库系统是由（　　　　）、（　　　　）和（　　　　）3 级组成的。

（7）在 MySQL 中，可以使用（　　　）和（　　　）关键字来分析查询语句。

（8）使用 Explain 语句分析数据表时，输出的分析结果中的（　　　）字段的值表示输出行所引用的表。

（9）优化数据库结果时，可以使用（　　　）语句来分析数据表。

模块 11

Python程序连接与访问 MySQL 数据库

11

在进行 Python 程序开发时，数据库应用是必不可少的。虽然数据库管理系统的种类很多，例如 MySQL、SQLite、SQL Server、Oracle 等，但这些系统的功能基本一致。为了对数据库进行统一规范化操作，大多数程序设计语言都提供了标准的数据库接口。Python Database API 规范定义了 Python 数据库 API 的各个部分，例如模块接口、连接对象、游标对象、类型对象和构造器等。本模块主要学习编写 Python 程序连接与访问 MySQL 数据库。

 重要说明

（1）本模块的各项任务是在模块 10 的基础上进行的，模块 10 在数据库"MallDB"中保留了以下数据表：temp_图书信息、user、出版社信息、出版社信息 2、商品信息、商品库存、商品类型、图书信息、图书信息 2、图书基本信息、图书汇总信息、图书详情、客户信息、客户信息 2、用户信息、用户注册信息、用户类型、订单信息、订购商品、购物车商品。

（2）本模块在数据库"MallDB"中保留了以下数据表：temp_图书信息、user、出版社信息、出版社信息 2、商品信息、商品库存、商品类型、图书信息、图书信息 2、图书基本信息、图书汇总信息、图书详情、客户信息、客户信息 2、用户信息、用户注册信息、用户类型、订单信息、订购商品、购物车商品、员工信息。

（3）完成本模块所有任务后，参考模块 9 中介绍的备份方法对数据库"MallDB"进行备份，备份文件名为"MallDB11.sql"。

例如：

```
Mysqldump –u root –p ––databases MallDB> D:\MySQLData\MyBackup\MallDB11.sql
```

 操作准备

（1）打开 Windows 操作系统下的【命令提示符】窗口。

（2）如果数据库"MallDB"或者该数据库中的数据表被删除了，可参考模块 9 中介绍的还原备份的方法将模块 10 中创建的备份文件"MallDB10.sql"予以还原。

例如：

```
Mysql –u root –p MallDB < D:\MySQLData\MallDB10.sql
```

（3）登录 MySQL 数据库服务器。

在【命令提示符】窗口的命令提示符后输入命令"Mysql –u root –p"，按【Enter】键后，输入正确的密码，这里输入"123456"。当窗口中命令提示符变为"mysql>"时，表示已经成功登录 MySQL

数据库服务器。

（4）选择需要进行操作的数据库 MallDB。

在命令提示符"mysql>"后面输入选择数据库的语句：

Use MallDB；

11.1 连接 MySQL 数据库

1. 下载与安装 Python

参考附录 C 介绍的方法，正确下载与安装 Python。

2. 测试 Python 是否成功安装

Python 安装成功后，需要测试 Python 是否成功安装。这里以 Windows10 操作系统为例说明如何测试 Python 是否成功安装。

右击 Windows 10 桌面左下角的【开始】按钮，在弹出的快捷菜单选择【运行】命令，打开【运行】对话框，在"打开"文本框中输入"cmd"，如图 11-1 所示。然后按【Enter】键，启动【命令提示符】窗口，在当前的命令提示符后面输入"python"，并且按【Enter】键，出现图 11-2 所示的信息，则说明 Python 安装成功，同时进入交互式 Python 解释器中，命令提示符变为">>>"，等待用户输入 Python 命令。

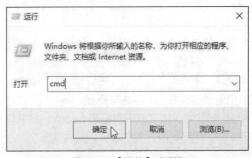

图 11-1 【运行】对话框

图 11-2 在【命令提示符】窗口中运行的 Python 解释器

3. 配置环境变量

如果在【命令提示符】窗口提示符"C:\Users\admin>"后输入"python"，并且按【Enter】键后没有出现图 11-2 所示的信息，而是显示"python'不是内部或外部命令，也不是可运行的程序或批处理文件"，则是因为在当前的路径中找不到"Python.exe"可运行文件。解决方法是配置环境变量。这里以 Windows10 操作系统为例介绍配置环境变量的方法，具体步骤如下。

（1）在 Windows10 桌面上右击【此电脑】图标，在弹出的快捷菜单中选择【属性】命令，在弹出的【系统】窗口中单击【高级系统设置】超链接，打开【系统属性】对话框。

（2）在【系统属性】对话框的【高级】选项卡中单击【环境变量】按钮，如图 11-3 所示。

打开【环境变量】对话框，在"admin 的用户变量"区域中选择变量"Path"，然后单击【编辑】

按钮，打开【编辑环境变量】对话框。在该对话框中单击【新建】按钮，然后在文本框中输入变量值
"D:\Python\Python3.8.2\"，接着多次单击【上移】按钮，将该变量值移至第 1 行。再一次单击【新建】
按钮，然后在文本框中输入变量值 "D:\Python\Python3.8.2\Scripts\"，接着多次单击【上移】按钮，
将该变量值移至第 1 行。

　　新增两个环境变量后的【编辑环境变量】对话框如图 11-4 所示。

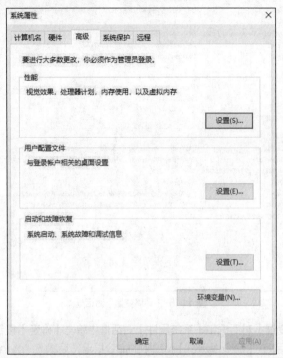

图 11-3 【系统属性】对话框

图 11-4 新增两个环境变量后的【编辑环境变量】对话框

在【编辑环境变量】对话框中单击【确定】按钮返回【环境变量】对话框，如图 11-5 所示。

图 11-5 【环境变量】对话框

然后依次在【环境变量】对话框和【系统属性】对话框中单击【确定】按钮完成环境变量的设置。

环境变量配置完成后，在【命令提示符】窗口中的命令提示符后输入 "python" 命令，如果 Python 解释器可以成功运行，说明 Python 配置成功。

4. 下载与安装 PyMySQL 库

PyMySQL 是在 Python 3 中用于连接 MySQL 数据库服务器的一个库，Python 2 中则使用 MySQLdb。PyMySQL 遵循 Python 数据库 API 2.0 规范，并包含了 pure-Python MySQL 客户端库。

PyMySQL 的下载地址为：https://github.com/PyMySQL/PyMySQL。

在使用 PyMySQL 之前，要确保 PyMySQL 已安装。

如果还未安装，可以在 Windows 操作系统下的【命令提示符】窗口中的命令提示符后面输入以下命令下载并安装最新版的 PyMySQL：

```
Pip install PyMySQL
```

按【Enter】键，即可开始下载并安装 PyMySQL 库。

5. 下载与安装 PyCharm

参考附录 D 介绍的方法，成功安装好 PyCharm，并正确配置好 PyCharm 开发环境。

【任务 11-1】使用 PyMySQL 库的 Connect()方法连接 MySQL 数据库

【任务描述】

（1）使用 "mysql -u root -p" 命令成功登录 MySQL 数据库服务器，然后选择 MySQL 数据库 "MallDB"。

（2）在 PyCharm 集成开发环境中创建项目 Unit11，在项目 Unit11 中创建 Python 程序文件"11-01.py"。

（3）在项目 Unit11 中安装并配置好 PyMySQL。

（4）在 Python 程序文件"11-01.py"中编写代码，实现对 MySQL 数据库 "MallDB"的连接，查询并输出 MySQL 的版本。

微课 11-1

使用 PyMySQL 库的 Connect()方法连接 MySQL 数据库

【任务实施】

1. 成功登录 MySQL 数据库服务器

在 Windows 操作系统下的【命令提示符】窗口中的命令提示符后输入命令 "mysql -u root -p"，按【Enter】键后，输入正确的密码，当命令提示符变为 "mysql>"时，表示已经成功登录 MySQL 数据库服务器。

2. 创建 PyCharm 项目 Unit11

成功启动 PyCharm 后，在其主窗口中选择【File】菜单，在弹出的下拉菜单中选择【New Project】命令，打开【New Project】对话框，在该对话框的"Location"文本框中输入"D:\Pycharm Projects\Unit11"，创建项目"Unit11"，如图 11-6 所示。在【New Project】对话框中单击【Create】按钮，完成 PyCharm 项目"Unit11"的创建。

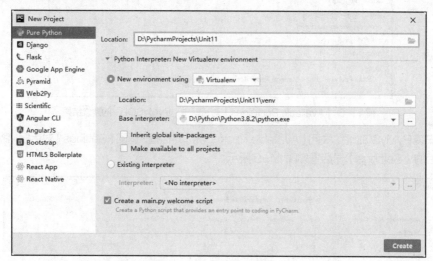

图 11-6　创建项目"Unit11"

3. 创建 Python 程序文件 11-01.py

在 PyCharm 主窗口中右击已建好的 PyCharm 项目"Unit11"，在弹出的快捷菜单中选择【New】→【Python File】菜单命令。在打开的【New Python file】对话框中输入 Python 文件名"11-01"，如图 11-7 所示。然后双击"Python file"选项，完成 Python 程序文件的新建操作，同时 PyCharm 主窗口中会显示程序文件"11-01.py"的代码编辑窗口。

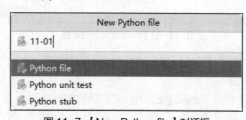

图 11-7　【New Python file】对话框

4. 安装并配置好 PyMySQL

在 PyCharm 主窗口中选择菜单【File】，在弹出的下拉菜单中单击【Settings】命令，打开【Settings】对话框，在对话框左侧选择并展开"Project:Unit11"（项目名称）项，然后选择"Project Interpreter"选项，在对话框右侧可以看到当前的 Python 解析器为"Python 3.8"。

在【Settings】对话框的右侧单击【Install】按钮+，打开【Available Packages】对话框，在搜索文本框中输入"PyMySQL"，搜索结果如图 11-8 所示。单击左下方的【Install Package】按钮，开始搜索并安装 PyMySQL。

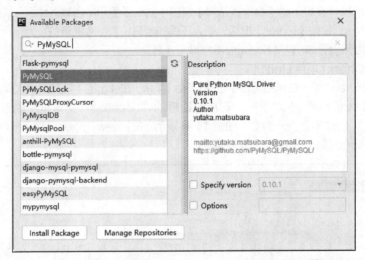

图 11-8 【Available Packages】对话框中"PyMySQL"的搜索结果

成功安装 PyMySQL 后，关闭【Available Packages】对话框，返回【Settings】对话框，PyMySQL 安装成功后的【Settings】对话框如图 11-9 所示。

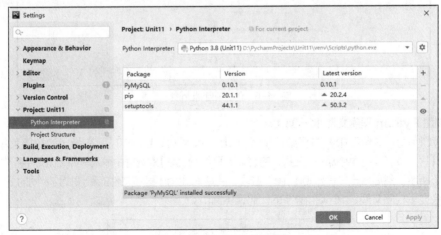

图 11-9 【Settings】对话框

在【Settings】对话框中单击【OK】按钮，关闭该对话框即可。

5. 编写 Python 程序代码

在程序文件"11-01.py"的代码编辑窗口中输入以下程序代码：

```
Import PyMySQL
#数据库连接,参数 1:主机名或 IP 地址；参数 2：用户名；参数 3：密码；参数 4：数据库名称
```

```
Conn = PyMySQL.Connect("localhost", "root", "123456", "MallDB")
# 使用 Cursor()方法创建一个游标对象 cursor
Cursor = conn.Cursor()
# 使用 Execute()方法执行 SQL 查询语句
Cursor.Execute("Select Version()")
# 使用 Fetchone()方法获取单条数据
Data = Cursor.Fetchone()
Print("Database Version: ", data)
# 关闭数据库连接
Conn.Close()
```

程序文件"11-01.py"的代码中,首先使用 Connect()方法连接数据库,然后使用 Cursor()方法创建游标,接着使用 Execute()方法执行 SQL 语句查看 MySQL 的版本,接着使用 Fetchone()方法获取数据,最后使用 Close()方法关闭数据库连接。

单击工具栏中的【保存】按钮![保存图标],保存程序文件"11-01.py"。

6. 运行 Python 程序

在 PyCharm 主窗口中选择【Run】菜单,在弹出的下拉菜单中选择【Run】菜单命令。在弹出的【Run】对话框中选择"11-01"选项,如图 11-10 所示,程序"11-01.py"开始运行。

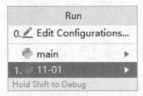

图 11-10　在【Run】对话框中选择"11-01"选项

程序"11-01.py"的运行结果为:

Database Version:　('8.0.21',)

11.2　创建 MySQL 数据表

【任务 11-2】创建 MySQL 数据表"员工信息"

【任务描述】

(1)在项目"Unit11"中创建 Python 程序文件"11-02.py"。

(2)在 Python 程序文件"11-02.py"中编写代码,实现对 MySQL 数据库"MallDB"的连接,并在数据库"MallDB"中创建数据表"员工信息"。

【任务实施】

1. 创建 Python 程序文件 11-02.py

在 PyCharm 主窗口中右击已创建好的 PyCharm 项目"Unit11",在弹出的快捷菜单中选择【New】→【Python File】菜单命令。在打开的【New Python file】对话框中输入 Python 文件名"11-02",然后双击"Python file"选项,完成 Python 程序文件的新建操作,同时 PyCharm 主窗口中会显示程序文件"11-02.py"的代码编辑窗口。

2. 编写 Python 程序代码

在程序文件"11-02.py"的代码编辑窗口中输入以下程序代码:

```
Import PyMySQL
# 打开数据库连接
Conn = PyMySQL.Connect("localhost", "root", "123456", "MallDB")
# 使用 Cursor()方法创建一个游标对象 cursor
Cursor = conn.Cursor()
# 使用 Execute()方法执行 SQL 语句，如果数据表存在则删除
Cursor.Execute("Drop Table if exists 员工信息")
# 使用预处理语句创建表
Sql = """
Create Table 员工信息
(
    ID      int(4)      Not Null,
    name    varchar(30) Not Null,
    sex     varchar(2)  Not Null,
    nation  varchar(30) Null
);
"""
Cursor.Execute(sql)
# 关闭数据库连接
Conn.Close()
```

程序文件 11-02.py 中的代码创建了一张"员工信息"数据表，该数据表的字段有"ID"（序号）、"name"（姓名）、"sex"（性别）、"nation"（民族）。创建"员工信息"数据表的 SQL 语句如下：

```
Create Table 员工信息
(
    ID      int(4)      Not Null,
    name    varchar(30) Not Null,
    sex     varchar(2)  Not Null,
    nation  varchar(30) Null
);
```

在创建数据表之前，如果数据表"员工信息"已经存在，则先要使用"Drop Table if exists 员工信息"语句删除数据表员工信息，再创建"员工信息"数据表。

单击工具栏中的【保存】按钮 ，保存程序文件"11-02.py"。

3. 运行 Python 程序

在 PyCharm 主窗口中选择【Run】菜单，在弹出的下拉菜单中选择【Run】菜单命令。在弹出的【Run】对话框中选择"11-02"选项，程序"11-02.py"开始运行。

若程序"11-02.py"的代码成功运行，则表示在数据库"MallDB"中成功创建了数据表"员工信息"。

11.3　向 MySQL 数据表中插入记录

【任务 11-3】使用 Insert 语句向数据表"员工信息"中插入记录

【任务描述】

（1）在项目"Unit11"中创建 Python 程序文件"11-03.py"。

（2）在 Python 程序文件 "11-03.py" 中编写代码，实现对 MySQL 数据库 MallDB 的连接，并使用 Insert 语句向数据表 "员工信息" 中插入 2 条记录。

【任务实施】

1. 创建 Python 程序文件 11-03.py

在 PyCharm 项目 "Unit11" 中创建程序文件 "11-03.py"，具体操作不再叙述。

2. 编写 Python 程序代码

在程序文件 "11-03.py" 的代码编辑窗口中输入以下程序代码：

```
Import PyMySQL
# 打开数据库连接
Conn = PyMySQL.Connect("localhost", "root", "123456", "MallDB")
# 使用 Cursor()方法获取操作游标
Cursor = conn.Cursor()
# SQL 插入语句
Sql = """
        Insert Into 员工信息
            (ID,name,sex,nation)
            Values
            ("1","张山", "男", "汉族"),
            ("2","丁好", "男", "汉族")
        """
Try:
    # 执行 SQL 语句
    Cursor.Execute(sql)
    # 提交到数据库执行
    Conn.Commit()
Except:
    # 如果发生错误则回滚
    Conn.Rollback()
# 关闭数据库连接
Conn.Close()
```

单击工具栏中的【保存】按钮 ，保存程序文件 "11-03.py"。

3. 运行 Python 程序

运行步骤不再叙述。若程序 "11-03.py" 的代码成功运行，则表示已成功向数据表 "员工信息" 中插入两条记录。

11.4 从 MySQL 数据表中查询符合条件的记录

【任务 11-4】从 "员工信息" 数据表中查询符合指定条件的所有记录

【任务描述】

（1）在项目 "Unit11" 中创建 Python 程序文件 "11-04.py"。

（2）在 Python 程序文件 "11-04.py" 中编写代码，实现对 MySQL 数据库 "MallDB" 的连接，并使用 Select 语句从数据表 "员工信息" 中查询符合条件的记录。

微课 11-2

从 "员工信息" 数据表中查询符合指定条件的所有记录

【任务实施】

1. 创建 Python 程序文件 11-04.py

在 PyCharm 项目"Unit11"中创建程序文件"11-04.py"，具体操作不再叙述。

2. 编写 Python 程序代码

在程序文件"11-04.py"的代码编辑窗口中输入以下程序代码：

```
Import PyMySQL
# 打开数据库连接
Conn = PyMySQL.Connect("localhost", "root", "123456", "MallDB")
# 使用 Cursor()方法获取操作游标
Cursor = conn.Cursor()
# SQL 查询语句
Sql = "Select ID,name,sex,nation From  员工信息  Where sex=%s "
Try:
    # 执行 sql 语句
    Cursor.Execute(sql,('男'))
    # 获取所有记录列表
    Results = cursor.Fetchall()
    Print("序号  姓名   性别   民族")
    For Row In Results:
        ID=row[0]
        name = row[1]
        sex = row[2]
        nation = row[3]
        # 打印结果
        Print(" {0}    {1}    {2}    {3}" \
            .Format(ID,name,sex,nation))
Except:
    Print("error: unable to fetch data")
# 关闭数据库连接
Conn.Close()
```

单击工具栏中的【保存】按钮█，保存程序文件"11-04.py"。

3. 运行 Python 程序

程序"11-04.py"的运行结果为：

```
序号  姓名   性别   民族：
 1   张山   男   汉族
 2   丁好   男   汉族
```

在 Python 中查询 MySQL 数据表时，可以使用 Fetchone()方法获取数据表中的一条记录数据，也可以使用 Fetchall()方法获取数据表中的多条记录数据。

11.5 更新 MySQL 数据表

【任务 11-5】更新数据表"员工信息"中的数据

【任务描述】

（1）在项目"Unit11"中创建 Python 程序文件"11-05.py"。

（2）在 Python 程序文件"11-05.py"中编写代码，实现对 MySQL 数据库"MallDB"的连接，并使用 Update 语句将数据表"员工信息"中"丁好"的性别修改为"女"。

微课 11-3

更新数据表"员工信息"中的数据

【任务实施】

1. 创建 Python 程序文件 11-05.py

在 PyCharm 项目"Unit11"中创建程序文件"11-05.py"，具体操作不再叙述。

2. 编写 Python 程序代码

在程序文件"11-05.py"的代码编辑窗口中输入以下程序代码：

```
Import PyMySQL
# 打开数据库连接
Conn = PyMySQL.Connect("localhost", "root", "123456", "MallDB")
# 使用 Cursor()方法获取操作游标
Cursor = conn.Cursor()
# SQL 更新语句
Sql = "Update 员工信息 Set sex = '女' Where name = %s"
Try:
    # 执行 sql 语句
    Cursor.Execute(sql, ('丁好'))
    # 提交到数据库执行
    Conn.Commit()
Except:
    # 发生错误时回滚
    Conn.Rollback()
# 关闭数据库连接
Conn.Close()
```

单击工具栏中的【保存】按钮，保存程序文件"11-05.py"。

3. 运行 Python 程序

运行步骤不再叙述。若程序"11-05.py"的代码成功运行，则表示已成功修改了数据表"员工信息"的数据。

11.6 删除 MySQL 数据表中的记录

【任务 11-6】删除数据表"员工信息"中的记录

【任务描述】

（1）在项目"Unit11"中创建 Python 程序文件"11-06.py"。

（2）在 Python 程序文件"11-06.py"中编写代码，实现对 MySQL 数据库"MallDB"的连接，并使用 Delete 语句删除数据表"员工信息"中"name"字段为"丁好"的记录。

【任务实施】

1. 创建 Python 程序文件 11-06.py

在 PyCharm 项目"Unit11"中创建程序文件"11-06.py"，具体操作不再叙述。

2. 编写 Python 程序代码

在程序文件"11-06.py"的代码编辑窗口中输入以下程序代码:

```
Import PyMySQL
# 打开数据库连接
Conn = PyMySQL.Connect("localhost", "root", "123456", "MallDB")
# 使用 Cursor()方法获取操作游标
Cursor = conn.Cursor()
# SQL 删除语句
Sql = "Delete From  员工信息  Where name='丁好'"
Try:
        # 执行 sql 语句
        Cursor.Execute(sql)
        # 提交修改
        Conn.Commit()
Except:
        # 发生错误时回滚
        Conn.Rollback()
# 关闭连接
Conn.Close()
```

单击工具栏中的【保存】按钮 ■，保存程序文件"11-06.py"。

3. 运行 Python 程序

运行步骤不再叙述。若程序"11-06.py"的代码成功运行，则表示已成功删除了数据表"员工信息"的一条记录。

课后练习

1. 选择题

（1）Python 程序执行的方式是（　　）。

  A. 编译执行   B. 解析执行   C. 直接执行   D. 边编译边执行

（2）Python 语言语句块的标记是（　　）。

  A. 分号   B. 逗号   C. 缩进   D. /

（3）安装好 Python 之后，可以有多种方式运行，下列不属于其可行运行方式的是（　　）。

  A. 浏览器中运行 B. 交互式解释器 C. 命令行脚本 D. Pycharm

（4）Python 创建数据表时，使用连接对象的（　　）方法获取游标对象。

  A. Connect()   B. Cursor()   C. Execute()   D. Close()

（5）Python 创建数据表时，使用游标对象的（　　）方法执行 SQL 语句。

  A. Connect()   B. Cursor()   C. Execute()   D. Close()

（6）Python 3 中用于连接 MySQL 数据库服务器的库是（　　）。

  A. MySQLdb   B. MySQL   C. PyMySQL   D. SQLite3

（7）在 Python 中查询 MySQL 数据表时，可以使用（　　）方法获取数据表中的一条记录数据。

  A. Fetchone()   B. Fetchall()   C. Fetchmany() D. Fetch()

2. 填空题

（1）用于删除数据表"test"中所有"name"字段值为"10001"的记录的 SQL 语句为（　　）。

（2）在 Python 中进行数据库连接时，使用（　　）方法返回一个连接对象。

（3）假如有一个游标对象 cur，使用游标对象的（　　）方法来执行一条 SQL 语句。

（4）在 Python 中查询 MySQL 数据表时，可以使用（　　）方法获取数据表中的多条记录数据。

（5）关闭 MySQL 数据库连接可以使用（　　）方法。

（6）编程语言对应的程序文件通常有固定的扩展名，Python 文件的扩展名通常为（　　）。

（7）Python 安装扩展库常用的是（　　）工具。

（8）在 Python 中，使用内置函数（　　）可以将结果输出到 IDLE 或者标准控制台中。

附录
A~F

FL

附录 A 安装与配置 MySQL 8.0

电子活页 1

安装与配置
MySQL 8.0

附录 B 下载与安装 Navicat for MySQL

电子活页 2

下载与安装 Navicat
for MySQL

附录 C 下载与安装 Python

电子活页 3

下载与安装 Python

附录 D　下载与安装 PyCharm

电子活页 4

下载与安装
PyCharm

附录 E　打开与设置 Windows 10【命令提示符】窗口

电子活页 5

打开与设置
Windows 10
【命令提示符】窗口

附录 F　在 MySQL 中执行 sql 脚本文件的方法

电子活页 6

在 MySQL 中执行
sql 脚本文件的方法

参考文献

[1] 黄翔，刘艳. MySQL 数据库技术[M]. 北京：高等教育出版社，2019.

[2] 云尚科技. MySQL 入门很轻松[M]. 北京：清华大学出版社，2020.

[3] 天津滨海迅腾科技集团有限公司. MySQL 数据库项目式教程[M]. 天津：南开大学出版社，2019.

[4] 秦凤梅，丁允超，杨倩. MySQL 网络数据库设计与开发[M]. 北京：电子工业出版社，2014.

[5] 郑阿奇. MySQL 实用教程（第 2 版）[M]. 北京：电子工业出版社，2014.

[6] 刘增杰，李坤. MySQL5.6 从零开始学（视频教学版）[M]. 北京：清华大学出版社，2013.

[7] 秦婧，刘存勇. 零点起飞学 MySQL[M]. 北京：清华大学出版社，2013.

[8] 谭恒松. C#程序设计与开发（第 2 版）[M]. 北京：清华大学出版社，2014.